“十三五”
国家重点出版物出版规划项目
重大出版工程

国家出版基金项目
NATIONAL PUBLICATION FOUNDATION

——原子能科学与技术出版工程——

名誉主编 王乃彦 王方定

等离子体物理

王乃彦 郭冰 等◎编著

PLASMA PHYSICS

北京理工大学出版社
BEIJING INSTITUTE OF TECHNOLOGY PRESS
中国原子能科学研究院
CHINA INSTITUTE OF ATOMIC ENERGY

图书在版编目(CIP)数据

等离子体物理 / 王乃彦等编著. -- 北京 : 北京理工大学出版社, 2020.12
ISBN 978-7-5682-9437-9

Ⅰ. ①等… Ⅱ. ①王… Ⅲ. ①等离子体物理学-研究 Ⅳ. ①O53

中国版本图书馆 CIP 数据核字(2020)第 269832 号

出版发行 / 北京理工大学出版社有限责任公司
社　　址 / 北京市海淀区中关村南大街 5 号
邮　　编 / 100081
电　　话 / (010) 68914775 (总编室)
(010) 82562903 (教材售后服务热线)
(010) 68944723 (其他图书服务热线)
网　　址 / http://www.bitpress.com.cn
经　　销 / 全国各地新华书店
印　　刷 / 三河市华骏印务包装有限公司
开　　本 / 710 毫米×1000 毫米　1/16
印　　张 / 15.75
字　　数 / 271 千字
版　　次 / 2020 年 12 月第 1 版　2020 年 12 月第 1 次印刷
定　　价 / 76.00 元

责任编辑 / 王玲玲
文案编辑 / 王玲玲
责任校对 / 刘亚男
责任印制 / 王美丽

谨以此书纪念
中国原子能科学研究院建院七十周年

编委会名单

总 指 导：王乃彦　院士

副 指 导：郭　冰　研究员

编审人员：（按姓氏笔画排序）

王　钊　田宝贤　吕　冲　刘秋实

孟祥昊　赵保真　席晓峰

前　言

等离子体是由大量非束缚的带电粒子组成的，是物质存在的基本形态之一。虽然日常生活中等离子体实例并不多，但将尺度放大到整个宇宙中，则有99%以上的物质是以等离子体形式存在的，因此，等离子体常被称为与固体、液体、气体并行的物质第四态。

自20世纪50年代以来，等离子体物理已经发展成为物理学中十分重要的分支。受聚变能源、空间探索及高新技术的牵引推动，世界各国相继建成了大批大型聚变研究科学装置，发射了许多科学卫星和空间实验室，研发了许多低温等离子体工业技术，在等离子体物理理论、实验诊断及科学技术领域取得长足的进步。特别是以美国国家点火装置（NIF）和国际热核聚变装置（ITER）为代表的大型科学装置建设的全面开展，为人类全面、深入探索研究高温等离子体物理、发现新物理现象和揭示新物理机制提供了新机遇和新挑战，并将等离子体物理学科推动到崭新的高度。

21世纪以来，我国等离子体科学与技术进入快速发展时期，并取得一系列国际水平的成果，但仍然存在人才结构、布局不够合理等问题，特别是缺乏世界顶级的科学家群体。因此，大力发展等离子体学科教育，推动基础等离子体物理的研究和普及，提高教育水平，培养后备人才，全面提升研究队伍的结构层次及质量水平，仍然任重而道远。

多年来，国内已先后编著或翻译多篇等离子体物理的经典著作。为纪念中国原子能科学研究院建院70周年，满足核工业研究生等离子体物理课程需求，作者总结近年来等离子体物理研究的重要成果与最新进展，从等离子体物理基本理论到当前热点领域进行了详细的论述，为学生及相关从业人员全面认知等离子体物理基本知识、学习本学科其他专业课程及从事核聚变研究提供帮助。

本书重点介绍了等离子体物理学的基本概念、原理和关键物理机制，重点突出物理原理、数学描述和推导。其中，第 1 章简要介绍了等离子体的基本概念与基本性质，重点分析了等离子体的定义、特性与判据；第 2 ~ 6 章分别从单粒子轨道理论、磁流体力学理论、等离子体波动理论、不稳定性理论及等离子体动理论等五部分阐述了等离子体的物理性质与关键机理；第 7 ~ 10 章主要介绍了惯性约束聚变、磁约束聚变、强场激光等离子体、基础等离子体、空间等离子体、低温等离子体等当前等离子体热点研究领域的发展现状及发展趋势，更为全面地反映等离子体物理在国防、工业、基础科学等领域的广泛应用。

本书适用于从事核聚变、等离子体物理、空间物理及基础和应用等离子体物理方面的高年级本科生、研究生和相关从业人员使用。

本书由中国原子能科学研究院王乃彦院士主持编写，中国原子能科学研究院核物理研究所强流粒子束与激光研究室郭冰团队分工执笔。

在本书编写中，参考了郑春开、马腾才、陈耀、F. F. Chen、王晓刚、郑坚及等离子体物理发展战略编写组等编著的等离子体专业教材、科技丛书，在此表示深切的感谢。

由于等离子体物理领域涵盖内容极其广泛，特别是很多关键物理机制的理解对高等数学、电动力学、流体力学、统计力学和量子力学都有较高的要求，书中不当之处在所难免，欢迎本书读者和同行从业者批评指正并提出宝贵意见，共同促进我国等离子体物理的学科发展和事业进步。

作　者

2020 年 9 月于北京

目　录

第1章

等离子体基本概念与性质

自然界中物质的状态除了固态、液态、气态三种常见的状态外，还存在有第四态，被称为等离子体态，它是由大量非束缚带电粒子（有时也包括中性粒子成分）组成的多粒子体系。不同于前三种状态的热力学相变过程，从气态到等离子体态的过程主要是发生了电离，形成了大量自由电子和离子，并且粒子间受到长程库仑力相互作用的影响，从而形成与气体性质截然不同的等离子体状态。

宇宙中，99%的物质是以等离子体态的形式存在，例如地球大气层外侧的电离层、日地空间的太阳风、太阳日冕、太阳内部、星际空间、星云、星团等，如图1.1所示。闪电、极光等自然现象也会存在等离子体。这些天然等离子体是构成宇宙的主要组成部分，是空间物理和天体物理的重要研究对象。

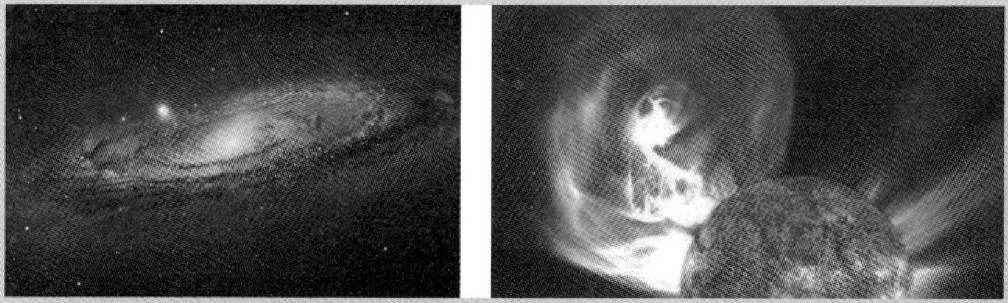

图1.1　星团与太阳风等离子体图像

随着科技的发展，人造等离子体在工业、国防、科技等领域有着更多的应用，并成为等离子体科学与技术发展的重要牵引。以惯性约束聚变、磁约束聚变为代表的受控热核聚变，被认为是未来解决人类能源问题的终极途径之一，其研究的核心部分是高温等离子体态下的聚变反应过程。同样，低温等离子体在微电子、化学、化工、生物医疗及国防等众多领域有着重要应用，包括等离子体刻蚀、清洗、显示、天线与隐形等一系列技术应用中涉及的等离子体。

本章将从等离子体的基本概念、基本性质、数学描述方法三个角度阐述等离子体的基本知识，了解等离子体的特性和研究方法，为进一步学习等离子体物理做好引导。

1.1　等离子体基本概念

1.1.1　等离子体定义

等离子体是由带电粒子和中性粒子组成的表现出集体行为的准中性的多粒子体系。

等离子体中含有了大量的电子、离子等带电粒子，通过提升温度、引入外部高能粒子或者电磁场等手段可以实现中性分子或原子的电离，随着电离度的增大，中性粒子逐渐电离为带电粒子。电离的发生主要由温度和粒子密度决定。温度越高，粒子的平均动能越大，当其超过电离能时，因粒子间的碰撞或其他原因，就会发生电离过程，同时，也存在带电粒子之间的复合过程。因此，等离子体是由带电粒子、中性粒子组成的多粒子体系。

等离子体的集体行为是其区别于气体的重要性质之一。随着电离度的增加，等离子体中会出现越来越多的带电粒子，带电粒子的存在会产生电场，从而诱发其与周围其他带电粒子的库仑力作用。同时，带电粒子的运动也会产生电流，进而诱发磁场，从而在等离子体内部建立一种长程的、多体的电磁场相互作用体系。因此，受长程电磁场作用体系的影响，等离子体内部某处的电荷扰动（如密度或者位置的变化）不仅影响到周围局部区域的电荷状态，还会将扰动扩大到远距离区域的等离子体，从而呈现出一种集体行为的特点。

等离子体的准中性与等离子体的空间和时间尺度有关。从宏观的大尺度角度考虑，根据电荷守恒定律，中性粒子电离过程产生的正、负带电粒子体系是满足电荷守恒的，由其组成的粒子体系宏观上呈现电中性特点。但当空间尺度足够小时，微观区域存在独立的电荷或者正负电荷差，在这个局部，微观尺度并不满足电中性。因此，等离子体的准中性需要考虑电荷屏蔽效应，该效应对应的尺度被称为德拜屏蔽长度（具体参见 1.2.1 节内容），只有在空间尺度远大于德拜屏蔽长度的范围区域，等离子体才能够保持电中性，因此被称为准中性。

实际上，所谓准中性原则，是相对狭隘的等离子体定义，事实上存在着整体并不是电中性的大量带电粒子体系，但局部区域也会呈现出许多电中性等离子体相似的行为，特别是集体运动模式。因此，研究等离子体时，也会包括这类非电中性的等离子体，需要从不同的空间、时间尺度区域去分析。

1.1.2 等离子体参量

等离子体作为多粒子体系，包含了大量的物理参量，大体上可以分为两类：一类表征着粒子性质的物理量，如电子、离子的质量 m_e 和 m_i，电子、离子的电荷 $-e$ 和 Z_ie，有时体系中也可能含有多种不同的离子；一类表征着粒子的宏观状态物理量，如电子、离子的密度和温度 n_e、n_i、T_e、T_i 等。

1. 等离子体密度

等离子体体系内部含有大量的电子、离子等带电粒子，单位体积内的电子个数被称为电子密度 n_e（国际单位 m^{-3}，常用单位 cm^{-3}），类似的还有离子密度 n_i、中性原子密度 n_n。在等离子体准中性条件下，电子密度和离子密度之间满足

$$n_e = \sum_i Z_i n_i \tag{1.1}$$

式中，n_i 为第 i 类离子的离子密度；Z_i 为相应的离子电荷数。

2. 等离子体温度

在等离子体热力学平衡或者局部热力学平衡条件下，相应区域的粒子速度满足麦克斯韦分布，如图 1.2 所示。对于一维条件，满足麦克斯韦分布的粒子可以用高斯函数表示为：

$$n(u) = A\exp\left(-\frac{mu^2}{2kT}\right) \tag{1.2}$$

式中，$n(u)$ 表示速度在 $u \sim u + \mathrm{d}u$ 范围内的单位体积的粒子数；$\frac{1}{2}mu^2$ 表示粒子的动能；k 是玻尔兹曼常量（$k = 1.38 \times 10^{-23}$ J/K）；T 表示热力学温度，

单位是 K。

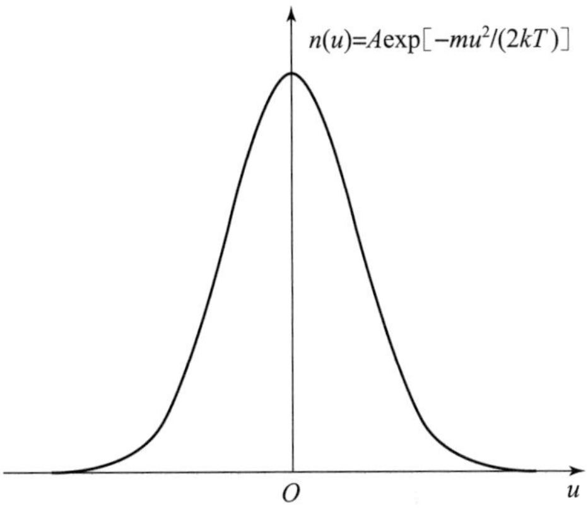

图1.2　麦克斯韦速度分布函数（高斯函数）

对速度进行积分，可以获得粒子密度 n，满足：

$$n = \int_{-\infty}^{+\infty} n(u)\,\mathrm{d}u = \int_{-\infty}^{+\infty} A\exp\left(-\frac{mu^2}{2kT}\right)\mathrm{d}u \tag{1.3}$$

推导可得常数 A 与粒子密度 n 的关系满足：

$$A = n\left(\frac{m}{2\pi kT}\right)^{1/2} \tag{1.4}$$

因此粒子速度的麦克斯韦分布可表示为：

$$n(u) = n\left(\frac{m}{2\pi kT}\right)^{1/2}\exp\left(-\frac{mu^2}{2kT}\right) \tag{1.5}$$

其平均动能满足：

$$E_{av} = \frac{\int_{-\infty}^{+\infty}\frac{1}{2}mu^2 n(u)\,\mathrm{d}u}{n} = \frac{1}{2}kT \tag{1.6}$$

推广到三维条件，可得到三维麦克斯韦分布：

$$n(u_x,u_y,u_z) = n\left(\frac{m}{2\pi kT}\right)^{3/2}\exp\left[-\frac{m(u_x^2+u_y^2+u_z^2)^2}{2kT}\right] \tag{1.7}$$

三维条件下的平均动能：

$$E_{av} = \frac{3}{2}kT \tag{1.8}$$

因此，在等离子体物理研究中，等离子体热力学温度与动能是密切关联的，以至于等离子体温度通常选用动力学温度 kT 表示，常用能量单位为 eV。1 eV = 1.6×10^{-19} J，对应的热力学温度为 11 600 K。

在等离子体中，粒子之间通过碰撞等方式最终达到热平衡状态，但由于电子和离子质量相差很大，而且同类粒子碰撞平衡时间比电子－离子碰撞平衡时间快得多，因此，在描述等离子体时，会出现电子温度 T_e、离子温度 T_i 两个温度参量，如果存在多种离子，也就相应地存在多个离子温度。此外，在磁约束等离子体中，受磁场影响，等离子体在磁场中呈现各向异性，典型如平行磁场与垂直磁场的速度分布及变化的区别，相应地就有了平行温度 $T_{\parallel}$ 和垂直温度 $T_{\perp}$ 参量。

3. 特征参量

除了等离子体密度、温度两个独立参量以外，表征等离子体系统状态的还有很多特征参量。

用于表征等离子体电磁屏蔽效应和特征尺寸的德拜长度：

$$\lambda_D = \sqrt{\varepsilon_0 T_e / (n_e e^2)} \tag{1.9}$$

用于表征等离子体振荡的电子等离子体频率：

$$\omega_{pe} = \sqrt{n_e e^2 / (m_e \varepsilon_0)} \tag{1.10}$$

用于表征等离子体振荡的离子等离子体频率：

$$\omega_i = \sqrt{n_i Z^2 e^2 / (m_i \varepsilon_0)} \tag{1.11}$$

用于表征磁场作用下带电粒子拉摩运动的电子回旋频率：

$$\omega_{ce} = eB/m_e \tag{1.12}$$

用于表征磁场作用下带电粒子拉摩运动的离子回旋频率：

$$\omega_{ci} = ZeB/m_i \tag{1.13}$$

用于表征等离子体碰撞的电子－电子碰撞频率：

$$\nu_{ee} = \frac{1}{(4\pi\varepsilon_0)^2} \frac{4\sqrt{2\pi} n_e e^4 \ln\Lambda}{3 m_e^{1/2} T_e^{3/2}} \tag{1.14}$$

用于表征等离子体碰撞的电子－离子碰撞频率：

$$\nu_{ei} = \frac{1}{(4\pi\varepsilon_0)^2} \frac{4\sqrt{2\pi} n_e Z e^4 \ln\Lambda}{3 m_e^{1/2} T_e^{3/2}} \tag{1.15}$$

用于表征等离子体碰撞的离子－离子碰撞频率：

$$\nu_{ii} = \frac{1}{(4\pi\varepsilon_0)^2} \frac{4\sqrt{\pi} n_i Z^2 e^4 \ln\Lambda}{3 m_i^{1/2} T_i^{3/2}} \tag{1.16}$$

用于表征等离子体碰撞的离子－电子碰撞频率：

$$\nu_{ie} = \frac{1}{(4\pi\varepsilon_0)^2} \frac{8\sqrt{2\pi} m_e^{1/2} n_e Z^2 e^4 \ln\Lambda}{3 m_i T_e^{3/2}} \tag{1.17}$$

德拜球内粒子数：

$$N_D = \frac{4\pi}{3} n \lambda_D^3 \tag{1.18}$$

经典库仑对数：

$$\ln\Lambda = \ln\frac{4\pi(\varepsilon_0 T)^{3/2}}{e^3 n^{1/2}} = \ln(3N_D) \tag{1.19}$$

上述等离子体参量均采用国际单位制，温度均为动力学温度 $T = kT_k$，单位是 eV。此外，还有粒子最可几速度、平均热速度、特征热速度、粒子回旋半径等参量。这些参量的物理意义与推导过程会在后续章节的相关内容中介绍。

1.1.3　等离子体分类

从实验室等离子体到宇宙空间等离子体，等离子体参量和性质存在很大差别，粒子数密度可能存在十几个量级的差别，等离子体温度也可以跨越 5 ~ 7 个数量级，因此需要根据等离子体参量与性质对等离子体进行分类。不同的分类采用不同的研究方法，根据等离子体温度的高低，可以把等离子体分为相对论和非相对论等离子体；根据等离子体密度的高低，可以把等离子体分为量子等离子体和经典等离子体；根据粒子间相互作用的强弱，可以把等离子体分为理想和非理想等离子体。

1. 相对论条件

当等离子体温度足够高时，等离子体内部的电子热运动速度接近于光速，此时研究等离子体必须考虑相对论效应。电子的特征热速度公式：

$$v_{te} \approx \sqrt{\frac{T_e}{m_e}} \approx 4.194 \times 10^5 \sqrt{T_e(\mathrm{eV})}\,(\mathrm{m/s}) \tag{1.20}$$

当电子温度达到 10 keV 时，$v_{te}/c \approx 0.14$，$(v_{te}/c)^2 \approx 0.02$；

当电子温度达到 100 keV 时，$v_{te}/c \approx 0.44$，$(v_{te}/c)^2 \approx 0.2$。

因此，当电子温度达到 10 keV 时，电子的速度达到光速的 0.14，等离子体内部电磁学过程及参量计算已经需要考虑相对论因子；当电子温度达到 100 keV 时，相对论效应已经非常明显。因此，一般采用 $T_e \approx 10$ keV 作为划分相对论和非相对论等离子体的界限。

2. 经典条件

当等离子体密度足够高，以至于接近固体密度，粒子间的距离 l 降低到接近甚至小于电子德布罗意波长 λ_e 时，研究等离子体必须考虑量子力学效应。

$$l = n^{-1/3} < \frac{\hbar}{\sqrt{m_e T_e}} = \lambda_e \tag{1.21}$$

根据统计力学，当电子动能小于费米球面能级时（$E_K < E_F$），等离子体宏

观体系将服从费米－狄拉克统计而不是玻尔兹曼统计分布，此时量子力学效应明显。但当 $E_k \gg E_F$ 时，大部分电子将处于费米面以上的连续能谱带中，等离子体满足麦克斯韦－玻尔兹曼统计分布，此时量子效应可以忽略。

$$E_k = \frac{3}{2}T_e < E_F = \frac{(3\pi^2)^{2/3}\hbar^2 n^{2/3}}{2m_e} \tag{1.22}$$

可以证明，式（1.21）相当于 $m_e T_e < \hbar^2 n^{2/3}$，式（1.22）相当于 $m_e T_e < 3.2\hbar^2 n^{2/3}$，二者大致相当。在等离子体物理中，通常采用 $l < \lambda_e$ 作为判断量子等离子体和经典等离子体的分界线。

3. 理想条件

通常稀薄气体可以作为理想气体，对于等离子体同样适用。在等离子体比较稀薄时，粒子间相互作用比较弱，可以作为理想等离子体处理。其判定的依据就是等离子体中粒子的平均动能 E_k 远大于平均势能 E_P，这时粒子之间的相互作用作为小量处理。

等离子体中粒子（电子）的平均动能：

$$E_k = \frac{3}{2}T_e \tag{1.23}$$

等离子体中粒子（电子）的平均势能：

$$E_P = \frac{e^2}{4\pi\varepsilon_0 l} = \frac{e^2 n_e^{1/3}}{4\pi\varepsilon_0} \tag{1.24}$$

理想条件是：

$$\frac{E_k}{E_P} = \frac{6\pi\varepsilon_0 T_e}{e^2 n_e^{1/3}} \gg 1 \tag{1.25}$$

将 λ_D、N_D 代入上式可得：

$$\frac{E_k}{E_P} = \frac{6\pi\varepsilon_0 T_e}{e^2 n_e^{\frac{1}{3}}} = \frac{6\pi\varepsilon_0}{e^2 n_e^{\frac{1}{3}}} \times \frac{e^2 n_e \lambda_D^2}{\varepsilon_0} = 6\pi\left(\lambda_D n_e^{\frac{1}{3}}\right)^2$$

$$= 6\pi\left(\frac{3N_D}{4\pi}\right)^{2/3} \approx 7.254(N_D)^{2/3} \gg 1 \tag{1.26}$$

等效于 $N_D \gg 0.05$，因此，有时也采用 $N_D = 1$ 作为理想等离子体的判定边界条件。

当粒子密度足够高时，等离子体进入量子等离子体状态，此时等离子体的平均动能不再是热运动动能，而是采用费米能 E_F（即满足式（1.21）和式（1.22）），根据动能与势能的关系（非相对论状态）：

$$\frac{E_F}{E_P}=\frac{(3\pi^2)^{2/3}\hbar^2 n_e^{2/3}}{2m_e}\times\frac{4\pi\varepsilon_0}{e^2 n_e^{1/3}}\approx 2.54\times 10^{-10} n_e^{1/3} \tag{1.27}$$

取 $E_F=E_P$，则对应的电子密度 $n_e=6.1\times10^{28}\ \mathrm{m^{-3}}=6.1\times10^{22}\ \mathrm{cm^{-3}}$，密度进一步增大时，则进入量子理想非相对论等离子体状态。

满足上述条件的等离子体被称为理想等离子体，也称弱耦合等离子体；相反，当粒子的势能达到甚至超过其动能时，称为非理想等离子体，此时必须考虑粒子之间的强相互作用，因此也被称为强耦合等离子体。

从上述条件可以看出，相对论条件只与等离子体的温度有关，当等离子体温度达到一定条件时，就会从非相对论等离子体转变为相对论等离子体；经典－量子条件与理想条件则受到等离子体温度和密度的共同影响，二者存在交叉区域，即存在理想经典、理想量子、非理想经典、非理想量子四种状态，对于不同的等离子体，数学上必须用完全不同的方法进行分析。表 1.1 列举了宇宙和实验室中典型的等离子体参量数据。

表 1.1　一些典型等离子体参量近似量级

等离子体名称	$n/\mathrm{cm^{-3}}$	T/eV	$\omega_{pe}/\mathrm{s^{-1}}$	λ_D/cm	N_D	$\nu_{ei}/\mathrm{s^{-1}}$
星际气体	1	1	6×10^{14}	7×10^{2}	2×10^{9}	7×10^{-5}
气体星云	10^{3}	1	2×10^{6}	20	3×10^{7}	6×10^{-2}
日冕	10^{6}	10^{2}	6×10^{7}	7	2×10^{9}	6×10^{-2}
温等离子体	10^{14}	10	6×10^{11}	2×10^{-4}	3×10^{3}	1×10^{7}
热等离子体	10^{14}	10^{2}	6×10^{11}	7×10^{-4}	2×10^{5}	4×10^{6}
热核等离子体	10^{15}	10^{4}	2×10^{12}	2×10^{-3}	3×10^{7}	5×10^{4}
热稠密等离子体	10^{18}	10^{2}	6×10^{13}	7×10^{-6}	2×10^{3}	2×10^{10}
激光等离子体	10^{20}	10^{2}	6×10^{14}	7×10^{-7}	2×10^{2}	2×10^{12}

1.2　等离子体基本性质

1.2.1　电荷屏蔽效应

等离子体作为由大量带电粒子组成的多粒子体系，其内部存在多粒子之间的多体－长程库仑作用。这就导致内部某带电粒子附近会吸引异号电荷粒子，排斥同号电荷粒子，从而在其周围形成电荷云诱发电荷屏蔽效应，降低该粒子的有效电荷并削弱它对远处其他带电粒子的影响。因此，电荷屏蔽效应是等离子体的基本性质之一，是等离子体集体行为的一种体现。下面对电荷屏蔽效应进行推导分析：

假定原点处存在一个带电粒子 q，由于电荷屏蔽效应，在其周围形成电荷云，因此原点附近的电荷分布满足：

$$\rho(r) = Zn_i e - n_e e + q\delta(r) \tag{1.28}$$

式中，n_i，n_e 为离子（原子序数为 Z）和电子密度分布。原点附近的空间电势分布满足泊松方程：

$$\nabla^2\phi(r) = -\rho(r)/\varepsilon_0 \tag{1.29}$$

由于离子的质量远大于电子，例如质子质量是电子质量的 1 800 多倍，通常可以忽略离子运动的影响，可以认为 $n_i = n_{i0}$。当电子在空间电势的影响下处于热平衡状态时，近似满足玻尔兹曼分布，即：

$$n_e = n_{e0}\exp[e\phi(r)/T_e] \tag{1.30}$$

空间电势 $\phi(r)$ 边界条件 $r\to\infty$ 时，$\phi = 0$，$n_e = n_{e0}$，根据电中性原则，电子和离子电荷满足：

$$Zn_{i0} = n_{e0}$$

代入电荷分布公式，得：

$$\rho(r) = n_{e0}e[1 - \exp(e\phi(r)/T_e)] + q\delta(r) \tag{1.31}$$

对于理想等离子体，电子动能远大于其势能，即 $T_e \gg e\phi$，此时

$$\rho(r) = -n_{e0}e^2\phi(r)/T_e + q\delta(r) \tag{1.32}$$

因此，泊松方程可转化为：

$$\nabla^2\phi(r) = \phi(r)/\lambda_D^2 - q\delta(r)/\varepsilon_0 \tag{1.33}$$

式中，$\lambda_D = \sqrt{\varepsilon_0 T_e/(n_{e0}e^2)}$。

根据空间电势的边界条件：

$$\phi(r\to 0) = \frac{q}{4\pi\varepsilon_0 r}, \phi(r\to\infty) = 0 \tag{1.34}$$

可获得空间电势泊松方程的解为：

$$\phi(r) = \frac{q}{4\pi\varepsilon_0 r}\exp(-r/\lambda_D) \tag{1.35}$$

该电势即为考虑电荷屏蔽效应后的空间电势，称为屏蔽库仑势。λ_D 具有空间长度的量纲，被称为德拜屏蔽长度，表征了电荷屏蔽效应的特征长度，可以作为等离子体宏观空间尺度的量度。如图 1.3 所示，相比于库仑势，德拜屏

蔽势会随半径的增大而下降得更快，最后趋于平衡。只有等离子体空间尺度远大于德拜屏蔽长度时，电荷屏蔽效应才可以消除等离子体内部带电粒子密度涨落引起的局域性的净电荷影响（局部非电中性），从而确保等离子体在 $l \gg \lambda_D$ 尺度范围内的电中性。因此，等离子体的电中性实际上是一种相对的准电中性。同时，以德拜屏蔽长度为半径建立德拜球模型，根据德拜屏蔽势理论模型，显然需要德拜球内包含有大量的带电粒子，以满足粒子统计上的要求，这就要求 $N_D = \frac{4\pi}{3} n\lambda_D^3 \gg 1$，这也是等离子体集体行为的一种体现。

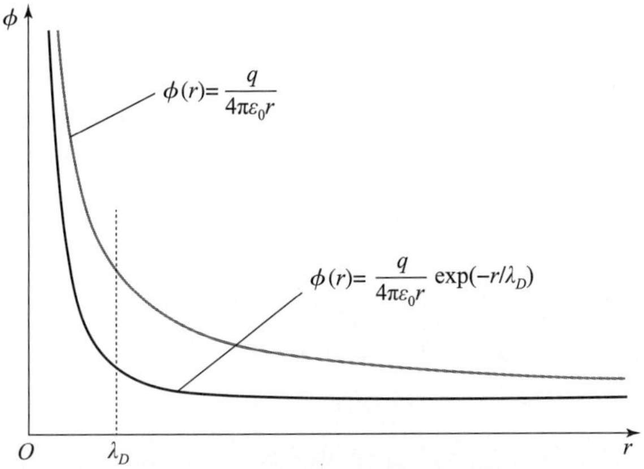

图 1.3　德拜屏蔽势与经典库仑势

当然，如果离子温度较高，导致离子运动的贡献不可忽略，那么，离子在空间电势 $\phi(r)$ 作用下处于热平衡状态时，同样满足玻尔兹曼分布，即类似于电子密度分布的公式：

$$n_i = n_{i0}\exp(-Ze\phi(r)/T_i) \tag{1.36}$$

则相应的空间电荷分布满足：

$$\begin{aligned}\rho(r) &= Zen_{i0}\exp\left(-\frac{Ze\phi(r)}{T_i}\right) - en_{e0}\exp\left(\frac{e\phi(r)}{T_e}\right) + q\delta(r)\\ &= Zen_{i0}\left(1-\frac{Ze\phi(r)}{T_i}\right) - en_{e0}\left(1+\frac{e\phi(r)}{T_e}\right) + q\delta(r)\\ &= -\left(\frac{n_{i0}Z^2e^2}{T_i}+\frac{n_{e0}e^2}{T_e}\right)\phi(r) + q\delta(r)\end{aligned} \tag{1.37}$$

相应的空间电势泊松方程满足：

$$\nabla^2\phi(r) = \left(\frac{1}{\lambda_{Di}^2}+\frac{1}{\lambda_{De}^2}\right)\phi(r) - \frac{q\delta(r)}{\varepsilon_0} = \frac{\phi(r)}{\lambda_D^2} - \frac{q\delta(r)}{\varepsilon_0} \tag{1.38}$$

式中，$\lambda_{De} = \sqrt{\frac{\varepsilon_0 T_e}{n_{e0}e^2}}$；$\lambda_{Di} = \sqrt{\frac{\varepsilon_0 T_i}{n_{i0}Z^2e^2}}$；$\frac{1}{\lambda_D^2} = \frac{1}{\lambda_{Di}^2} + \frac{1}{\lambda_{De}^2}$。

此时，λ_{De}为电子德拜屏蔽长度，λ_{Di}为离子德拜屏蔽长度，λ_D为总德拜屏蔽长度，表示考虑了电子、离子运动效应综合影响的屏蔽效应。在考虑了离子屏蔽效应后，德拜屏蔽长度比电子屏蔽长度小，说明离子屏蔽会导致屏蔽效应进一步增强。

此外，对于很多的快过程等离子体，实际上无法达到完全热平衡状态，这就导致粒子分布势函数会偏离玻尔兹曼分布，电荷屏蔽效应必须从粒子的实际运动分布去分析，从而呈现一种“动屏蔽效应”。

1.2.2 等离子体振荡

在等离子体带电粒子体系中，当正负电荷发生电荷分离时，会产生分离电场，分离电场促使电荷趋向电中性的平衡位置移动，并伴随着势能与动能的转化，从而形成类似于谐振子的振荡现象，被称为等离子体振荡。等离子体振荡是等离子体的基本性质之一，也是等离子体集体行为的一种重要表现。下面对等离子体振荡过程进行分析。

如图 1.4 所示，假定存在一层厚度为 l 的等离子体薄层，等离子体横向尺寸无限大，忽略磁场影响，忽略热运动影响，离子作为均分分布的空间背景固定不动，电子只在 x 方向运动。当电子沿 x 轴移动距离 x_e 后，等离子体内部电荷分离形成正负两层带电层，出现面电荷：$\pm\sigma = \pm n_e e x_e$，产生的空间电荷分离场满足$E = n_e e x_e/\varepsilon_0$。电子在空间电荷场的作用下做谐振子振荡运动，其运动方程可表示为：

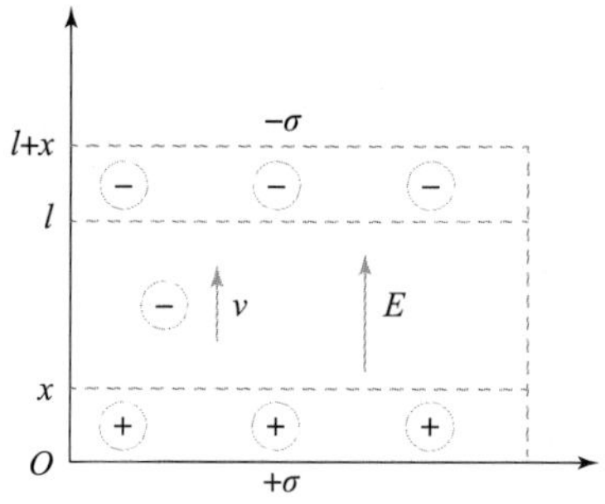

图 1.4 电子等离子体振荡

$$m_e \frac{\mathrm{d}u}{\mathrm{d}t} = m_e \frac{\mathrm{d}^2 x}{\mathrm{d}t^2} = -eE = -\frac{n_e e^2}{\varepsilon_0} x \tag{1.39}$$

即：

$$\frac{\mathrm{d}^2 x}{\mathrm{d}t^2} = -\frac{n_e e^2}{m_e \varepsilon_0} x, \frac{\mathrm{d}^2 u}{\mathrm{d}t^2} = -\frac{n_e e^2}{m_e \varepsilon_0} u \tag{1.40}$$

所以电子 x 方向的位移与速度均满足谐振子振荡运动：

$$(x, u) \propto (A\exp(\mathrm{i}\omega_{pe} t) + B\exp(-\mathrm{i}\omega_{pe} t)) \tag{1.41}$$

其振荡频率被称为电子振荡频率，或者电子等离子振荡频率（实际上是角频率）。

$$\omega_{pe} = \sqrt{\frac{n_e e^2}{m_e \varepsilon_0}} \tag{1.42}$$

电子在等离子体中发生静电振荡，如果再考虑电子本身的热运动，静电振荡就会在等离子体中传播，从而会形成电子等离子体波，或者叫作朗缪尔波。

电子的静电振荡与电子等离子体波也可以通过流体动力学与麦克斯韦方程组建立电子的流体力学方程组进行解析。假定电子静电振荡满足平面波解的形式：

$$(n_{e1}, u_{e1}, E_1) \propto \exp[\mathrm{i}(kx - \omega t)] \tag{1.43}$$

式中，n_{e1}，u_{e1}，E_1 分别表示电子密度、速度和电场的一阶小量。

可以求解其色散关系，获得：

$$\omega = \omega_{pe} = \sqrt{\frac{n_e e^2}{m_e \varepsilon_0}} \tag{1.44}$$

具体推导过程可以参考第 4 章等离子体波的相关章节。

严格地讲，等离子体中离子也会存在电荷涨落，并在电荷分离场的作用下发生离子静电振荡。但由于离子的质量远大于电子，在相同外力的作用下，离子的振荡周期比电子的要长很多。假定电子在热运动下形成均匀分布的空间电荷分布背景，采用同样的方法可以获得离子（假定离子电荷 Z_e）的振荡频率：

$$\omega_{pi} = \sqrt{\frac{n_i Z^2 e^2}{m_i \varepsilon_0}} \tag{1.45}$$

因此，如果同时考虑电子振荡与离子振荡，则电子相对于离子的振荡或者离子相对于电子的振荡才是真正的等离子体振荡，相应的频率被称为等离子体振荡频率。为方便分析，可以把等离子体振荡类比等效粒子的静电振荡，等效粒子中一半粒子带正电荷、一半粒子带负电荷。二者粒子密度相等，粒子电荷量相等、符号相反，从而满足电中性原则，同时又具有相同的振荡频率。该模型下等效粒子各参数满足：

等效粒子密度：

$$n_{ie} = \frac{n_e + n_i}{2} = \frac{1 + Z}{2} n_i \tag{1.46}$$

等效粒子质量：

鉴于等离子体振荡频率中质量为分母项，因此在模型等效时等效粒子质量不能简单地按照质量守恒进行等效，而是需要满足：

$$\frac{1}{n_{ie} m_{ie}} = \frac{1}{n_e m_e} + \frac{1}{n_i m_i} \rightarrow m_{ie} = \frac{n_i m_i n_e m_e}{(n_i m_i + n_e m_e) n_{ie}} = \frac{2 Z m_i m_e}{(1 + Z)(m_i + Z m_e)} \tag{1.47}$$

等效离子电荷：

$$Z_{ie} e = \frac{n_i Z e}{n_{ie}} = \frac{2Z}{1 + Z} e \tag{1.48}$$

将等效粒子参数代入离子振荡频率式（1.45）可得：

将等效粒子参数代入离子振荡频率式（1.45）可得：

$$\omega_p^2=\omega_{ie}^2=\frac{n_{ie}Z_{ie}^2e^2}{m_{ie}\varepsilon_0}=\frac{Zn_ie^2}{\varepsilon_0}\left(\frac{1}{m_e}+\frac{Z}{m_i}\right)=\frac{n_ee^2}{m_e\varepsilon_0}+\frac{n_iZ^2e^2}{m_i\varepsilon_0}=\omega_{pe}^2+\omega_{pi}^2 \tag{1.49}$$

因此，等离子体振荡频率等于电子、离子振荡频率的平方和。

其中：

$$\left(\frac{\omega_{pe}}{\omega_{pi}}\right)^2=\frac{m_i}{Zm_e}\geqslant\frac{m_p}{m_e}\approx 1\ 836\gg 1 \tag{1.50}$$

所以通常把电子等离子体振荡频率近似为等离子体振荡频率，即

$$\omega_p\approx\omega_{pe} \tag{1.51}$$

电子等离子体振荡特征时间 $\tau_{pe}=\frac{1}{\omega_{pe}}$，可以作为等离子体的宏观时间尺度。当等离子体时间尺度 $\tau<\tau_{pe}$时，电子等离子体振荡是不可忽略的。但当等离子体时间尺度 $\tau\gg\tau_{pe}$时，等离子体振荡所引起的电荷分离与非电中性在时间尺度 τ 的平均下趋于零，等离子体满足准中性原则，因此电子等离子体振荡特征时间 τ_{pe}可以作为等离子保持准中性的时间尺度下限。

与等离子体空间电荷屏蔽效应的特征长度德拜屏蔽长度 λ_D 相联系，粒子在德拜球内以特征热速度运动德拜长度所需时间：

$$\tau_e=\frac{\lambda_{De}}{v_{te}}=\sqrt{\frac{\varepsilon_0T_e}{n_{e0}e^2}\frac{m_e}{T_e}}=\sqrt{\frac{\varepsilon_0m_e}{n_{e0}e^2}}=\frac{1}{\omega_{pe}}=\tau_{pe} \tag{1.52}$$

$$\tau_i=\frac{\lambda_{Di}}{v_{te}}=\sqrt{\frac{\varepsilon_0T_i}{n_{i0}Z^2e^2}\frac{m_i}{T_i}}=\sqrt{\frac{\varepsilon_0m_i}{n_{i0}Z^2e^2}}=\frac{1}{\omega_{pi}}=\tau_{pi}\gg\tau_{pe} \tag{1.53}$$

两组时间相等，表明等离子体振荡周期特征时间尺度与德拜长度特征空间尺度是一致的。由于电子等离子体振荡频率远大于离子振荡频率，相应的电子振荡特征时间远小于离子振荡特征时间。因此，德拜长度可以作为判定等离子体电中性的最小空间尺度，而电子等离子体振荡时间可以作为判定等离子体电中性的最小时间尺度。

1.2.3 等离子体碰撞

不同于中性气体中粒子近距离的二体碰撞过程，等离子体作为带电粒子组成的多粒子体系，存在着带电粒子之间及带电粒子与中性粒子之间的碰撞。等离子体碰撞受长程库仑力影响是一种多体的、长程的相互作用过程，碰撞过程中受到复杂的电磁相互作用影响。

由于等离子体内部受到德拜电磁屏蔽影响，等离子体中带电粒子之间的库仑相互作用大体可以分为两部分：一部分是粒子间距大于德拜屏蔽长度，

在德拜屏蔽库仑势场下的长程库仑相互作用；另一种则是粒子间距小于德拜屏蔽长度，在库仑势场下的短程库仑碰撞过程，此时粒子间近似为经典的库仑势场（屏蔽库仑势场的指数项趋于1）。对于长程屏蔽库仑势场，受电荷云的电荷屏蔽效应影响，德拜球外带电粒子受中心粒子的势场影响微弱，而大量的长程库仑作用叠加体现了等离子体内部带电粒子的集体运动行为，典型如等离子体振荡、等离子体波等。对于短程库仑碰撞过程，在德拜球内部还有大量带电粒子 $N_D \gg 1$，一个带电粒子会与其他带电粒子发生多体碰撞，它比中性气体的二体碰撞模型要复杂得多。但在一定条件下，等离子体的多体碰撞可以采用二体碰撞叠加模型进行近似，并在等离子体库仑碰撞研究中大量采用。

实验研究发现，等离子体短程库仑碰撞多为小角度散射碰撞，其碰撞概率比单次大角度散射碰撞（90°以上）高几十倍。等离子体碰撞中，单次大角度散射碰撞的概率是很低的，往往通过多次小角度碰撞累计最终实现90°以上偏转。

通常将粒子间碰撞偏转角度为90°时碰撞所经历的平均时间定义为平均碰撞时间，相应的单位时间内实现90°偏转的平均碰撞次数定义为平均碰撞频率，则等离子体内部粒子间的碰撞过程满足：

粒子间平均碰撞时间：

$$\tau_{ee} : \tau_{ei} : \tau_{ii} : \tau_{ie} = 1 : \frac{n_e}{Z^2 n_i} : \frac{\sqrt{2}}{Z^3}\sqrt{\frac{m_i}{m_e}}\left(\frac{T_i}{T_e}\right)^{3/2} : \frac{1}{2Z^2}\frac{m_i}{m_e} \tag{1.54}$$

粒子间平均碰撞频率：

$$\upsilon_{ee} : \upsilon_{ei} : \upsilon_{ii} : \tau\upsilon_{ie} = 1 : Z^2\frac{n_i}{n_e} : \frac{1}{\sqrt{2}}Z^3\sqrt{\frac{m_e}{m_i}}\left(\frac{T_e}{T_i}\right)^{3/2} : 2Z^2\frac{m_e}{m_i} \tag{1.55}$$

为了便于数量级上的认知，取 $Z=1$，$T_i = T_e$，$Zn_i = n_e$，则：

$$\tau_{ee} : \tau_{ei} : \tau_{ii} : \tau_{ie} = 1 : 1 : \sqrt{\frac{2m_i}{m_e}} : \frac{m_i}{2m_e} \tag{1.56}$$

式中，下标 e 表示电子；i 表示离子。由于离子质量远大于电子质量，质量越大，惯性越大，从而导致离子实现90°以上的偏转散射所经历的碰撞次数和碰撞时间比电子要多很多。从四种平均碰撞时间和平均碰撞频率可以看出：电子－离子（ei）过程所需碰撞时间最短，小质量电子很容易受到大质量离子影响而发生运动状态的改变；电子－电子（ee）过程与电子－离子过程所需时间相差不多，$\tau_{ee} = Z\tau_{ei}$，电子之间的碰撞也较易发生运动状态的改变。相比之下，离子运动状态的改变要比电子所需的碰撞时间长得多，质子质量已经超过电子质量的1 800倍，而且离子－电子（ie）碰撞比离子－离子（ii）碰撞更难以获得能量，离子－电子（ie）碰撞过程更多的是把能量和动量转交给电子，单次离子－电子（ie）碰撞离子所获得的动量改变量是极小的。因此，由于粒子间平均碰撞时间的差别，导致粒子间实现热平衡的时间存在差别，进而造成等离子体可能出现电子温度、离子温度两个概念，电子－离子之间需要经过较长的时间才能达到热平衡。

此外，大量计算与实验表明，等离子体碰撞过程的时间尺度是远大于电子等离子体振荡周期的，也就是等离子体平均碰撞频率远小于等离子体振荡频率。因此，等子体内部是满足弱碰撞条件的，粒子碰撞效应远比集体振荡效应要小，等离子体的特性还是以集体效应为主。

1.2.4 等离子体辐射

等离子体内部存在大量的高温带电粒子，带电粒子的运动与碰撞会辐射各种电磁波，既包括碰撞引起的电子自由－自由、自由－束缚过程的连续辐射谱，也包括原子内电子束缚－束缚过程的线光谱，还有受磁场洛伦兹力影响产生的回旋辐射，甚至部分高能电子产生切伦科夫辐射，其中重点关注研究的辐射过程是：轫致辐射、复合辐射的连续谱与回旋辐射的线光谱。

1. 轫致辐射

轫致辐射是指自由带电粒子运动速度发生变化时产生的电磁波辐射。在等离子体内部，存在大量的粒子碰撞过程，碰撞过程引起速度的变化就会产生轫致辐射。根据电动力学理论，可以证明，相同荷质比的粒子间发生碰撞不会产生辐射，而且电子的质量远小于离子质量，从而更容易获得动量变化，因此，等离子体的轫致辐射主要由电子产生。

忽略等离子体对电磁波的吸收过程，假定等离子体是完全透明的，轫致辐射的总辐射可以看作是所有电子辐射的总和。根据电动力学理论，电子在折射率 n 的等离子体中以速度 $\boldsymbol{v}$、加速度 $\boldsymbol{a}$ 运动时，产生的辐射功率为：

$$\frac{\mathrm{d}E}{\mathrm{d}t}=\frac{e^2 n}{6\pi\varepsilon_0 C^3}\frac{\boldsymbol{a}^2-(\boldsymbol{v}\times\boldsymbol{a})^2/c^2}{(1-v^2/c^2)^3}=\frac{e^2 n}{6\pi\varepsilon_0 C^3}a^2\text{（忽略相对论）} \tag{1.57}$$

在电子－离子碰撞过程中，可以把离子当作静止的点电荷，在其库仑势场（严格来讲，是屏蔽库仑势场）的作用下产生加速度，其中单个离子产生的加速度 $\boldsymbol{a}_i$ 满足：

$$a_i=\frac{F_i}{m_e}=\frac{-Z_i e^2}{4\pi\varepsilon_0 m_e}\frac{\boldsymbol{r}(t)}{|\boldsymbol{r}(t)|^3} \tag{1.58}$$

式中，Z_i 为离子 i 的电荷；$\boldsymbol{r}(t)$ 为电子相对离子的位矢。

结合电动力学与量子力学相关内容，由于推导烦琐，这里直接给出单位体积、单位频率间隔内所发射出的辐射功率 $U_{f,Te}$：

$$U_{f,Te}=\frac{N_eN_inZ^2e^6}{3\sqrt{6}\pi^{3/2}\varepsilon_0^3c^3m_e^{3/2}}T_e^{-1/2}\bar{g}\exp\left(-\frac{hf}{T_e}\right) \tag{1.59}$$

式中，f 为辐射频率；n 为等离子体折射率（可近似为 1）；$\bar{g}$ 为量子力学效应引起的修正因子，称为岗特因子，与电子温度、离子电离能、辐射频率相关。取 $\bar{g}=1$，$n=1$，对 $U_{f,Te}$ 积分可以获得单位体积等离子体辐射的总功率：

$$U_{Te}=\frac{\sqrt{2}N_eN_iZ^2e^6}{6\sqrt{3}\pi^{3/2}\varepsilon_0^3c^3m_e^{3/2}h}T_e^{1/2}\approx 1.54\times10^{-38}N_eN_iZ^2T_e^{1/2}\ (\mathrm{W/m^3}) \tag{1.60}$$

显然，等离子体温度越高、密度越大，产生的韧致辐射就会越强，这也是热核聚变反应中等离子体内部能量损失的主要因素之一。

2. 复合辐射

复合辐射是电子在和离子碰撞的过程中被离子所俘获，成为束缚态电子，释放的辐射光子能量等于电子的动能 E_e 与电离能 $|E_n|$ 之和，即：

$$hf=E_e+|E_n| \tag{1.61}$$

根据量子力学计算，热动态平衡状态下，复合到 N 能级的单位体积、单位频率间距的复合辐射功率谱：

$$U_{N,f,Te}=1.73\times10^{-51}\frac{N_eN_iZ^4}{N^3T_e^{3/2}}\bar{g}\exp\left(-\frac{hf-|E_n|}{T_e}\right)(\mathrm{W\cdot m^{-3}\cdot Hz^{-1}}) \tag{1.62}$$

同样地，复合辐射与等离子体的温度、密度、电荷 Z 也密切相关。其中，等离子体电子温度越高，就越不容易被俘获，相应的复合辐射成分就会越小。但相比于韧致辐射与 Z^2 成正比，复合辐射与 Z^4 成正比，这就导致当等离子体中含有高 Z 杂质时，复合辐射显著增强。等离子体连续辐射谱是韧致辐射与复合辐射之和。对于高频辐射部分，当满足 $T_e\sim30Z^2$ 时，韧致辐射和复合辐射的贡献近似相等。

3. 回旋辐射

等离子体中的带电粒子在强磁场作用下，受洛伦兹力向心力影响而做回旋拉摩运动，并不断辐射出电磁波，这种辐射被称为回旋辐射。其关键参数如下：

向心加速度：

$$a=\frac{q|\boldsymbol{v}\times\boldsymbol{B}|}{m}=\frac{qv_\perp B}{m} \tag{1.63}$$

回旋半径：

$$r=\frac{v_{\perp}^{2}}{a}=\frac{mv_{\perp}}{qB} \tag{1.64}$$

回旋角频率：

$$\omega=\frac{v_{\perp}}{r}=\frac{qB}{m} \tag{1.65}$$

式中，q 为带电粒子所带电荷量；m 为粒子质量；$\boldsymbol{v}$ 为带电粒子热运动速度矢量；$v_{\perp}$ 为速度 $\boldsymbol{v}$ 在垂直磁场方向上的分量；B 为外加磁场磁感应强度。因此，对于等离子体，存在电子回旋频率和离子回旋频率两个概念：

电子回旋频率：

$$\omega_{ce}=\frac{eB}{m_{e}} \tag{1.66}$$

离子回旋频率：

$$\omega_{ci}=\frac{ZeB}{m_{i}}\text{且}\frac{\omega_{ce}}{\omega_{ci}}=\frac{m_{i}}{Zm_{e}}\gg 1 \tag{1.67}$$

所以，等离子体回旋辐射主要考虑电子回旋辐射成分。假定电子分布满足麦克斯韦分布，则单位体积电子的总回旋辐射功率为：

$$U=\frac{e^{4}n_{e}T_{e}B^{2}}{3\pi\varepsilon_{0}m_{e}^{3}c^{3}} \tag{1.68}$$

显然，回旋辐射功率与温度 T_e 成正比，与磁场 B^2 成正比。首先，相比于韧致辐射等辐射谱，回旋辐射力源来源于磁场，受外界磁场的影响严重。其次，相比于韧致辐射与温度 $T_e^{1/2}$ 成正比关系，回旋辐射与温度 T_e 成正比关系，受电子温度的影响更大。所以，当温度较低时，电子回旋辐射能量损失是比较低的，但随着电子温度的升高，回旋辐射迅速增加，当电子温度超过 5 keV 或者更高时，回旋辐射能损将超过韧致辐射。

此外，当电子温度较低时，回旋辐射谱近似为线光谱，但随着电子温度提高到相对论阶段，回旋辐射会因为多普勒展宽、碰撞展宽、相对论展宽等因素，展宽近似为连续谱，并伴随有回旋辐射谱的多次谐波。在高温等离子体诊断中，回旋辐射谱实际上就是连续谱形式，典型的热核等离子体电子回旋频率：

$$f_{ce}=\frac{eB}{2\pi m_{e}}=2.8\times10^{10}[B(T)]\,\text{Hz} \tag{1.69}$$

等离子体辐射导致了等离子体能量的损失，但同时可以提供等离子体内部的重要参数信息，例如通过光谱测量可以获得等离子体的密度、温度，可以测定等离子体内部的杂质成分和含量，利用赛曼效应对光谱的影响可以测量等离子体内部磁场，因此，研究等离子体辐射与光谱分析是等离子体诊断的重要内容之一。

1.2.5 等离子体判据

结合等离子体基本概念与基本性质，为满足等离子体集体行为、准中性的原则，可以建立等离子体判据条件：

（1）空间尺度判据

$$l \gg \lambda_D \tag{1.70}$$

等离子体尺度 l 远大于德拜屏蔽长度 λ_D。

（2）时间尺度判据

$$\tau \gg \tau_{pe} = \frac{\lambda_{De}}{v_{te}} = \frac{1}{\omega_{pe}} \tag{1.71}$$

等离子体时间尺度 τ 远大于等离子体响应时间 τ_{pe}。

（3）粒子统计判据

$$N_D \gg 1 \tag{1.72}$$

德拜球内粒子数 N_D 远大于1。

1.3 等离子体数学描述方法

等离子体作为包含有大量带电粒子的多粒子体系，带电粒子内部存在长程库仑力作用，并伴随带电粒子的运动产生自生电磁场，同时，等离子体所处的环境往往伴有外加的电磁场，如磁约束等离子体。在外部磁场作用下，等离子体状态会发生相应的改变，并呈现出明显的波粒二相性特点。因此，精确地描述等离子体的性质与行为是极其困难的，往往根据不同的条件和关注的问题，对等离子体的某些参量进行忽略，采用近似的方法对等离子体进行描述，从而简化数学计算、突出关键物理过程图像。目前，等离子体物理常用的基本描述方法有以下几种：单粒子轨道描述法、磁流体描述法、统计描述法与粒子模拟法。

1.3.1 单粒子轨道描述法

单粒子轨道描述法是研究等离子体中单个带电粒子在外加电磁场作用下的运动过程的研究方法。它忽略了等离子体中带电粒子之间的相互作用，忽略了粒子运动和分布对外加电磁场的影响。通过建立牛顿力学运动方程与初始和边界条件，就可以确定单个粒子的运动轨道：

$$m\frac{\mathrm{d}v}{\mathrm{d}t}=m\frac{\mathrm{d}^2\boldsymbol{r}}{\mathrm{d}t^2}=q\boldsymbol{E}+q\boldsymbol{v}\times\boldsymbol{B}+\boldsymbol{F} \tag{1.73}$$

式中，带电粒子质量为 m、电荷为 q，受到电场力 $q\boldsymbol{E}$、洛伦兹力 $q\boldsymbol{v}\times\boldsymbol{B}$ 与其他非电磁力 $\boldsymbol{F}$ 的影响。

单粒子轨道描述方法的物理模型简单，物理图像直接，可以给出一些复杂电磁场作用下的粒子运动轨迹，很好地解释等离子体的许多性质。例如，在无碰撞等离子体中，粒子碰撞过程可以忽略，单粒子轨道描述可以对一些实验结果给出定性的合理描述。通常情况下，单粒子轨道模型并不能够准确描述等离子体行为，却可以在其他等离子体描述方法基础之上进一步研究粒子间相互作用对等离子体行为的影响，可以作为进一步分析和讨论实际问题的出发点。例如磁约束聚变的等离子体约束原理，托克马克装置虽然约束的是宏观的等离子体束流，但其研究的出发点就是单个带电粒子在磁场中的运动过程。此外，在等离子体波、等离子体输运研究中，虽然其研究基础是统计动理学描述，但无论是定性计算还是定量计算，均需要利用单粒子轨道运动。

1.3.2 磁流体描述法

中性粒子体系如气体、液体可以作为流体元组成的连续介质，利用流体力学方程进行描述。磁流体描述法就是把等离子体看作运动的导电的流体，采用流体力学与电动力学结合的方法，研究等离子体的整体运动，以及其与电磁场的相互作用过程。由于既要考虑传统流体的流体力学规律，又要研究导电流体在电磁场下的电动力学过程，因此被称为磁流体力学（magneto - hydro - dynamics, MHD）。磁流体力学忽略了等离子体内部单个粒子运动状态，主要描述等离子体的宏观运动，如研究等离子体的集体振荡、宏观平衡、宏观不稳定性及各种波动现象。

磁流体力学理论基础是流体力学方程组、电动力学麦克斯韦方程组、欧姆定律与物质方程，三者结合构建了磁流体力学方程组（参见式（1.74），详细内容将在第 3 章磁流体力学中进行介绍）。

对于低频长波等离子体，电子和离子都可以随着波长周期性运动，电子、离子之间不会出现电荷分离，等离子体处处保持电中性，其和普通流体的区别就在于电子和离子会在外加电磁场作用下形成空间电流，这些可以很好地利用磁流体力学方程组进行描述。对于高频短波等离子体，离子由于惯性影响会明显滞后于电子运动，从而出现明显的电子、离子周期运动不同步的现象，从而形成空间电荷分离，此时需要把电子、离子作为两种介质分别建立磁流体力学方程组，又称为双流体力学方程组。利用磁流体力学方程组，可以实现复杂电磁场下磁化等离子体的稳态结构、各种等离子体波分析，并广泛应用于天体物理、受控热核反应（磁约束与惯性约束聚变）、磁流体发电、等离子体推进等科学与技术领域。

$$
\begin{cases}
\dfrac{\partial n}{\partial t} + \nabla\cdot(n\boldsymbol{u}) = 0 & \text{连续性方程} \\
nm\dfrac{\mathrm{d}\boldsymbol{u}}{\mathrm{d}t} = -\nabla p + \boldsymbol{F} & \text{运动方程} \\
\dfrac{3}{2}n\dfrac{\mathrm{d}T}{\mathrm{d}t} = -(p\cdot\nabla)\cdot\boldsymbol{u} - \nabla\cdot\boldsymbol{q} + Q & \text{能量方程} \\
\nabla\cdot\boldsymbol{E} = \sum\dfrac{nq}{\varepsilon_0} & \text{麦克斯韦方程组} \\
\nabla\cdot\boldsymbol{B} = 0 & \text{麦克斯韦方程组} \\
\nabla\times\boldsymbol{E} = -\dfrac{\partial\boldsymbol{B}}{\partial t} & \text{麦克斯韦方程组} \\
\nabla\times\boldsymbol{B} = \dfrac{1}{c^2}\dfrac{\partial\boldsymbol{E}}{\partial t} + \mu_0\boldsymbol{j} & \text{麦克斯韦方程组} \\
\boldsymbol{j} = \sigma(\boldsymbol{E} + \boldsymbol{u}\times\boldsymbol{B}) = \sum nq\boldsymbol{u} & \text{广义欧姆定律} \\
p = p(n,T) & \text{物态方程}
\end{cases}
\tag{1.74}
$$

1.3.3　统计描述法

统计描述法是利用统计力学方法研究粒子位置、速度等参量分布函数，建立动理学方程，从而获得等离子体宏观参数的平均量。例如用于自恰场的弗拉索夫（Vlasov）方程，通过引入电子、离子的速度分布函数来研究波与粒子共振与非共振相互作用，其忽略了碰撞过程，主要研究等离子体波动现象。与其相对应，玻尔兹曼和福克 - 普朗克（Fokker - Plank）方程利用速度分布函数研究等离子体输运过程中的碰撞过程，其只考虑二体库仑碰撞，并忽略等离子体波场的影响。鉴于等离子体统计力学参数的复杂性，统计描述法通常采用各种近似理论实现等离子体的统计描述。

弗拉索夫方程：

$$\frac{\partial f}{\partial t} + \boldsymbol{v}\cdot\nabla f + \frac{q}{m}(\boldsymbol{E} + \boldsymbol{v}\times\boldsymbol{B})\cdot\frac{\partial f}{\partial v} = 0 \tag{1.75}$$

玻尔兹曼方程：

$$\frac{\partial f}{\partial t} + \boldsymbol{v}\cdot\nabla f + \frac{\boldsymbol{F}}{m}\cdot\frac{\partial f}{\partial v} = \left(\frac{\partial f}{\partial t}\right)_c \tag{1.76}$$

福克－普朗克方程：

$$\frac{\mathrm{d}f}{\mathrm{d}t}=-\frac{\partial}{\partial v}\cdot(f\langle\Delta\boldsymbol{v}\rangle)+\frac{1}{2}\frac{\partial^2}{\partial\boldsymbol{v}\partial\boldsymbol{v}}:(f\langle\Delta\boldsymbol{v}\Delta\boldsymbol{v}\rangle) \tag{1.77}$$

1.3.4 粒子模拟法

粒子模拟法是借助高性能计算机数值模拟计算大量带电粒子在自洽场合外加电磁场作用下的运动过程，需要联立求解每一个粒子的运动方程、麦克斯韦方程，计算量非常庞大，需要庞大的超算集群系统。由于计算资源的限制，在粒子数量、时间、空间尺度上对等离子体范围提出了严格的要求。虽然目前的计算能力仍然无法模拟大尺度的等离子体过程，但对于某些特定的等离子体行为，往往可以通过模拟研究微小尺度的等离子体过程就可以描述等离子体的行为现象，而且通过减少维度、近似或者约化处理，在一定程度上可以简化计算量。PIC（Particle in Cell）就是一种典型的粒子模拟方法，通过运动方程与麦克斯韦方程的迭代计算研究无碰撞时波与离子的相互作用行为。蒙特卡洛（Monte Carlo）模拟可以实现模拟带电粒子之间碰撞行为对等离子体行为的影响。

近半个世纪起来，粒子模拟方法已经日趋成熟，并发展了一系列可靠的、适用的定型算法模型，如静电粒子模型、电磁粒子模型、混合模型等，并在等离子体波、粒子在波场中的输运、磁流体激波、强场激光粒子加速等领域有着广泛应用。随着超算性能的不断提升、算法模型的不断出新，基于 PIC + MC 的粒子模拟，将在等离子体物理过程描述中发挥更大的作用。

习题 1

1. 计算下列参数条件下的等离子体德拜长度 λ_D、等离子体振荡频率 ω_p 及等离子体参量 N_D：

（1）地球的电离层：$T=0.1\ \mathrm{eV}$，$n=10^{12}\ \mathrm{m}^{-3}$。

（2）低压辉光放电：$T=2\ \mathrm{eV}$，$n=10^{15}\mathrm{m}^{-3}$。

（3）托克马克聚变实验等离子体：$T=100\ \mathrm{eV}$，$n=10^{19}\ \mathrm{m}^{-3}$。

2. 在麦克斯韦分布下，推导一维条件下粒子的平均动能为 $kT/2$。

3. 在严格的完全稳恒态条件下，电子和离子均满足玻尔兹曼分布 $n=n_0\cdot\exp(-q\phi/T)$，证明该条件下的德拜半径近似表示为 $\lambda_D=\sqrt{\dfrac{\varepsilon_0 T_e T_i}{(T_e+T_i)n_0e^2}}$，并且德拜半径主要由较冷的粒子温度决定。其中，$T$ 为动力学温度。

4. 假定 $x=\pm d$ 处存在两块无穷大平行板，并接地。在平行板之间的空间内部充满均匀分布的气体，气体粒子密度为 n、电荷为 q。

（1）利用泊松方程证明板间电势分布满足：

$$\phi = \frac{nq}{2\varepsilon_0}(d^2 - x^2)$$

（2）对于 $d > \lambda_D$ 时，证明粒子从极板 $x = d$ 到中间最高达电势处 $x = 0$ 所需能量大于粒子的平均动能。

5. 假设一个半径为 R 的球体，球体内部含有均匀分布的电子和离子（$Z_i = e$），电子密度为 n_e，离子密度为 n_i，二者不一定相等。假设无穷远处电势为零，求解球体内外的静电势分布函数。

6. 在不考虑相对论效应条件下，分析经典近似和理想近似的判据条件，并讨论经典、量子、理想与非理想两两组合下的等离子体参数范围。

7. 论述等离子体电荷屏蔽现象与准电中性的关系，分析等离子体保持电中性最小空间和时间尺度的判据。

第2章

单粒子轨道理论

由于等离子体中大量带电粒子的相互作用以及其与外场之间的相互作用，使得对等离子体行为的分析十分复杂。为便于理解和推断相应性质，我们利用单粒子轨道理论来对等离子体进行描述。此时，不考虑等离子体中带电粒子的相互作用，其对外场的影响也被忽略，仅对单个粒子的运动规律进行分析，这是对理解等离子体整体行为的最基本的理论方法。

对于单粒子而言，在外场作用下，其运动方程满足：

$$m\frac{\mathrm{d}^2\boldsymbol{r}}{\mathrm{d}t^2}=m\frac{\mathrm{d}v}{\mathrm{d}t}=q(\boldsymbol{v}\times\boldsymbol{B}+\boldsymbol{E})+\boldsymbol{F} \tag{2.1}$$

式中，$\boldsymbol{r}$ 为粒子位置矢量；m 为粒子质量；$\boldsymbol{v}$ 为粒子速度；q 粒子电荷量；$\boldsymbol{B}$ 为外加磁场；$\boldsymbol{F}$ 为非电磁力的一般外场力。本章将基于此式展开研究。

2.1　带电粒子在均恒场中的运动

2.1.1　均匀恒定磁场

首先讨论带电粒子在均匀恒定场中的运动规律。假设电场 $\boldsymbol{E}$ 为 0，磁场 $\boldsymbol{B}$ 为不随时间变化的常矢量，当 $\boldsymbol{B}$ 沿 z 轴方向时，带电粒子的运动方程可以写作：

$$m\frac{\mathrm{d}v}{\mathrm{d}t}=q\boldsymbol{v}\times\boldsymbol{B} \tag{2.2}$$

其中，x，y，z 方向的分量满足：

$$\frac{\mathrm{d}v_x}{\mathrm{d}t}=\frac{qB}{m}v_y$$

$$\frac{\mathrm{d}v_y}{\mathrm{d}t}=-\frac{qB}{m}v_x$$

$$\frac{\mathrm{d}z}{\mathrm{d}t}=v_{\parallel}=\text{常数} \tag{2.3}$$

进而可以得到：

$$\frac{\mathrm{d}^2v_x}{\mathrm{d}t^2}=\frac{qB}{m}\frac{\mathrm{d}v_y}{\mathrm{d}t}=-\left(\frac{qB}{m}\right)^2v_x$$

$$\frac{\mathrm{d}^2v_y}{\mathrm{d}t^2}=-\frac{qB}{m}\frac{\mathrm{d}v_x}{\mathrm{d}t}=-\left(\frac{qB}{m}\right)^2v_y \tag{2.4}$$

定义 $\omega_c = \frac{qB}{m}$为回旋频率（拉莫尔频率），回旋频率与粒子的荷质比及磁场强度有关，不同电荷符号的粒子具有相反的回旋运动方向。

速度 $\boldsymbol{v}$ 按磁场方向可分解成平行和垂直分量，满足：

$$\frac{\mathrm{d}^2 v_\parallel}{\mathrm{d}t^2} = \frac{\mathrm{d}^2 v_z}{\mathrm{d}t^2} = 0$$

$$\frac{\mathrm{d}^2 v_\perp}{\mathrm{d}t^2} = \frac{\mathrm{d}^2 v_{x,y}}{\mathrm{d}t^2} = -\omega_c^2 v_\perp \tag{2.5}$$

将回旋频率代入，对运动方程求解可得：

$$v_x = v_\perp \cos(\omega_c t + \delta)$$

$$v_y = -v_\perp \sin(\omega_c t + \delta) \tag{2.6}$$

对上式积分得到：

$$x = x_0 + \frac{v_\perp}{\omega_c}\sin(\omega_c t + \delta)$$

$$y = y_0 + \frac{v_\perp}{\omega_c}\cos(\omega_c t + \delta) \tag{2.7}$$

因此有：

$$(x - x_0)^2 + (y - y_0)^2 = \left(\frac{v_\perp}{\omega_c}\right)^2 = \left(\frac{mv_\perp}{qB}\right)^2 = r_c^2 \tag{2.8}$$

式中，将 $r_c = \frac{v_\perp}{|\omega_c|} = \frac{mv_\perp}{|q|B}$定义为回旋半径（拉莫尔半径）。如图 2.1 所示，带电粒子在垂直于磁场的平面做匀速的回旋运动，其运动轨迹为圆心（x_0, y_0），半径 r_c 的圆，（x_0, y_0）称为回旋中心。此外，在平行于磁场的 z 方向，粒子将做匀速直线运动。因此，在均匀恒定磁场中，带电粒子将做螺旋运动。

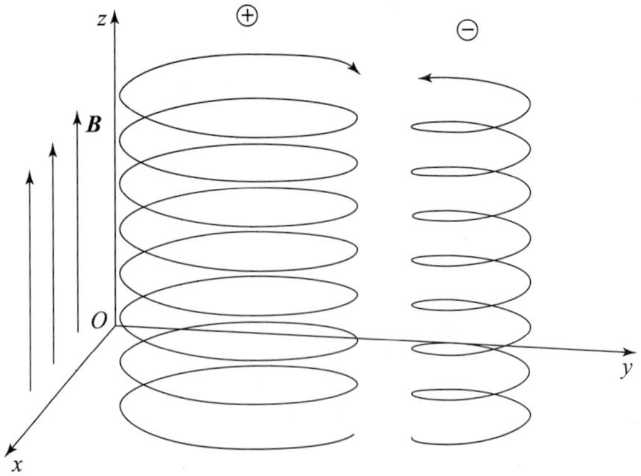

图 2.1　均匀恒定磁场 $\boldsymbol{B}$ 中带电粒子的运动轨迹示意图

2.1.2 均匀恒定电场

在磁场 $\boldsymbol{B}$ 为均匀恒定的基础上，引入一个有限的均匀恒定电场 $\boldsymbol{E}$，此时带电粒子运动方程变为：

$$m\frac{\mathrm{d}v}{\mathrm{d}t}=q(\boldsymbol{v}\times\boldsymbol{B})+q\boldsymbol{E} \tag{2.9}$$

当电场 $\boldsymbol{E}$ 存在平行于磁场 $\boldsymbol{B}$ 方向的分量时，沿磁场方向的粒子将做匀加速直线运动，该运动将导致带电粒子加速到相对论阶段。本章主要考虑非相对论情况，因此假定电场 $\boldsymbol{E}$ 垂直于磁场 $\boldsymbol{B}$。不妨令电场 $\boldsymbol{E}$ 沿 x 方向，运动方程可以写作：

$$m\frac{\mathrm{d}v_{\perp}}{\mathrm{d}t}=q(\boldsymbol{v}_{\perp}\times\boldsymbol{B})+q\boldsymbol{E} \tag{2.10}$$

由于电场为均匀恒定的常矢量，可以将 $\boldsymbol{v}_{\perp}$ 描述为粒子的回旋速度 $\boldsymbol{v}'_{\perp}$ 和回旋中心的漂移运动速度 $\boldsymbol{v}_E$（$\boldsymbol{v}_E$ 为常矢量），且满足：

$$\boldsymbol{v}_{\perp}=\boldsymbol{v}'_{\perp}+\boldsymbol{v}_E \tag{2.11}$$

将其代入运动方程（2.10），可得：

$$m\frac{\mathrm{d}v_{\perp}}{\mathrm{d}t}=m\frac{\mathrm{d}v'_{\perp}}{\mathrm{d}t}=q(\boldsymbol{v}'_{\perp}\times\boldsymbol{B})+q(\boldsymbol{v}_E\times\boldsymbol{B})+q\boldsymbol{E} \tag{2.12}$$

对于 $\boldsymbol{v}'_{\perp}$，满足回旋运动规律：

$$m\frac{\mathrm{d}v'_{\perp}}{\mathrm{d}t}=q(\boldsymbol{v}'_{\perp}\times\boldsymbol{B}) \tag{2.13}$$

因此，可以得到：

$$q(\boldsymbol{v}_E\times\boldsymbol{B})+q\boldsymbol{E}=0 \tag{2.14}$$

用 $\boldsymbol{B}$ 叉乘式（2.14），化简可得带电粒子在均匀恒定电场中的漂移速度公式：

$$\boldsymbol{v}_E=\frac{\boldsymbol{E}\times\boldsymbol{B}}{B^2} \tag{2.15}$$

从式（2.15）可以看出，电场的作用引发了带电粒子回旋中心的漂移，称为电场漂移。电场漂移速度 $\boldsymbol{v}_E$ 仅由电场磁场决定，与带电粒子性质无关，其方向垂直于磁场和电场方向。如图2.2所示，均匀恒定电场 $\boldsymbol{E}$ 中带电粒子的运动轨迹表现为回旋中心不断漂移的回旋运动。

如果考虑其他垂直于磁场的外力 $\boldsymbol{F}$ 的影响，类似于电场力也会引起带电粒子的漂移，并且物理计算过程完全一致，则可以将外力 $\boldsymbol{F}$ 视为等效电场，可利用 $\boldsymbol{F}$ 代替公式（2.14）中的 $q\boldsymbol{E}$。此时电场漂移速度公式可写作：

$$\boldsymbol{v}_F=\frac{\boldsymbol{F}\times\boldsymbol{B}}{qB^2} \tag{2.16}$$

其为一般外场 $\boldsymbol{F}$ 引发的带电粒子漂移速度公式。

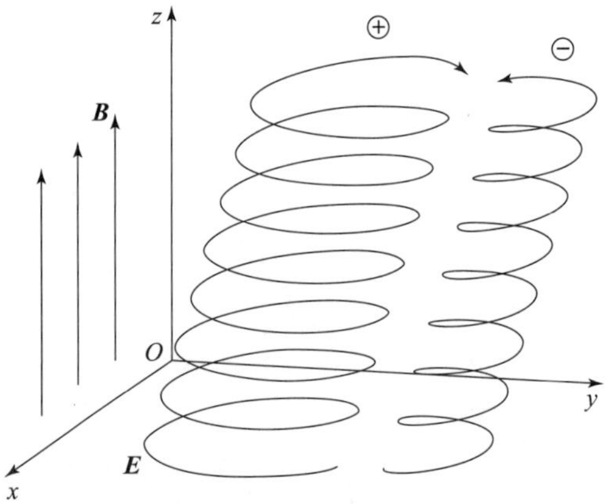

图 2.2 均匀恒定电场 E 中带电粒子的运动轨迹示意图

当考虑均匀恒定磁场中重力场引起的粒子漂移时，由于 $\boldsymbol{F}=m\boldsymbol{g}$，可得重力漂移速度为：

$$\boldsymbol{v}_G=\frac{m\boldsymbol{g}\times\boldsymbol{B}}{qB^2} \tag{2.17}$$

从式（2.17）可以看出，由重力引起的带电粒子的漂移运动与粒子质量及电荷相关，这种漂移会产生电荷分离场。由于地球的重力加速度较小，一般情况下重力漂移基本可以忽略不计。

2.2 带电粒子在变化磁场中的运动

本节主要考虑磁场 $\boldsymbol{B}$ 在空间弱不均匀分布和随时间缓慢变化的情况，即缓慢变化的磁场 $\boldsymbol{B}$。此时带电粒子运动方程可写作：

$$m\frac{\mathrm{d}v}{\mathrm{d}t}=q[\boldsymbol{v}\times\boldsymbol{B}(\boldsymbol{r},t)] \tag{2.18}$$

磁场满足缓变条件：

$$|\boldsymbol{r}_c\cdot\nabla\boldsymbol{B}|\ll B \tag{2.19}$$

$$\left|\frac{\partial\boldsymbol{B}}{\partial t}\bigg/\omega_c\right|\ll B \tag{2.20}$$

此时带电粒子运动可分解为垂直于和平行于磁场两个部分，可以看作在均匀磁场中的回旋运动和在缓变条件下引起的回旋中心的漂移运动的叠加。满足此种运动描述的方法被称为漂移近似，在拉莫尔半径的空间范围内或在回旋周期时间范围内，磁场的相对变化可以忽略不计。

2.2.1　梯度漂移

当磁场存在梯度而不发生弯曲时，带电粒子会由于磁场强度的变化而使回旋半径大小发生改变，最终导致回旋中心的漂移，这种漂移方向与 $\boldsymbol{B}$ 方向及 ∇B 方向均垂直，称为梯度漂移。

设磁场 $\boldsymbol{B}$ 沿 z 轴方向，仅与 y 有关，因此磁场可以表示为 $\boldsymbol{B}=(0,0,B(y))$，其梯度表示为 $\nabla B=(\partial B/\partial y)\boldsymbol{e}_y$，如图 2.3 所示。此时，粒子运动方程可表示为：

$$m\frac{\mathrm{d}v}{\mathrm{d}t}=q\boldsymbol{v}\times\boldsymbol{B}(r) \tag{2.21}$$

在缓变条件下，粒子回旋中心（$x_0=0$，$y_0=0$）处可做泰勒展开，并保留一阶小量：

$$\boldsymbol{B}\approx\boldsymbol{B}_0+(\boldsymbol{r}_c\cdot\nabla)\boldsymbol{B} \tag{2.22}$$

式中，$\boldsymbol{B}_0$ 为回旋中心处磁场；$\boldsymbol{r}_c$ 为回旋中心到粒子处回旋半径的矢量。

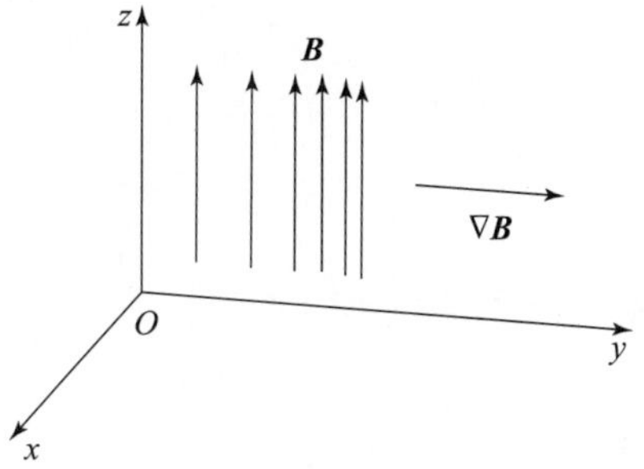

图 2.3　磁场 B 沿 z 方向，其梯度与 y 有关

由于带电粒子在磁场中运动时受到洛伦兹力作用，为求出带电粒子回旋中心的运动速度，需要对其在一个回旋周期内受力的平均值进行求解。带电粒子在磁场中受到洛伦兹力 $\boldsymbol{F}=q\boldsymbol{v}\times\boldsymbol{B}$ 的作用，由于磁场沿 x 方向均匀分布，所以粒子在 x 方向受力的时间平均为零。为求解存在梯度的 y 方向受力的时间平均，采用均匀磁场 $\boldsymbol{B}$ 中未扰动轨道进行近似。由式（2.6）和式（2.7），可得：

$$F_y=-qv_xB_x=qv_\perp\cos\omega_c t\left[(B_0\pm r_c\cos\omega_c t)\frac{\partial B}{\partial y}\right] \tag{2.23}$$

对上式取一个回旋周期的时间平均值，有：

$$\langle F_y\rangle=\mp\frac{1}{2}qv_\perp r_c\left(\frac{\partial B}{\partial y}\right)=\mp\frac{1}{2}qv_\perp r_c\nabla B \tag{2.24}$$

由一般外场 $\boldsymbol{F}$ 下带电粒子漂移速度公式（2.16），可得漂移运动速度 $\boldsymbol{v}_{\nabla B}$：

$$\boldsymbol{v}_{\nabla B}=\pm\frac{v_\perp r_c}{2B^2}\boldsymbol{B}\times\nabla B \tag{2.25}$$

其一般表达式为

$$\boldsymbol{v}_{\nabla B}=\frac{W_\perp}{qB^3}\boldsymbol{B}\times\nabla B=\frac{(-\mu\nabla B)\times\boldsymbol{B}}{qB^2} \tag{2.26}$$

式中，$W_\perp$为带电粒子垂直于磁场方向的动能；$\mu=\frac{W_\perp}{B}$，为磁矩；正负号表示带电粒子的电荷符号。由梯度漂移速度公式可知，此种漂移与带电粒子的电荷量及电荷符号有关，等离子体中的离子和电子漂移方向相反。

2.2.2 曲率漂移

当磁场发生方向改变而产生弯曲时，在磁场中做回旋运动的带电粒子由于其回旋中心沿弯曲的磁场方向运动，除受到洛伦兹力的作用，也会受到一个离心力的作用，将引起回旋中心的漂移，称为曲率漂移。

假定磁力线有轻微的弯曲，其曲率半径$R_c \gg r_c$，回旋中心以$v_\parallel$沿磁力线运动，满足缓变条件式（2.19）和式（2.20）。此时，带电粒子回旋中心感受到的离心力为：

$$\boldsymbol{F}_c=\frac{mv_\parallel^2}{\boldsymbol{R}_c^2}\boldsymbol{R}_c \tag{2.27}$$

由一般外场$\boldsymbol{F}$下带电粒子漂移速度式（2.16），可得由离心力$\boldsymbol{F}_c$引起的曲率漂移速度：

$$\boldsymbol{v}_D=\frac{\boldsymbol{F}_c\times\boldsymbol{B}}{qB^2}=\frac{mv_\parallel^2}{qB^2R_c^2}\boldsymbol{R}_c\times\boldsymbol{B} \tag{2.28}$$

由粒子水平方向动能$W_\parallel=\frac{1}{2}mv_\parallel^2$，上式可写作：

$$\boldsymbol{v}_D=\frac{2W_\parallel}{qB^2R_c^2}\boldsymbol{R}_c\times\boldsymbol{B} \tag{2.29}$$

由于磁场变化过程中，磁力线大小变化与方向变化在一般情况下是同时出现的，所以带电粒子在非均匀磁场中的漂移速度应为梯度漂移速度和曲率漂移速度的叠加。

在柱坐标系中，满足$\nabla\times\boldsymbol{B}=0$，$|\boldsymbol{B}|\propto 1/R_C$，$\frac{\nabla B}{B}=-\frac{\boldsymbol{R}_c}{R_c^2}$，代入$\boldsymbol{v}_{\nabla B}$的表达式，可以得到：

$$\boldsymbol{v}_{\nabla B}=\pm\frac{v_\perp r_c}{2B^2}\boldsymbol{B}\times\nabla B=\pm\frac{v_\perp r_c}{2B^2}\frac{B}{R_c^2}\boldsymbol{B}\times\boldsymbol{R}_c=\frac{mv_\perp^2}{2qR_c^2B^2}\boldsymbol{B}\times\boldsymbol{R}_c \tag{2.30}$$

由此可以得到非均匀磁场中总的漂移速度：

$$\begin{aligned}\boldsymbol{v}_{\nabla BD}=\boldsymbol{v}_{\nabla B}+\boldsymbol{v}_D&=\frac{m}{qR_c^2B^2}\left(\boldsymbol{v}_\parallel^2+\frac{1}{2}\boldsymbol{v}_\perp^2\right)\\&=\frac{2W_\parallel+W_\perp}{qR_c^2B^2}\boldsymbol{R}_c\times\boldsymbol{B}\\&=\frac{2W_\parallel+W_\perp}{qB^3}\boldsymbol{B}\times\nabla\boldsymbol{B}\end{aligned} \tag{2.31}$$

2.3 带电粒子在非均匀电场中的运动

在对带电粒子在均匀磁场、变化磁场中的运动情况进行分析的基础上，对带电粒子在空间非均匀分布和时间缓慢变化的电场中的运动规律进行分析。

2.3.1 空间非均匀电场

当带电粒子在空间非均匀分布的电场中运动时，由于电场变化，导致了回旋半径发生变化，使得粒子发生了漂移运动。假设磁场 $\boldsymbol{B}$ 沿 z 方向；$\boldsymbol{E}$ 沿 x 方向，并在 y 方向上满足：

$$\boldsymbol{E}(y)=E_0(\cos ky)\hat{\boldsymbol{x}} \tag{2.32}$$

此时带电粒子的运动方程变为：

$$m\frac{\mathrm{d}v}{\mathrm{d}t}=q[\boldsymbol{E}(y)+\boldsymbol{v}\times\boldsymbol{B}] \tag{2.33}$$

在 x，y 方向的分量为：

$$\frac{\mathrm{d}v_x}{\mathrm{d}t}=\frac{qB}{m}v_y+\frac{q}{m}E(y) \tag{2.34}$$

$$\frac{\mathrm{d}v_y}{\mathrm{d}t}=-\frac{qB}{m}v_x \tag{2.35}$$

进而可得：

$$\frac{\mathrm{d}^2v_y}{\mathrm{d}t^2}=-\omega_c^2v_y-\omega_c^2\frac{E(y)}{B} \tag{2.36}$$

此处由于电场微弱，采用均匀磁场 $\boldsymbol{B}$ 中未扰动轨道对 $\boldsymbol{E}(y)$ 进行近似。由式（2.6）和式（2.7），可得：

$$\frac{\mathrm{d}^2v_y}{\mathrm{d}t^2}=-\omega_c^2v_y-\omega_c^2\frac{E_0}{B}\cos k(y_0\pm r_c\cos\omega_ct) \tag{2.37}$$

同时，对上式的余弦部分进行处理，可得：

$$\begin{aligned}&\cos k(y_0\pm r_L\cos\omega_ct)\\&=(\cos ky_0)(\cos kr_c\cos\omega_ct)\mp(\sin ky_0)(\sin kr_c)(\cos kr_c\cos\omega_ct)\end{aligned} \tag{2.38}$$

由于 $kr_c\ll1$，将上式进行泰勒展开，可以写作：

$$\cos k(y_0\pm r_c\cos\omega_ct)\approx(\cos ky_0)\left(1-\frac{1}{2}k^2r_c^2\right)\mp(\sin ky_0)kr_c\cos\omega_ct \tag{2.39}$$

为求解漂移速度 $\boldsymbol{v}_E$，需要将带电粒子在场中的回旋运动在一个回旋周期内取平均，以去除回旋运动影响。可得：

$$\left\langle \frac{\mathrm{d}^2 v_y}{\mathrm{d}t^2} \right\rangle = -\omega_c^2 \langle v_y \rangle - \omega_c^2 \frac{E_0}{B} \langle \cos k(y_0 \pm r_c \cos \omega_c t) \rangle = 0 \tag{2.40}$$

对上式进行处理，由式（2.32），取 $E(y_0) = E_0(\cos ky_0)$，可得：

$$v_E = \langle v_y \rangle = -\frac{E_0}{B}\cos ky_0 \left(1 - \frac{1}{4}k^2 r_c^2\right) = -\frac{E(y_0)}{B}\left(1 - \frac{1}{4}k^2 r_c^2\right) \tag{2.41}$$

其矢量形式为：

$$\boldsymbol{v}_E = \frac{\boldsymbol{E} \times \boldsymbol{B}}{B^2}\left(1 - \frac{1}{4}k^2 r_c^2\right) \tag{2.42}$$

对于任意变化的电场 $\boldsymbol{E}$，上式可改写为：

$$\boldsymbol{v}_E = \frac{\boldsymbol{E} \times \boldsymbol{B}}{B^2}\left(1 + \frac{1}{4}\nabla^2 r_c^2\right) \tag{2.43}$$

式中的第二项被称为有限拉莫尔半径效应。由此可见，具有不同回旋半径的离子和电子具有不同的漂移速度，从而产生分离，形成了一个电荷分离场，使得等离子体产生不稳定性，这种不稳定性被称为漂移不稳定性。

2.3.2 随时间变化的电场

当带电粒子在随时间缓慢变化的电场 $\boldsymbol{E}$ 中运动时，为求解其漂移速度，假定均匀恒定的磁场 $\boldsymbol{B}$ 沿 z 方向，$\boldsymbol{E}$ 沿 x 方向，如图 2.4 所示，满足：

$$\boldsymbol{E} = E_0(\cos \omega t)\hat{\boldsymbol{x}} \tag{2.44}$$

则带电粒子运动方程可以写作：

$$m\frac{\mathrm{d}v}{\mathrm{d}t} = q(\boldsymbol{v} \times \boldsymbol{B}) + q\boldsymbol{E}(t) \tag{2.45}$$

由于在这种条件下，带电粒子的运动仍然可分解为回旋运动和回旋中心的漂移运动。在 y 方向，由于 $\boldsymbol{E}$ 随时间变化，粒子的运动会出现一个加速运动，此时回旋中心将受到一个惯性力 $-m\frac{\mathrm{d}v_E}{\mathrm{d}t}$ 的作用，将引起新的漂移。由一般外场 $\boldsymbol{F}$ 作用下带电粒子漂移速度公式（2.16），可得对应的漂移速度为：

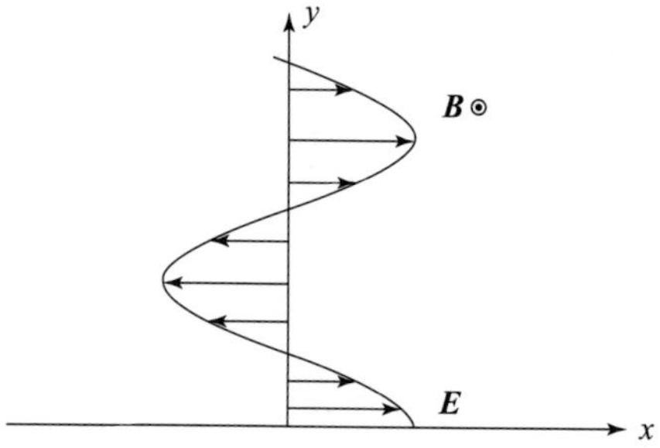

图 2.4 磁场 B 沿 z 方向，E 沿 x 方向随时间余弦变化

$$
\begin{aligned}
\boldsymbol{v}_p &= \frac{\boldsymbol{F} \times \boldsymbol{B}}{qB^2} = -\frac{m}{qB^2}\frac{\mathrm{d}\boldsymbol{v}_E}{\mathrm{d}t} \times \boldsymbol{B} \\
&= -\frac{m}{qB^4}\left(\frac{\mathrm{d}\boldsymbol{E}}{\mathrm{d}t} \times \boldsymbol{B}\right) \times \boldsymbol{B} = \frac{m}{qB^2}\frac{\mathrm{d}\boldsymbol{E}}{\mathrm{d}t}
\end{aligned} \tag{2.46}
$$

由上式可以看出，随时间变化的电场引起的漂移速度与电场的时间变化率、粒子质量、电荷相关。这种漂移会引起电荷分离，并产生极化电流，因此称为极化漂移。由于其产生与惯性力相关，也称为惯性漂移。产生的极化电流为：

$$
\boldsymbol{j}_p = ne\left(\frac{m_p}{eB^2} + \frac{m_e}{eB^2}\right)\frac{\mathrm{d}\boldsymbol{E}}{\mathrm{d}t} = \frac{\rho}{B^2}\frac{\mathrm{d}\boldsymbol{E}}{\mathrm{d}t} \tag{2.47}
$$

式中，$n_i = n_e = n$；ρ 为等离子体的质量密度。

2.4　绝热不变量

对于一个运动的系统而言，系统中的参量是不断改变的。但当这些参量的变化十分缓慢时，存在着一些守恒量，这些在含有缓慢变化参数的系统运动过程中保持不变的守恒量被称为绝热不变量或渐进不变量。本节将对磁矩不变量（μ）、纵向不变量（J）、磁通不变量（Φ）逐一进行介绍。

2.4.1　磁矩不变量

当粒子在磁场中做回旋运动时，其磁矩可以表示为 $\mu = \dfrac{W}{B} = \dfrac{mv^2}{B}$，而当磁场满足缓变条件时，磁矩不发生改变。下面从磁场随空间缓慢变化和随时间缓慢变化两方面来进行证明。

1. 磁场随空间缓慢变化

定义磁场沿 z 方向缓慢变化且沿 z 轴对称，带电粒子运动可分解为垂直于和平行于磁场的两个部分，即沿磁场方向的运动和回旋运动。在沿磁场方向，带电粒子运动的动能变化率可写作：

$$
\frac{\mathrm{d}}{\mathrm{d}t}\left(\frac{1}{2}mv_{\parallel}^2\right) = -\mu\frac{\partial B}{\partial z}\frac{\mathrm{d}z}{\mathrm{d}t} = -\mu\frac{\mathrm{d}B}{\mathrm{d}t} \tag{2.48}
$$

由磁矩公式，带电粒子回旋运动的动能变化率可写作：

$$
\frac{\mathrm{d}}{\mathrm{d}t}\left(\frac{1}{2}mv_{\perp}^2\right) = \frac{\mathrm{d}}{\mathrm{d}t}(\mu B) = B\frac{\mathrm{d}\mu}{\mathrm{d}t} + \mu\frac{\mathrm{d}B}{\mathrm{d}t} \tag{2.49}
$$

由于带电粒子在磁场中的总动能守恒，可以得到：

$$\frac{\mathrm{d}}{\mathrm{d}t}\left(\frac{1}{2}mv_{\parallel}^{2}+\frac{1}{2}mv_{\perp}^{2}\right)=B\frac{\mathrm{d}\mu}{\mathrm{d}t}=0 \tag{2.50}$$

因此，可得：

$$\frac{\mathrm{d}\mu}{\mathrm{d}t}=0 \tag{2.51}$$

故当磁场随空间缓慢变化时，磁矩为绝热不变量。

2. 磁场随时间缓慢变化

设磁场随时间缓慢变化，则带电粒子运动方程可以写作：

$$m\frac{\mathrm{d}v}{\mathrm{d}t}=q(\boldsymbol{v}\times\boldsymbol{B}(t)+\boldsymbol{E}) \tag{2.52}$$

由于变化磁场产生了垂直于磁场方向的感应电场，带电粒子的横向运动速度会随电场变化而改变，而纵向速度不发生变化。带电粒子横向动能随时间的变化可表示为：

$$\mathrm{d}W_{\perp}=\mathrm{d}\left(\frac{1}{2}mv_{\perp}^{2}\right)=qE\cdot\mathrm{d}r_{\perp} \tag{2.53}$$

由于磁场缓变，在带电粒子的一个回旋周期中，其横向运动可看作一个圆形，对上式进行积分，可得：

$$\Delta W_{\perp}=\int_{0}^{\frac{2\pi}{\omega_c}}q\boldsymbol{E}\cdot\mathrm{d}r_{\perp}\approx\oint q\boldsymbol{E}\cdot\mathrm{d}r_{\perp}=\iint_{S}q(\nabla\times\boldsymbol{E})\cdot\mathrm{d}S=-\iint_{S}q\frac{\partial\boldsymbol{B}}{\partial t}\cdot\mathrm{d}S=|q|\pi r_c^{2}\frac{\mathrm{d}\boldsymbol{B}}{\mathrm{d}t} \tag{2.54}$$

横向动量的变化率为：

$$\frac{\mathrm{d}W_{\perp}}{\mathrm{d}t}=\frac{\Delta W_{\perp}}{\frac{2\pi}{\omega_{\mathrm{c}}}}=\mu\frac{\mathrm{d}\boldsymbol{B}}{\mathrm{d}t} \tag{2.55}$$

根据磁矩公式 $\mu=W_{\perp}/B$，可得：

$$\frac{\mathrm{d}W_{\perp}}{\mathrm{d}t}=\mu\frac{\mathrm{d}\boldsymbol{B}}{\mathrm{d}t}+B\frac{\mathrm{d}\mu}{\mathrm{d}t} \tag{2.56}$$

对比可知 $\frac{\mathrm{d}\mu}{\mathrm{d}t}=0$，因此，当磁场随时间缓慢变化时，磁矩为绝热不变量。

3. 磁镜

假设磁场 B 沿 z 方向，磁场对称，磁场位形如图 2.5 所示，中间部分磁场最小，由中心位置向两侧延伸，磁场逐渐变强，此时可以得到：

$$W=W_{\parallel}+\mu B \tag{2.57}$$

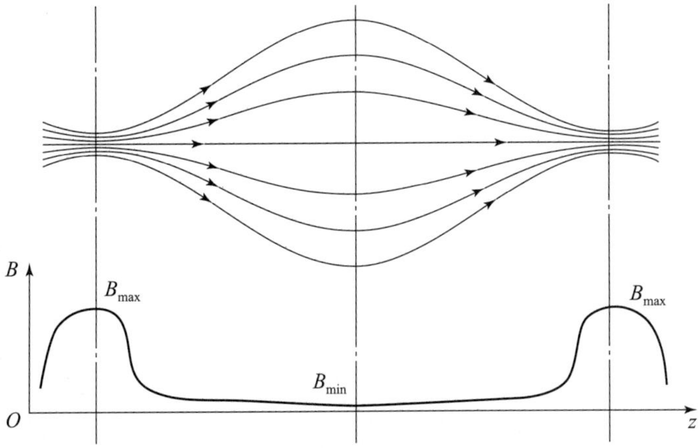

图 2.5　磁镜的磁场位形

由于动能和磁矩守恒，当带电粒子在磁场中运动时，其横向和纵向的动能会发生相互转化，但总动能不变。当磁场足够强时，存在一点 z_0，使得在该点处带电粒子的纵向速度降为 0，满足：

$$W=\mu B \tag{2.58}$$

因此，带电粒子在该点处反射，获得反向的纵向速度。由于磁场的对称性，也存在一点 z_0'，使得带电粒子反射。由此，在忽略碰撞效应的情况下，粒子将被磁场约束而来回反射，这种现象被称为磁镜。

对于一个带电粒子而言，其能否被磁镜所约束，取决于其初始的横向速度和纵向速度的相对大小，也就是说，磁镜结构只能约束满足一定条件的带电粒子。此处给出带电粒子的逃逸临界角：

$$\theta_c=\arcsin\sqrt{\frac{B_{max}}{B_{min}}} \tag{2.59}$$

式中，磁场的强度最大值和最小值分别为 B_{max} 和 B_{min}。当磁镜的箍缩角满足：

$$\theta=\arctan\frac{v_\perp}{v_\parallel}<\theta_c \tag{2.60}$$

带电粒子能够从磁镜中逃逸，称为漏锥。

2.4.2　纵向不变量

当带电粒子被磁镜约束时，将会在磁镜中做周期运动，可引入相应的纵向作用量：

$$J=\oint v_\parallel\,\mathrm{d}z=2\int_{z_1}^{z_2}v_\parallel\,\mathrm{d}z \tag{2.61}$$

式中，z_1，z_2 为磁力线上的反射点。一般情况下，磁镜两端可缓慢运动，并且

磁场 B 也随时间缓慢变化，当磁场缓慢变化满足条件：

$$\frac{\tau_b}{\tau_B} \ll 1 \tag{2.62}$$

式中，τ_b 为带电粒子在磁镜场中反弹运动的半周期；τ_B 为磁场发生显著变化的特征时间尺度，则 J 为绝热不变量。由 $W = W_\perp + W_\parallel = \mu B + \frac{1}{2}mv_\parallel^2$ 可得：

$$v_\parallel = \pm\sqrt{\frac{2}{m}(W - \mu B)} \tag{2.63}$$

可改写为：

$$J = \int_{z_1}^{z_2} \sqrt{\frac{2}{m}(W - \mu B)}\,\mathrm{d}z \tag{2.64}$$

对式（2.64）时间求导可得：

$$\begin{aligned}\frac{\mathrm{d}J}{\mathrm{d}t} &= \frac{\mathrm{d}}{\mathrm{d}t}\int_{z_1}^{z_2} \sqrt{\frac{2}{m}(W - \mu B)}\,\mathrm{d}z \\ &= \left[\sqrt{\frac{2}{m}(W - \mu B)}\ \right]_{z_2}\frac{\mathrm{d}z_2}{\mathrm{d}t} - \left[\sqrt{\frac{2}{m}(W - \mu B)}\ \right]_{z_1}\frac{\mathrm{d}z_1}{\mathrm{d}t} + \int_{z_1}^{z_2}\frac{\mathrm{d}}{\mathrm{d}t}\sqrt{\frac{2}{m}(W - \mu B)}\,\mathrm{d}z\end{aligned} \tag{2.65}$$

在转折点 z_1 和 z_2 处，$W - \mu B = W_\parallel = 0$，所以上式前两项为 0。对第三项进行处理可得：

$$\frac{\mathrm{d}J}{\mathrm{d}t} = -2\int_{z_2}^{z_1}\frac{\partial}{\partial z}(\mu B)\,\mathrm{d}z = -\oint\frac{\partial}{\partial z}(\mu B)\,\mathrm{d}z = 0 \tag{2.66}$$

2.4.3 磁通不变量

带电粒子做漂移运动轨道所包围磁通量是一个绝热不变量。以地球为例，如图 2.6 所示，由于地磁场在两极最强，在赤道处最弱，因此带电粒子将会沿地磁场磁力线在两极之间往复运动，同时，会绕地磁场对称轴做回旋运动。由于纵向不变量守恒，可以证明带电粒子在环向漂移一周后仍然回到原来的磁力线上，即粒子的环向漂移运动是周期性的。带电粒子的环向漂移运动使得其回旋中心形成一个纵向不变量的闭合旋转曲面，并且曲面内包围的磁通量是不变的。

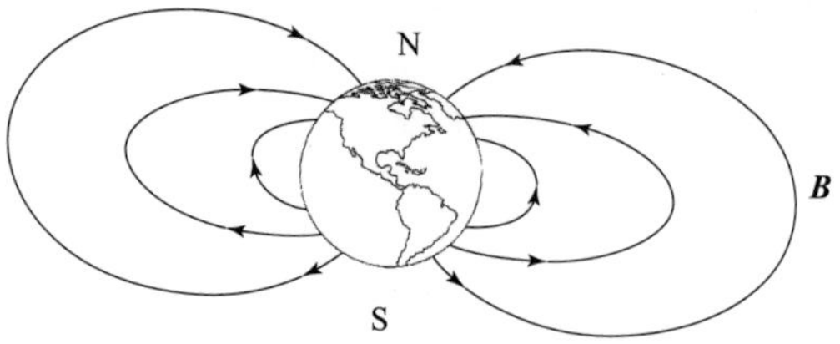

图 2.6 地球磁场磁通不变量

习题 2

1. 对单个带电粒子的运动规律进行分析时，①请给出电漂移、重力漂移、梯度漂移、曲率漂移和极化漂移的速度方程并说明其产生的条件；②电漂移和重力漂移的最主要区别是什么？

2. 在均匀恒定的电场和磁场中，单个带电粒子的电漂移速度与粒子及其质量、电荷正负是否相关？请给出说明。

3. 若在地球赤道处磁场满足 $B=3\times10^{-5}$ T，若粒子的水平速度可以忽略，试求能量为 1 eV 的质子和 30 keV 的电子的回旋频率和回旋半径。

4. 绝热不变量的条件是什么？磁矩不变量是否存在不守恒的情况？请给出说明并举例。

5. 磁镜通常由轴对称的中间弱、两端强的磁场构成，假设磁镜中心磁场为 $B_{\min}$，两侧最大磁场为 $B_{\max}$，带电粒子速度为 v_0，与磁镜对称轴 Z 轴夹角为 θ（又称投射角），请证明：带电粒子被磁镜约束的临界投射角满足 $\theta_c=\arcsin\sqrt{B_{\max}/B_{\min}}$。

6. 试计算温度为 20 keV，密度为 $5\times10^{20}\ \mathrm{m}^{-3}$ 的氚等离子体，在磁场强度 $B=3$ T 运动时：（1）电子和离子的回旋频率和半径；（2）在与磁场垂直方向有 3 V/m 的均匀电场时，电子和离子的漂移速度。

7. 请证明：当等离子体位于与磁场方向垂直的重力场中时，正负带电粒子的漂移方向相反。

第 3 章

磁流体力学

在实际的等离子体中，单粒子的运动状态不能真实反映实际等离子体的运动状态。粒子之间的相互作用与电荷运动本身对电磁场的影响两类效应都不能忽略。电荷之间的相互作用会影响到电荷的运动轨迹，同时，电荷的运动也会影响到等离子体中的电磁场。当粒子之间的碰撞十分频繁时，粒子的个体行为因为碰撞被淹没，这样的多粒子系统随时空缓变，内部的每一块都处于局部热平衡状态。

则粒子的速度分布就满足局部的麦克斯韦分布：

$$f=\frac{n(\boldsymbol{r},t)}{(2\pi)^{\frac{3}{2}}\boldsymbol{v}_T^3(\boldsymbol{r},t)}\exp\left\{-\frac{[v-\boldsymbol{u}(r,t)]^2}{2\boldsymbol{v}_T^2(\boldsymbol{r},t)}\right\} \tag{3.1}$$

式中，$\boldsymbol{v}_T(\boldsymbol{r},t)=\left[\frac{T(\boldsymbol{r},t)}{m}\right]^{1/2}$，是粒子的热速度；$T(\boldsymbol{r},t)$是粒子的温度。这样粒子的速度分布通过密度、温度及流速等宏观物理量依赖于时间和空间。描述这些宏观量演化的工具就是流体力学。采用流体力学描述的前提条件是物质处于局部热平衡态，并且等离子体的特征空间尺度L和特征时间尺度T必须远大于粒子碰撞的平均自由程$\boldsymbol{\lambda}$和平均时间$\boldsymbol{\tau}$，即：

$$L\gg\lambda, T\gg\tau \tag{3.2}$$

等离子体可以看成导电流体，其宏观运动通常与电磁场耦合互相影响。与常规的中性流体的流体力学方程不同，磁流体力学需要考虑等离子体与电磁场的耦合效应，也就是需要把流体力学与电动力学结合起来描述导电流体在电磁场中的运动。该理论被称为磁流体理论，其基本方程式包括流体力学方程组与麦克斯韦方程组。

3.1　理想流体力学方程组

流体可以定义为受任何微小剪切力作用都能连续变形的物质，如液体和气体。一般用宏观小、微观大的质点或流体元构成连续介质的假设来建立流体数学模型。其宏观参量包括密度 n、速度 u、温度 T 和压强 p。这些量都可由相应物理量加权后对粒子速度进行积分求得。这些积分成为速度分布函数的某阶矩，表示某空间点上所有粒子的对应物理量的平均值。

如零阶矩 $\langle \boldsymbol{v}^0 \rangle = \int \boldsymbol{v}^0 f \mathrm{d}\boldsymbol{v} = n$ 表示数密度；一阶矩 $\langle \boldsymbol{v} \rangle = \int \boldsymbol{v} f \mathrm{d}\boldsymbol{v} = n\boldsymbol{u}$ 表示流体元流速，可将粒子速度写成两项：$\boldsymbol{v} = \boldsymbol{u} + \boldsymbol{w}$，其中，$\boldsymbol{w}$ 表示粒子热运动速度，有 $\int f\boldsymbol{w}\mathrm{d}\boldsymbol{w} = 0$；二阶矩为 $m\langle \boldsymbol{vv} \rangle = m\langle (\boldsymbol{u}+\boldsymbol{w})(\boldsymbol{u}+\boldsymbol{w}) \rangle = nm\boldsymbol{uu} + nm\langle \boldsymbol{ww} \rangle = nm\boldsymbol{uu} + \boldsymbol{p}$；这里压强张量 $\boldsymbol{p} = nm\langle \boldsymbol{ww} \rangle$，在各项同性情况下，可写成 $\boldsymbol{p} = -p\boldsymbol{I}$。对于电子质子等离子体，总热压为电子和质子的分压之和，若设两者密度和温度均相等，则有 $p = 2nk_B T$。

现在考虑理想流体情况，即不存在任何耗散的流体，不考虑流体的黏滞和热传导等热力学不可逆过程对流体运动的影响。

3.1.1　连续性方程

理想等离子体内任意一个封闭曲面 S 包围着固定体积 V，其面元记为 $\mathrm{d}\boldsymbol{f}$，方向由体积内指向外，如图 3. 1 所示。

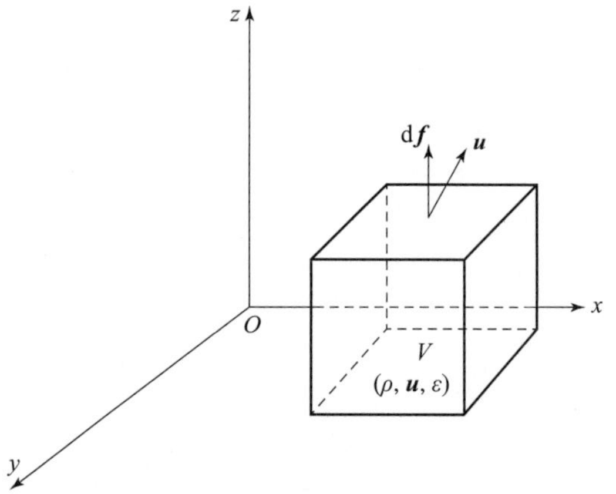

图 3. 1　三维坐标系下固体体积 V 内流体（面元 d$\boldsymbol{f}$、速度 $\boldsymbol{u}$）

单位时间内流出体积 V 的流体质量为：

$$\oint \rho \boldsymbol{u} \cdot \mathrm{d}\boldsymbol{f} = \int_V \nabla \cdot (\rho \boldsymbol{u}) \mathrm{d}^3 r \tag{3.3}$$

式中，ρ 是流体的质量密度；$\boldsymbol{u}$ 是流体的速度。另外，单位时间内体积 V 内的质量损失为：

$$-\frac{\mathrm{d}}{\mathrm{d}t}\int_V \rho \mathrm{d}^3 r = -\int_V \frac{\partial \rho}{\partial t} \mathrm{d}^3 r \tag{3.4}$$

由质量守恒，体积 V 内质量损失通过流体运动流失，则式（3. 3）应等于式（3. 4），于是有：

$$-\frac{\mathrm{d}}{\mathrm{d}t}\int_V \rho \mathrm{d}^3 r = \oint \rho \boldsymbol{u} \cdot \mathrm{d}\boldsymbol{f} \tag{3.5}$$

或

$$\int_V \left[\frac{\partial \rho}{\partial t} + \nabla \cdot (\rho \boldsymbol{u})\right] \mathrm{d}^3 r = 0 \tag{3.6}$$

因为 V 是在等离子体中任意选择的体积，所以上式中被积函数等于零，于是有：

$$\frac{\partial \rho}{\partial t} + \nabla \cdot (\rho \boldsymbol{u}) = 0 \tag{3.7}$$

这就是连续性方程。矢量 $\rho \boldsymbol{u}$ 的意义是流体的质量通量。

当流体密度在流体的运动中不发生变化时，即所谓的不可压缩流体的特殊情况，ρ 为常数，式（3. 7）可写为：

$$\nabla \cdot \boldsymbol{u} = 0 \tag{3.8}$$

即流体场速度散度为零。

3.1.2 动量方程

在单位时间内，体积 V 内流体动量的变化为：

$$\frac{\mathrm{d}}{\mathrm{d}t}\int_V \rho\boldsymbol{u}\mathrm{d}^3 r = \int_V \frac{\partial}{\partial t}(\rho\boldsymbol{u})\mathrm{d}^3 r \tag{3.9}$$

由于流体运动具有动量，在单位时间内因流体流动导致体积 V 内物质动量损失：

$$\oint \rho\boldsymbol{u}\boldsymbol{u}\cdot\mathrm{d}\boldsymbol{f} = \int_V \nabla\cdot(\rho\boldsymbol{u}\boldsymbol{u})\mathrm{d}^3 r \tag{3.10}$$

此外，在单位时间内，体积 V 内物质对周围流体的热压力损失动量：

$$\oint p\mathrm{d}\boldsymbol{f} = \int_V (\nabla p)\mathrm{d}^3 r \tag{3.11}$$

式中，p 是流体的压强。如果物质受到外力作用，则体积 V 还从外场中获得动量。假定单位质量流体受外力 $\boldsymbol{F}$，则单位时间内体积 V 内物质获得动量：

$$\int_V \rho\boldsymbol{F}\mathrm{d}^3 r \tag{3.12}$$

由动量守恒，综合各式，有：

$$-\int_V \frac{\partial}{\partial t}(\rho\boldsymbol{u})\mathrm{d}^3 r = \oint \rho\boldsymbol{u}\boldsymbol{u}\cdot\mathrm{d}\boldsymbol{f} + \oint p\mathrm{d}\boldsymbol{f} - \int_V \rho\boldsymbol{F}\mathrm{d}^3 r \tag{3.13}$$

因为 V 是在等离子体中任意选择的体积，可得到动量方程：

$$\frac{\partial}{\partial t}(\rho\boldsymbol{u}) + \nabla\cdot(\rho\boldsymbol{u}\boldsymbol{u}) + \nabla p = \rho\boldsymbol{F} \tag{3.14}$$

由连续性方程（3.7），上式可写为：

$$\rho\left[\frac{\partial\boldsymbol{u}}{\partial t} + (\boldsymbol{u}\cdot\nabla)\boldsymbol{u}\right] = -\nabla p + \rho\boldsymbol{F} \tag{3.15}$$

式（3.15）又被称为欧拉方程。

由于动量是矢量，则动量通量是张量。引入张量：

$$\Pi_{ik} = p\delta_{ik} + \rho\mu_i\mu_k \tag{3.16}$$

可写为 $\Pi = p\boldsymbol{I} + \rho\boldsymbol{u}\boldsymbol{u}$，这里 $\boldsymbol{I}$ 是单位张量。张量式（3.16）即为动量通量张量。在无外场力的情况下，动量方程式（3.15）可写为如下守恒方程的形式：

$$\frac{\partial}{\partial t}(\rho\boldsymbol{u}) + \nabla\cdot\Pi = 0 \tag{3.17}$$

3.1.3 能量方程

流体的能量包括流体的动能和内能 $\int_V\left(\frac{1}{2}\rho u^2 + \rho\varepsilon\right)\mathrm{d}^3 r$，这里 ε 是单位质量

的流体所含的内能。由于流体的流动，体积 V 内能量在单位时间的损失为：

$$\oint_S \left(\frac{1}{2}\rho u^2 + \rho\varepsilon\right)\boldsymbol{u} \cdot \mathrm{d}\boldsymbol{f} = \int_V \nabla \cdot \left[\left(\frac{1}{2}\rho u^2 + \rho\varepsilon\right)\boldsymbol{u}\right]\mathrm{d}^3 r \tag{3.18}$$

体积 V 内的流体通过压力对周围流体做功损失能量，单位时间内损失的能量为：

$$\oint_S p\boldsymbol{u} \cdot \mathrm{d}\boldsymbol{f} = \int_V \nabla \cdot (p\boldsymbol{u})\,\mathrm{d}^3 r \tag{3.19}$$

由能量守恒，则有：

$$-\frac{\mathrm{d}}{\mathrm{d}t}\int_V \left(\frac{1}{2}\rho u^2 + \rho\varepsilon\right)\mathrm{d}^3 r = \oint_S \left(\frac{1}{2}\rho u^2 + \rho\varepsilon\right)\boldsymbol{u} \cdot \mathrm{d}\boldsymbol{f} + \oint_S p\boldsymbol{u} \cdot \mathrm{d}\boldsymbol{f} \tag{3.20}$$

因为 V 是在等离子体中任意选择的体积，可得到：

$$\frac{\partial}{\partial t}\left(\frac{1}{2}\rho u^2 + \rho\varepsilon\right) + \nabla \cdot \left[\left(\frac{1}{2}\rho u^2 + \rho\varepsilon + p\right)\boldsymbol{u}\right] = 0 \tag{3.21}$$

单位质量物质的焓 h 与内能的关系为 $h = \varepsilon + p/\rho$，能量方程可写为：

$$\frac{\partial}{\partial t}\left(\frac{1}{2}\rho u^2 + \rho\varepsilon\right) + \nabla \cdot \left[\left(\frac{1}{2}\rho u^2 + \rho h\right)\boldsymbol{u}\right] = 0 \tag{3.22}$$

这里也可以引入能量通量。能量是标量，则能量通量是矢量。流体的能量通量应为：

$$\boldsymbol{Q} = \rho\left(\frac{u^2}{2} + h\right)\boldsymbol{u} \tag{3.23}$$

能量方程（3.22）可化为关于流体元的熵的方程。利用连续性方程和动量方程，可得：

$$\rho\left[\frac{\partial \varepsilon}{\partial t} + (\boldsymbol{u} \cdot \nabla)\varepsilon\right] - \frac{P}{\rho}\left[\frac{\partial \rho}{\partial t} + (\boldsymbol{u} \cdot \nabla)\rho\right] = 0 \tag{3.24}$$

引入比容 $V = 1/\rho$，可得：

$$\frac{\mathrm{d}\varepsilon}{\mathrm{d}t} + p\frac{\mathrm{d}V}{\mathrm{d}t} = 0 \tag{3.25}$$

式中，$\mathrm{d}/\mathrm{d}t$ 表示的是跟随流体元运动的坐标系中的时间微商 $\frac{\mathrm{d}}{\mathrm{d}t} = \frac{\partial}{\partial t} + \boldsymbol{u} \cdot \nabla$。

另外，利用热力学微分关系式：

$$T\mathrm{d}s = \mathrm{d}\varepsilon + p\mathrm{d}V \tag{3.26}$$

式中，s 是单位质量流体所含的熵。式（3.25）可写为：

$$\frac{\mathrm{d}s}{\mathrm{d}t} = 0 \tag{3.27}$$

即理想流体元的熵是一个运动不变量。由热力学可知，$\mathrm{d}s = \frac{\delta Q}{T}$，即系统熵变与系统热能变化有关。理想流体中不存在热力学不可逆过程，流体动能不会黏滞转化为热能，也不会因温度梯度使热能在不同流体元间流动，因此，对任意流体元，都有 $\delta Q=0$。所以流体元熵不变，方程（3.27）也称为绝热方程。

3.1.4　状态方程

连续性方程、欧拉方程和能量方程描述了流体的质量密度 ρ、流速 $\boldsymbol{u}$ 及流体内能 ε 的演化。方程组不是封闭的，因为方程组只有 3 个方程，却存在 4 个未知量（质量密度 ρ、流速 $\boldsymbol{u}$、内能 ε、压强 p），因此还需要知道密度 ρ、内能 ε 和压强 p 之间的关系，才能将方程组封闭起来。在热力学中，状态方程是将物质的压强 p、比容 V 和温度 T 三个热力学量联系起来的方程：

$$p=p(V,T) \tag{3.28}$$

状态方程给出了处于热平衡态物质的热力学量之间的关系，是物质的固有属性。经典理想气体是讨论稀薄等离子体或气体时常用的物质模型，其状态方程为：

$$p=nT=\rho T/m \tag{3.29}$$

式中，m 是流体分子的相对原子质量；n 是分子数密度。如理想气体的比热是个常数，则理想气体的熵为：

$$s=-\frac{1}{m}\ln p+\frac{c_p}{m}\ln T+\frac{1}{m}(c_p+\xi) \tag{3.30}$$

式中，c_p 是气体的等压比热；ξ 是一个与气体有关的常数。对于单原子气体，有：

$$c_p=\frac{5}{2},\xi=\frac{3}{2}\ln\frac{m}{2\pi\hbar^2} \tag{3.31}$$

如理想气体是理想流体，由于流体元熵不随运动变化，即 $s=$ 常数，则有：

$$\frac{T^{cp}}{P}=\text{常数} \tag{3.32}$$

由式（3.29）可得：

$$p\rho^{-\gamma}=\text{常数} \tag{3.33}$$

式中，$\gamma=\frac{c_p}{c_p-1}=\frac{c_p}{c_V}$，是比热比；$c_V$ 是气体的等容比热。

以上推导考察的是各个空间固定点上流体力学物理量随时间的变化，即空间微商，这种描述着眼于空间点，又称欧拉描述或空间描述。现在处理的是流体元的物理参量，即坐标系随流体元一起运动，其中包含了时间变化（场的不定常性）和空间变化（场的不均匀性），即随体微商（也称为绝对微商）。随体描述方式也称为拉格朗日描述，相应的坐标系称为拉格朗日坐标系。此时一维流体运动方程有比较简单的形式。

假定初始时刻，一个流体元的空间坐标为 a，在随后的时间里，由于流体运动，该流体元的空间位置移动到 x，则欧拉坐标（t，x）与拉格朗日坐标（τ，a）的坐标变换关系为：

$$t=\tau,\quad x=a+\xi(a,\tau)$$
$$\xi(a,\tau)=\int_0^{\tau}u(a,\tau')\mathrm{d}\tau' \tag{3.34}$$

式中，$\xi(a,\tau)$ 是该流体元在时刻 τ 的位移；$u(a,\tau)$ 是流速。则由上式可得：

$$\frac{\partial}{\partial x}=\left[1+\int_0^{\tau}\frac{\partial u(a,\tau')}{\partial a}\mathrm{d}\tau'\right]^{-1}\frac{\partial}{\partial a} \tag{3.35a}$$

$$\frac{\partial}{\partial t}=\frac{\partial}{\partial \tau}-u(a,\tau)\left[1+\int_0^{\tau}\frac{\partial u(a,\tau')}{\partial a}\mathrm{d}\tau'\right]^{-1}\frac{\partial}{\partial a} \tag{3.35b}$$

所以：

$$\frac{\partial}{\partial t}+u\frac{\partial}{\partial x}=\frac{\partial}{\partial \tau} \tag{3.36}$$

将微商关系式（3.35a）和式（3.36）代入连续性方程，则有：

$$\frac{\partial \rho}{\partial \tau}+\rho\left[1+\int_0^{\tau}\frac{\partial u(a,\tau')}{\partial a}\mathrm{d}\tau'\right]^{-1}\frac{\partial u}{\partial a}=0 \tag{3.37}$$

因为：

$$\frac{\partial}{\partial \tau}\int_0^{\tau}\frac{\partial u(a,\tau')}{\partial a}\mathrm{d}\tau'=\frac{\partial u(a,\tau)}{\partial a} \tag{3.38}$$

所以可得：

$$\frac{\partial}{\partial \tau}\left\{\rho\left[1+\int_0^{\tau}\frac{\partial u(a,\tau')}{\partial a}\mathrm{d}\tau'\right]\right\}=0 \tag{3.39}$$

对该方程积分，可得：

$$\rho(a,\tau)\left[1+\int_0^{\tau}\frac{\partial u(a,\tau')}{\partial a}\mathrm{d}\tau'\right]=\rho(a,0) \tag{3.40}$$

欧拉方程可写为：

$$\rho\left[1+\int_0^{\tau}\frac{\partial u(a,\tau')}{\partial a}\mathrm{d}\tau'\right]\frac{\partial u}{\partial \tau}=-\frac{\partial p}{\partial a} \tag{3.41}$$

利用连续性方程（3.40），可得：

$$\frac{\partial u}{\partial \tau}=-\frac{1}{\rho(a,0)}\frac{\partial p}{\partial a} \tag{3.42}$$

绝热方程（3.27）在拉格朗日坐标中得到简洁形式：

$$\frac{\partial s(a,\tau)}{\partial t}=0 \tag{3.43}$$

对于理想气体，由绝热方程可得：

$$p(a,\tau)[\rho(a,\tau)]^{-\gamma}=p(a,0)[\rho(a,0)]^{-\gamma} \tag{3.44}$$

由式（3.41）、式（3.42）和式（3.44）联立方程组，可得 $\rho(a,\tau)$ 和 $u(a,\tau)$。再利用式（3.34）进行坐标变换，就可以得到欧拉坐标中的流体力学量。

流体运动中，一维情况下拉格朗日描述具有很简洁的形式，因此，在数值模拟流体运动时，常常采用拉格朗日坐标，这样在处理流体时界面比较简单。当考虑流体运动为是二维或三维时，拉格朗日坐标系中的流体力学方程就变得十分复杂，通常不再采用。

3.2　等离子体的双流体力学方程

不同于中性的流体，等离子体具有不同类型的带电粒子，至少含有一种正离子和电子。如果正离子和电子没有达到平衡，则离子和电子应作为两种不同的粒子体系，即两种不同的流体，就相应有两种不同的流体方程，即双流体力学方程。由于电子和离子质量差别很大，一般等离子体中的电子和离子分别满足局部麦克斯韦分布：

$$f_\alpha = \frac{n_\alpha(\boldsymbol{r},t)}{(2\pi)^{3/2} v_{T_\alpha}^3(\boldsymbol{r},t)} \exp\left\{-\frac{m[\boldsymbol{v}-\boldsymbol{u}_\alpha(\boldsymbol{r},t)]^2}{2T_\alpha}\right\}, (\alpha = e, i) \tag{3.45}$$

分别对电子和离子列出各自的流体力学方程，即等离子体的双流体描述。电子和离子通过无规则碰撞分别达到局部麦克斯韦分布的特征时间尺度为：

$$\begin{aligned} \tau_e &= \frac{3m_e^{1/2}T_e^{3/2}}{4\sqrt{2\pi}Z^2e^4n_i\ln\Lambda} \\ \tau_i &= \frac{3m_i^{1/2}T_i^{3/2}}{4\sqrt{\pi}Z^4e^4n_i\ln\Lambda} \end{aligned} \tag{3.46}$$

式中，$\ln\Lambda$ 是库仑对数。电子和离子的平均自由程为：

$$\begin{aligned} \lambda_e &= v_e\tau_e = \frac{3T_e^2}{4\sqrt{2\pi}Z^2e^4n_i\ln\Lambda} \\ \lambda_i &= v_i\tau_i = \frac{3T_i^2}{4\sqrt{\pi}Z^4e^4n_i\ln\Lambda} \end{aligned} \tag{3.47}$$

等离子体的双流体描述成立的前提条件是流体演化的时空尺度满足：

$$L \gg \max(\lambda_e, \lambda_i), \Delta\tau \gg \max(\tau_e, \tau_i) \tag{3.48}$$

3.2.1　连续性方程

忽略掉电离、复合等原子过程，那么等离子体中的电子数和离子数分别守恒。于是有连续性方程：

$$\frac{\partial n_\alpha}{\partial t}+\nabla\cdot(n_\alpha \boldsymbol{u}_\alpha)=0,(\alpha=e,i) \tag{3.49}$$

式中，n_α 是电子或离子的数密度；$\boldsymbol{u}_\alpha$ 是电子或离子的流速。若等离子体中电离和复合过程不能忽略，那么连续性方程必须改写为：

$$\frac{\partial n_\alpha}{\partial t}+\nabla\cdot(n_\alpha \boldsymbol{u}_\alpha)=S_\alpha \tag{3.50}$$

式中，S_α 是电子、离子的源项。上式描述了电子、离子的产生和湮灭过程对电子、离子密度的影响。

3.2.2 动量方程

对于电子和离子，也可以分别列出它们的动量方程。与普通中性流体不同，电磁场对等离子体运动起重要作用，因此必须考虑电磁场对等离子体运动的影响。若计及粒子之间的碰撞效应，那么电子和离子的动量方程可以写为：

$$m_\alpha n_\alpha\left(\frac{\partial \boldsymbol{u}_\alpha}{\partial t}+\boldsymbol{u}_\alpha\cdot\nabla\boldsymbol{u}_\alpha\right)=Z_\alpha e n_\alpha(\boldsymbol{E}+\boldsymbol{u}_\alpha\times\boldsymbol{B})-\nabla p_\alpha-\nabla\cdot\boldsymbol{\pi}_\alpha+\boldsymbol{R}_\alpha \tag{3.51}$$

式中，$\boldsymbol{\pi}_\alpha$ 是同类带电粒子（电子 - 电子、离子 - 离子）之间的碰撞所导致的黏滞应力张量；$\boldsymbol{R}_\alpha$ 是异类粒子之间的摩擦导致的动量变化。

处于均匀外磁场中的等离子体是各向异性的。若粒子之间的碰撞频率足够低，满足条件：

$$|\omega_{c\alpha}\tau_\alpha|\gg 1 \tag{3.52}$$

式中，$\omega_{c\alpha}$是电荷在外磁场中的回旋频率。假定外磁场沿 z 方向，那么这时等离子体的黏滞应力张量为：

$$\begin{aligned}
\pi_{zz}&=-\eta_0 W_{zz}\\
\pi_{xx}&=-\frac{1}{2}\eta_0(W_{xx}+W_{yy})-\frac{1}{2}\eta_1(W_{xx}-W_{yy})-\eta_3 W_{xy}\\
\pi_{yy}&=-\frac{1}{2}\eta_0(W_{xx}+W_{yy})-\frac{1}{2}\eta_1(W_{xx}-W_{yy})+\eta_3 W_{xy}\\
\pi_{xy}=\pi_{yx}&=-\eta_1 W_{xy}+\frac{1}{2}\eta_3(W_{xx}-W_{yy})\\
\pi_{xz}=\pi_{zx}&=-\eta_2 W_{xz}-\eta_4 W_{yz}\\
\pi_{yz}=\pi_{zy}&=-\eta_2 W_{yz}+\eta_4 W_{xz}
\end{aligned} \tag{3.53}$$

式中，

$$W_{ik}=\frac{\partial u_i}{\partial x_k}+\frac{\partial u_k}{\partial x_i}-\frac{2}{3}\delta_{ik}\nabla\cdot\boldsymbol{u} \tag{3.54}$$

式中，离子的黏滞系数为：

$$\eta_0^i = 0.96 n_i T_i \tau_i$$

$$\eta_1^i = \frac{3}{10}\frac{n_i T_i}{\omega_{ci}^2 \tau_i}, \quad \eta_2^i = 4\eta_1^i \tag{3.55}$$

$$\eta_3^i = \frac{1}{2}\frac{n_i T_i}{\omega_{ci}}, \quad \eta_4^i = 2\eta_3^i$$

电子的黏滞系数（$Z = 1$）为：

$$\eta_0^e = 0.73 n_e T_e \tau_e$$

$$\eta_1^e = 0.51 \frac{n_e T_e}{\omega_{ce}^2 \tau_e}, \quad \eta_2^e = 4\eta_1^e \tag{3.56}$$

$$\eta_3^e = -\frac{1}{2}\frac{n_e T_e}{|\omega_{ce}|}, \quad \eta_4^e = 2\eta_3^e$$

由于总动量守恒，显然有：

$$\boldsymbol{R}_e + \boldsymbol{R}_i = 0 \tag{3.57}$$

式中，$\boldsymbol{R}_e$ 为电子与离子之间的摩擦力，其不仅与电子和离子的流速差 $\boldsymbol{u} = \boldsymbol{u}_e - \boldsymbol{u}_i$ 有关，而且与电子的温度梯度有关：

$$\boldsymbol{R}_e = \boldsymbol{R}_u + \boldsymbol{R}_T \tag{3.58}$$

当离子电荷数 $Z = 1$ 时，有：

$$\boldsymbol{R}_u = -\frac{m_e n_e}{\tau_e}(0.51\boldsymbol{u}_{\parallel} + \boldsymbol{u}_{\perp}) = e n_e\left(\frac{\boldsymbol{j}_{\parallel}}{\sigma_{\parallel}} + \frac{\boldsymbol{j}_{\perp}}{\sigma_{\perp}}\right)$$

$$\boldsymbol{R}_T = -0.71 n_e \nabla_{\parallel} T_e - \frac{3}{2}\frac{n_e}{|\omega_{ce}|\tau_e}\boldsymbol{b} \times \nabla T_e \tag{3.59}$$

式中，$\boldsymbol{\sigma}_{\parallel}$ 和 $\boldsymbol{\sigma}_{\perp}$ 分别是平行于和垂直于外磁场的电导率；等离子体电流 $\boldsymbol{j}_{\parallel}$ 和 $\boldsymbol{j}_{\perp}$ 分别是平行于和垂直于外磁场的电流；$\boldsymbol{b}$ 是外磁场 $\boldsymbol{B}$ 的单位矢量。

3.2.3 能量方程

电子和离子之间的碰撞还会导致电子和离子之间进行能量转移。等离子体内存在电场和电流，电子会由于欧姆效应被加热。电子和离子的能量方程可以写为：

$$\frac{3}{2}n_\alpha\left(\frac{\partial T_\alpha}{\partial t} + \boldsymbol{u}_\alpha \cdot \nabla T_\alpha\right) = -p_\alpha \nabla \cdot \boldsymbol{u}_\alpha - \nabla \cdot \boldsymbol{q}_\alpha - \pi_{\alpha ik}\frac{\partial u_{\alpha i}}{\partial x_k} + Q_\alpha \tag{3.60}$$

电子热流为：

$$\boldsymbol{q}_e = \boldsymbol{q}_u^e + \boldsymbol{q}_T^e \tag{3.61}$$

式中，

$$\boldsymbol{q}_u^e = n_e T_e\left(0.71\boldsymbol{u}_u + \frac{3}{2}\frac{\boldsymbol{b}\times\boldsymbol{u}}{|\omega_{ce}|\tau_e}\right)$$
$$\boldsymbol{q}_T^e = \frac{n_e T_e \tau_e}{m_e}\left(-3.16\nabla_{\parallel}T_e - \frac{4.66}{\omega_{ce}^2\tau_e^2}\nabla_{\perp}T_e - \frac{5}{2|\omega_{ce}|\tau_e}\boldsymbol{b}\times\nabla T_e\right) \tag{3.62}$$

离子热流为：

$$\boldsymbol{q}_i = \frac{nT_i\tau_i}{m_i}\left(-3.9\nabla_{\parallel}T_i - \frac{2}{\omega_{ci}^2\tau_i^2}\nabla_{\perp}T_i - \frac{5}{2\omega_{ci}\tau_i}\boldsymbol{b}\times\nabla T_i\right) \tag{3.63}$$

离子通过与电子的碰撞获得能量：

$$Q_i = \frac{3m_e}{m_i}\frac{n}{\tau_e}(T_e - T_i) \tag{3.64}$$

电子则通过欧姆加热获得能量，通过与离子的碰撞失去能量：

$$Q_e = -\boldsymbol{R}_e\cdot\boldsymbol{u} - Q_i = \frac{j_{\parallel}^2}{\sigma_{\parallel}} + \frac{j_{\perp}^2}{\sigma_{\perp}} + \frac{1}{en_e}\boldsymbol{j}\cdot\boldsymbol{R}_T - \frac{3m_e}{m_i}\frac{n}{\tau_e}(T_e - T_i) \tag{3.65}$$

上述带有黏滞和热导的双流体方程组也称为 Braginskii 方程组，由苏联科学家 S. I. Braginskii 首先得到。这套方程组成立的条件是电子和离子的速度分布函数满足局部麦克斯韦分布。

3.2.4 麦克斯韦方程

等离子体运动会导致电磁场的变化，通过麦克斯韦方程组可以给出等离子体的完整描述。电子和离子达到局部热平衡需要较大时空尺度。双流体方程只适用于描述时空缓变的等离子体运动，此时位移电流可以忽略。则有：

$$\nabla\times\boldsymbol{B} = \mu_0\boldsymbol{j} \tag{3.66}$$

有旋度的电场分量则有：

$$\nabla\times\boldsymbol{E} = -\frac{\partial\boldsymbol{B}}{\partial t} \tag{3.67}$$

双流体方程只描述时空缓变的等离子体运动，等离子体在演化过程中始终处于准中性状态，即：

$$Zn_i \approx n_e \tag{3.68}$$

此时用忽略掉电子惯性的电子动量方程来求电场，可得：

$$\boldsymbol{E} + \boldsymbol{u}_i\times\boldsymbol{B} = \frac{1}{en_e}\boldsymbol{j}\times\boldsymbol{B} - \frac{\nabla p_e}{en_e} - \frac{\nabla\cdot\boldsymbol{\pi}_e}{en_e} + \frac{\boldsymbol{R}_e}{en_e} \tag{3.69}$$

此方程也称为广义欧姆定律。

当粒子速度分布不是局部麦克斯韦分布时，由于流体力学方程是守恒律的结果，因此依然近似成立。则描述等离子体的多流体方程组为：

$$\frac{\partial n_\alpha}{\partial t} + \nabla \cdot (n_\alpha \boldsymbol{u}_\alpha) = 0$$
$$n_\alpha m_\alpha \left(\frac{\partial \boldsymbol{u}_\alpha}{\partial t} + \boldsymbol{u}_\alpha \cdot \nabla \boldsymbol{u}_\alpha \right) = e_\alpha n_\alpha (\boldsymbol{E} + \boldsymbol{u}_\alpha \times \boldsymbol{B}) - \nabla p_\alpha \qquad (3.70)$$

式中已经忽略了耗散项。为简化讨论，能量方程和状态方程采用 $p_\alpha n_\alpha^{-\gamma}$ = 常数的形式进行代替。

对于绝热过程，取 $\gamma = 3$；对于等温过程，取 $\gamma = 1$。此时电磁场可由完整的麦克斯韦方程组描述。

$$\nabla \times \boldsymbol{B} = \frac{1}{c^2} \frac{\partial \boldsymbol{E}}{\partial t} + \mu_0 \sum_\alpha e_\alpha n_\alpha \boldsymbol{u}_\alpha$$
$$\nabla \times \boldsymbol{E} = -\frac{\partial \boldsymbol{B}}{\partial t} \qquad (3.71)$$
$$\nabla \cdot \boldsymbol{B} = \boldsymbol{0}$$
$$\nabla \cdot \boldsymbol{E} = \sum_\alpha e_\alpha n_\alpha / \varepsilon_0$$

3.3 理想磁流体力学方程组

当等离子体运动的时空尺度非常大，以至于电子和离子之间基本达到热平衡时，电子和离子基本上同步运动。在这种情况下，可以用单流体方程来描述等离子体。由于电子和离子几乎同步运动，而电子质量远远小于离子质量，那么做大尺度缓慢运动的等离子体的质量和动量实际上都是由离子所携带。因此，等离子体的质量密度和动量密度就是离子的质量密度和动量密度：

$$\rho = m_i n_i + m_e n_e \approx m_i n_i$$
$$\rho \boldsymbol{u} = m_i n_i \boldsymbol{u}_i + m_e n_e \boldsymbol{u}_e \approx m_i n_i \boldsymbol{u}_i \qquad (3.72)$$

等离子体的流速实际上就是离子的流速，即 $\boldsymbol{u} = \boldsymbol{u}_i$，那么等离子体的连续性方程实际上就是离子的连续性方程：

$$\frac{\partial}{\partial t}(m_i n_i) + \nabla \cdot (m_i n_i \boldsymbol{u}_i) = 0 \qquad (3.73)$$

即：

$$\frac{\partial \rho}{\partial t} + \nabla \cdot (\rho \boldsymbol{u}) = 0 \qquad (3.74)$$

将电子和离子的动量方程相加，并忽略掉电子惯性，则：

$$\rho\left(\frac{\partial \boldsymbol{u}}{\partial t}+\boldsymbol{u}\cdot\nabla\boldsymbol{u}\right)=(Zn_i-n_e)\boldsymbol{E}+(Zen_i\boldsymbol{u}_i-en_e\boldsymbol{u}_e)\times\boldsymbol{B}-\nabla(p_e+p_i) \tag{3.75}$$

对于大尺度缓慢运动，等离子体保持准中性，即 $Zn_i\approx n_e$，并且电场非常微弱，则上式右边第一项可以忽略。然而等离子体内会因为电子与离子之间微小的流速差而存在显著的电流和宏观强磁场，则：

$$\boldsymbol{j}=Zen_i\boldsymbol{u}_i-en_e\boldsymbol{u}_e \tag{3.76}$$

$$\rho\left(\frac{\partial u}{\partial t}+\boldsymbol{u}\cdot\nabla\boldsymbol{u}\right)=-\nabla p+\boldsymbol{j}\times\boldsymbol{B} \tag{3.77}$$

这里 $p=p_e+p_i$，是等离子体的总压强。

对于宏观缓变运动，位移电流可以忽略，于是麦克斯韦方程组可以简化为：

$$\begin{aligned}\nabla\times\boldsymbol{B}&=\mu_0\boldsymbol{j}\\ \nabla\times\boldsymbol{E}&=-\frac{\partial\boldsymbol{B}}{\partial t}\end{aligned} \tag{3.78}$$

电流与电磁场由欧姆定律联系，可表示为：

$$\boldsymbol{j}=\sigma(\boldsymbol{E}+\boldsymbol{u}\times\boldsymbol{B}) \tag{3.79}$$

高温低密度等离子体的电导率很大，于是近似有：

$$\boldsymbol{E}=-\boldsymbol{u}\times\boldsymbol{B} \tag{3.80}$$

则理想磁流体力学方程组即为：

$$\begin{aligned}&\frac{\partial\rho}{\partial t}+\nabla\cdot(\rho\boldsymbol{u})=0\\ &\rho\left(\frac{\partial\boldsymbol{u}}{\partial t}+\boldsymbol{u}\cdot\nabla\boldsymbol{u}\right)=-\nabla p+\boldsymbol{j}\times\boldsymbol{B}\\ &\nabla\times\boldsymbol{B}=\mu_0\boldsymbol{j}\\ &\nabla\times\boldsymbol{E}=-\frac{\partial\boldsymbol{B}}{\partial t}\\ &\boldsymbol{E}=-\boldsymbol{u}\times\boldsymbol{B}\end{aligned} \tag{3.81}$$

3.4 理想磁流体动力学

3.4.1 磁场的冻结与扩散

基于麦克斯韦方程组及欧姆定律，如下：

$$\nabla \times \boldsymbol{B} = \mu_0 \boldsymbol{j}$$
$$\nabla \times \boldsymbol{E} = -\frac{\partial \boldsymbol{B}}{\partial t}$$
$$\nabla \cdot \boldsymbol{B} = 0$$
$$\nabla \cdot \boldsymbol{E} = 0$$
$$\boldsymbol{j} = \sigma(\boldsymbol{E} + \boldsymbol{u} \times \boldsymbol{B})$$

消去 $\boldsymbol{j}$，两边求旋度，并假定 σ 是常量，则可得：

$$\frac{\partial \boldsymbol{B}}{\partial t} = \nabla \times (\boldsymbol{u} \times \boldsymbol{B}) + \nu_m \nabla^2 \boldsymbol{B} \tag{3.82}$$

式中，ν_m 为磁黏性系数，此方程称为感应方程。

1. 磁场的冻结

对于理想磁流体，$\nu_m = 0$。感应方程演化为冻结方程，可表示为：

$$\frac{\partial \boldsymbol{B}}{\partial t} = \nabla \times (\boldsymbol{u} \times \boldsymbol{B}) \tag{3.83}$$

由此方程可证明如下两条定理：

定理 1　通过和理想导电流体一起运动的任何封闭回路所谓曲面的磁通量是不变的。

如图 3.2 所示，任意取一个与流体一起运动的闭合回路 C，回路 C 所包围的磁通量变化为：

$$\Delta \Phi = \int_S \boldsymbol{B} \cdot \mathrm{d}\boldsymbol{f} \tag{3.84}$$

式中，S 是闭合回路 C 包围而成的曲面。我们考察磁通量 Φ 随时间的变化。回路上线元 $\mathrm{d}\boldsymbol{l}$ 与流体一起运动时，单位时间内切割磁力线引起的磁通量变化为：

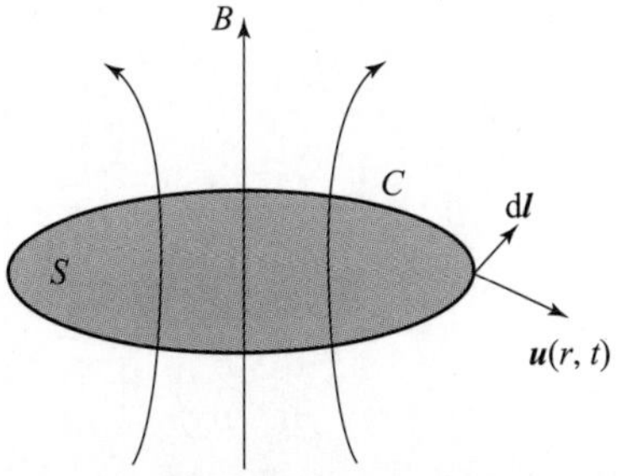

图 3.2　跟随等离子体一起运动的闭合回路 C 所包围的磁通量变化

$$\Phi = \boldsymbol{B} \cdot (\boldsymbol{u} \times \mathrm{d}\boldsymbol{l}) = (\boldsymbol{B} \times \boldsymbol{u}) \cdot \mathrm{d}\boldsymbol{l} \tag{3.85}$$

显然磁通量的变化可以分解为两个部分：一是磁场随时间的变化导致的磁通量的变化；二是因闭合回路所包围的曲面面积的变化导致的磁通量的变化。综合这两个因素，磁通量随时间的变化为：

$$\frac{\mathrm{d}\Phi}{\mathrm{d}t} = \int_S \frac{\partial \boldsymbol{B}}{\partial t} \cdot \mathrm{d}\boldsymbol{f} + \oint \boldsymbol{B} \cdot (\boldsymbol{u} \times \mathrm{d}\boldsymbol{l}) \tag{3.86}$$

把对闭合回路 C 的积分转化为对面积 S 的积分，再利用感应方程（3.35），则：

$$\frac{\mathrm{d}\Phi}{\mathrm{d}t} = \int_s \left[\frac{\partial \boldsymbol{B}}{\partial t} - \nabla\times(\boldsymbol{u}\times\boldsymbol{B})\right]\cdot \mathrm{d}\boldsymbol{f} = 0 \tag{3.87}$$

这个结果表明：跟随等离子体运动的闭合回路所包围的磁通量不随时间变化而变化。由于同路是任意的，这意味着磁力线与等离子体是共同运动的。可以形象地说，磁力线是冻结在等离子体上的，这就是所谓的磁场冻结现象。

定理 2 在理想导电流体中，起始位于一根磁力线上的流体元，以后也一直处在这根磁力线上。

利用矢量关系式：

$$\nabla\times(\boldsymbol{a}\times\boldsymbol{b}) = (\boldsymbol{b}\cdot\nabla)\boldsymbol{a} + (\nabla\cdot\boldsymbol{b})\boldsymbol{a} - (\boldsymbol{a}\cdot\nabla)\boldsymbol{b} - (\nabla\cdot\boldsymbol{a})\boldsymbol{b} \tag{3.88}$$

式（3.83）可改写为：

$$\frac{\partial \boldsymbol{B}}{\partial t} = (\boldsymbol{B}\cdot\nabla)\boldsymbol{u} - (\boldsymbol{u}\cdot\nabla)\boldsymbol{B} - (\nabla\cdot\boldsymbol{u})\boldsymbol{B} \tag{3.89}$$

引入随流导数：

$$\frac{\mathrm{d}}{\mathrm{d}t} = \frac{\partial}{\partial t} + \boldsymbol{u}\cdot\nabla \tag{3.90}$$

那么磁场的演化方程可进一步改写为：

$$\frac{\mathrm{d}\boldsymbol{B}}{\mathrm{d}t} = (\boldsymbol{B}\cdot\nabla)\boldsymbol{u} + (\nabla\cdot\boldsymbol{u})\boldsymbol{B} \tag{3.91}$$

利用连续性方程，流速的散度可以表示为：

$$\nabla\cdot\boldsymbol{u} = -\frac{1}{\rho}\frac{\mathrm{d}\rho}{\mathrm{d}t} \tag{3.92}$$

将式（3.92）代入磁场演化方程（3.91），得到如下方程：

$$\frac{\mathrm{d}}{\mathrm{d}t}\left(\frac{\boldsymbol{B}}{\rho}\right) = \left(\frac{\boldsymbol{B}}{\rho}\cdot\nabla\right)\boldsymbol{u} \tag{3.93}$$

如图 3.3 所示，考虑等离子体中一根长度无限短的流体线元 $\delta\boldsymbol{l}$，其两端跟随着等离子体共同运动，在时刻 t，若该线元一端的运动速度为 $\boldsymbol{u}$，那么由于流场的速度梯度，线元另一端的运动速度应该为 $\boldsymbol{u} + \delta\boldsymbol{l}\cdot\nabla\boldsymbol{u}$。经过一个短暂的时间 $\mathrm{d}t$，由于线元两端速度的差异，线元发生了变化，变化的大小为 $\mathrm{d}t(\delta\boldsymbol{l}\cdot\nabla)\boldsymbol{u}$，即线元 $\delta\boldsymbol{l}$ 的演化方程为：

$$\frac{\mathrm{d}\delta\boldsymbol{l}}{\mathrm{d}t} = (\delta\boldsymbol{l}\cdot\nabla)\boldsymbol{u} \tag{3.94}$$

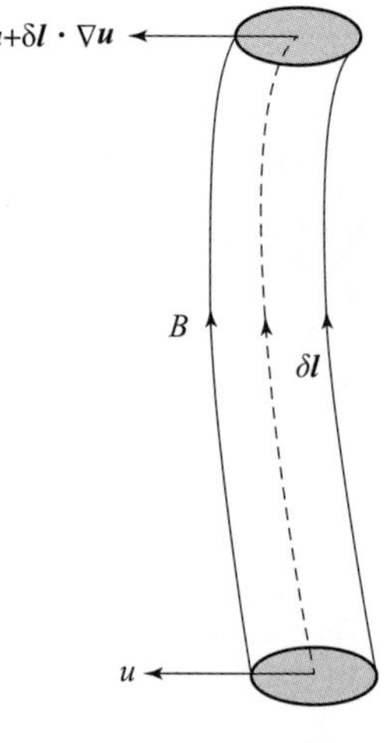

图 3.3 跟随等离子体运动的流体线元 $\delta\boldsymbol{l}$

与式（3.93）相比，可以看到线元 $\delta \boldsymbol{l}$ 满足与$\dfrac{\boldsymbol{B}}{\rho}$相同的运动方程。这说明，若在初始时刻 $\delta \boldsymbol{l}$ 与$\dfrac{\boldsymbol{B}}{\rho}$平行，那么这种平行关系以后也会保持，并且它们之间的比值也保持为一个常数。即初始时刻若有两个距离无限接近的流体元位于一根磁力线上，那么在以后的时刻，它们也永远位于同一根磁力线上，并且$\dfrac{\boldsymbol{B}}{\rho}$与它们之间的距离成正比。把上面的讨论扩展到任意有限距离的情况，那么就能够得到这样的结论：每一根磁力线与附着在该磁力线的流体元总是共同运动的。换句话说，磁力线与等离子体冻结在一起。

线元 $\delta \boldsymbol{l}$ 与$\dfrac{\boldsymbol{B}}{\rho}$之间的上述关系，可以借助于磁通管的概念来理解。所谓磁通管，就是一个侧面处处平行于磁力线，端面垂直于磁力线的假想曲面。假定磁通管的初始截面为 $\mathrm{d}S_0$，长度为 l_0。由于磁力线与等离子体冻结在一起，磁通管随等离子体运动而发生变形。因为磁通管所包围的磁通不随等离子体运动而改变，因此有 $B_0\mathrm{d}S_0 = B\mathrm{d}S$。又因为质量守恒，磁通管内的等离子体的质量也不随等离子体运动而改变，又有 $\rho_0 l_0 \mathrm{d}S_0 = \rho l \mathrm{d}S$。由此有：

$$\frac{B_0}{\rho_0 l_0} = \frac{B}{\rho l} \tag{3.95}$$

对于不可压缩流体，ρ 为常数，方程（3.95）变为：

$$B = (B_0/l_0)\,l \tag{3.96}$$

此时磁场与磁通管的长度成正比。

以上两个定理说明，在理想导电流体中，不仅与流体一起运动的回路所包围的磁力线数目不变，而且流体的物质线元只能沿同一根磁力线运动，因此流体沿磁力线方向运动是自由的。一旦流体有垂直于磁力线方向的运动，则磁力线也要随着流体物质一起运动，即磁力线被冻结在理想导电流体物质中，或者可以认为理想导电流体物质黏在磁力线上，这种现象被称为磁场冻结。

从物理上看，由电磁感应定律，当导体有切割磁力线相对运动时，就产生感应电场和感应电流，感应电流的方向正是要使它产生的磁场对抗原来磁场的变化。对于理想导体，因为电导率趋于∞，只要有感应电场，引起的感应电流就无限大。因此，在理想导体中就不允许存在感应电场，即不允许导电流体有切割磁力线的相对运动，所以磁力线被冻结在理想导电的流体中。高温等离子体是电导率很大的流体，在其中的磁场有冻结现象。如果磁场原来在等离子体外，那么就难以进入等离子体内。

2. 磁场的扩散

如果导电流体的电导率 σ 有限，并假定流体静止不动，$\boldsymbol{u}=0$，则感应方程可简化为：

$$\frac{\partial \boldsymbol{B}}{\partial t}=\nu_m\nabla^2\boldsymbol{B} \tag{3.97}$$

上式称为磁场的扩散方程。该方程说明，当电导率 σ 有限时，磁力线不完全冻结在等离子体中，等离子体中的磁场会随时间衰减，磁场从强区域向弱区域扩散。假设原磁场集中在线度为 L 的等离子体区域内，有 $\nabla^2 B\approx -B/L^2$。则式(3.97)可近似为：

$$\frac{\partial \boldsymbol{B}}{\partial t}=-\frac{\nu_m\boldsymbol{B}}{L^2}=-\frac{B}{\tau} \tag{3.98}$$

上式解为：

$$B(t)=B(0)\mathrm{e}^{-t/\tau} \tag{3.99}$$

说明磁场随时间扩散或衰减，$\tau\approx\dfrac{L^2}{\nu_m}$为磁扩散时间或磁衰减时间。则电导率越大，磁场衰减越慢。如果 $\sigma\to\infty$，则磁场不衰减。对于有限电导率的流体，特征长度 L 越大，则磁场衰减也越慢。

仅存在磁场的冻结或扩散是两种极端情况，一般两种效应都存在，即感应方程右边两项都有贡献。可定义类似于流体力学的雷诺系数来评价这两项的相对重要性，称为磁雷诺系数，其定义为：

$$R_m=\frac{|\nabla\times(\boldsymbol{u}\times\boldsymbol{B})|}{|\nu_m\nabla^2\boldsymbol{B}|}\approx\frac{|(\boldsymbol{u}\times\boldsymbol{B})|}{|\nu_m\nabla\times\boldsymbol{B}|}\approx\frac{\tau u}{L} \tag{3.100}$$

当 $R_m\gg1$ 时，冻结效应占优势；当 $R_m\ll1$ 时，扩散效应占优势。

3.4.2 磁流体的平衡

等离子体是运动非常活跃的流体，很少能够静止。而磁力线与理想磁流体冻结在一起，那么就有可能通过控制磁场位形来约束等离子体，使其在特定的空间内不弥散开，即等离子体的平衡问题。这是理想磁流体力学方程的一个重要应用。

1. 磁流体平衡条件

约束等离子体受限要使作用在流体元上的合力为0。无外场约束时，等离子体热压强使其自身弥散，因此必须对等离子体施加外场，才能约束住等离子体。在自然界中，引力场是平衡热压强的外力场。在实验室中只能利用磁场来约束等离子体，即利用洛伦兹力来平衡热压强。

由等离子体的运动方程，等离子体流体元上的力学平衡条件为：

$$\boldsymbol{j}\times\boldsymbol{B}-\nabla p=0 \tag{3.101}$$

这个方程明白地显示，等离子体的压强梯度方向既垂直于磁场，又垂直于电流：

$$\boldsymbol{B}\cdot\nabla p=0,\ \boldsymbol{j}\cdot\nabla p=0 \tag{3.102}$$

即等离子体的压强沿磁力线及电流的梯度为零。因此，当等离子体平衡时，电流通和磁场 $\boldsymbol{B}$ 均处于压强相等的面上，或者说磁力线和电流线均在等压强面上。引入磁面的概念，所谓磁面，就是与磁力线处处平行的曲面。对于处于平衡的等离子体，等压强面就能满足这个定义，因此等压强面就是磁面。

$$p(x,y,z)=\text{常数} \tag{3.103}$$

方程（3.101）两边叉乘磁感应强度 $\boldsymbol{B}$，得到等离子体达到平衡所需电流：

$$\boldsymbol{j}_{\perp}=\frac{\boldsymbol{B}\times\nabla p}{B^2} \tag{3.104}$$

这一电流正是等离子体由于压强梯度作用而产生的所谓的逆磁漂移电流。在单粒子理论中，每出现一个力，都会有一个相应的漂移运动。在这里，流体的压强梯度是一个新的力，它作用在每一个粒子上的平均大小为 $-\nabla p/(n_e+n_i)$。这里假定电子与离子的温度相同，$n_{e,i}$为电子和离子的数密度。根据漂移近似，粒子的漂移速度为：

$$\boldsymbol{v}_D^{e,i}=-\frac{\nabla p\times\boldsymbol{B}}{(n_e+n_i)e_{e,i}B^2} \tag{3.105}$$

式中，$e_{e,i}$是电子和离子的电荷。电子和离子因为压强梯度的漂移，将产生一个漂移电流，可表示为：

$$\boldsymbol{j}_D=\sum_{e,i}n_{e,i}e_{e,i}\boldsymbol{v}_D^{e,i}=-\frac{\nabla P\times\boldsymbol{B}}{B^2} \tag{3.106}$$

这正是等离子体平衡所需的电流。因而磁流体的平衡问题，自动由等离子体的逆磁漂移运动所解决。如果等离子体中的压强梯度可以忽略，若此时等离子体中仍然存在电流，则电流方向必须与磁场方向一致，表示为：

$$\boldsymbol{j}=\frac{1}{\mu_0}\nabla\times\boldsymbol{B}=\alpha\boldsymbol{B} \tag{3.107}$$

式中，α 是任意的空间函数。这种情况下，磁场处于所谓的无作用力的状态。无作用力场在空间等离子体中容易出现：在恒星的远处，气体的压强和引力都很小，可以忽略，但等离子体本身却携带显著的电流。

2. 磁压强和磁张力

若处于平衡的等离子体是静止的，即 $\boldsymbol{u}=0$，由动量方程，则：

$$\frac{\partial}{\partial x_i}\left[p+\left(\frac{B^2}{2\mu_0}\delta_{ik}-\frac{1}{\mu_0}B_iB_k\right)\right]=0 \tag{3.108}$$

式中的第二项正是我们在前面提到的磁场贡献的动量通量张量。磁场的动量通量张量包含两个部分，其中一个是各向同性的部分，其对等离子体的作用与等离子体热压强完全类似，称其为磁压强。为了描述磁约束等离子体的热能与磁场能之间的比例关系，引入等离子体比压的概念，定义为等离子体的热压强与等离子体的总压强（即等离子体热压强与磁压强之和）的比：

$$\beta=\frac{p}{P+B^2/(2\mu_0)} \tag{3.109}$$

在磁约束等离子体研究领域，提高β值具有重要的经济意义，因为等离子体比压的提高意味着利用磁场约束等离子体效率的提高。

磁场对等离子体的作用力还有一个各向异性的分量，其作用是使弯曲的磁力线表现出类似于弹性弦的张力，因此称其为磁张力，如图 3.4 所示。磁场动量通量的各向异性项作用在体积为 V 的等离子体上的力为：

$$\boldsymbol{F}=\frac{1}{\mu_0}\int_V\nabla\cdot(\boldsymbol{BB})\,\mathrm{d}V=\frac{1}{\mu_0}\oint_S\boldsymbol{B}(\boldsymbol{B}\cdot\mathrm{d}\boldsymbol{f}) \tag{3.110}$$

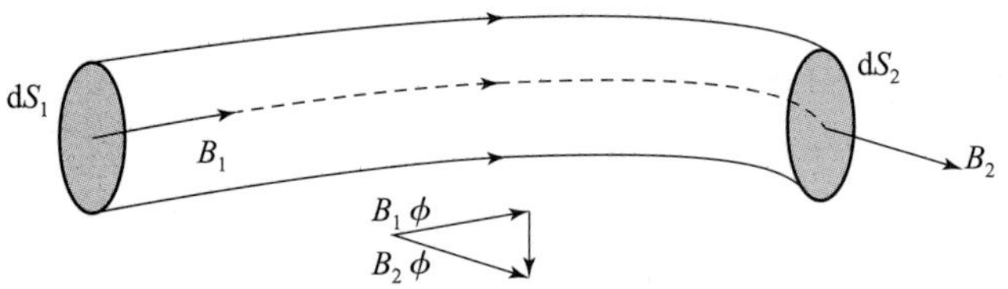

图 3.4　弯曲的磁力线产生磁张力

式中；S 是包围等离子体的曲面。为了说明这个力的特点，我们选取体积 V 为一个侧面处处平行于磁力线的磁通管，其两个端面与磁力线垂直。

于是有：

$$\frac{1}{\mu_0}\oint_S\boldsymbol{B}(\boldsymbol{B}\cdot\mathrm{d}\boldsymbol{f})=\frac{1}{\mu_0}[\boldsymbol{B}_2(B_2S_2)-\boldsymbol{B}_1(B_1S_1)] \tag{3.111}$$

式中，$\boldsymbol{B}_1$、$\boldsymbol{B}_2$ 和 S_1、S_2 是体积 V 两个端面处的磁场及端面的面积。因为磁通管的侧面处处平行于磁力线，显然它的两个端面所包含的磁通量是相等的，即 $B_2S_2=B_1S_1=\Phi$。因此弯曲磁场对等离子体产生的作用力为：

$$\boldsymbol{F}_c=\frac{\Phi}{\mu_0}(\boldsymbol{B}_2-\boldsymbol{B}_1) \tag{3.112}$$

若磁力线是弯曲的，上式右边不为零，它指向磁力线的曲流中心。磁张力的这个性质与一根张紧的弹性弦有完全类似的性质。对于理想磁流体，由于磁冻结效应，等离子体总是跟随着磁力线共同运动。那么磁力线就成为一根有质量的弹性弦：磁场提供张力，而等离子体提供惯性质量。

3. 维里定理

我们将平衡条件（3.108）的形式改写成积分的形式。平衡方程（3.108）的形式可简写为：

$$\frac{\partial \Pi_{ik}}{\partial x_i}=0 \tag{3.113}$$

式中，Π_{ik}是流速为零的等离子体的动量通量，可表示为：

$$\Pi_{ik}=p\delta_{ik}+\frac{1}{2\mu_0}B^2\delta_{ik}-\frac{1}{\mu_0}B_iB_k \tag{3.114}$$

利用平衡方程（3.113），容易证明下面的关系式成立。

$$\frac{\partial}{\partial x_i}(\Pi_{ik}x_k)=\Pi_{ii} \tag{3.115}$$

将这个方程对一个闭合曲面 S 所包围的体积 V 积分，可得：

$$\int_V \Pi_{ii}\mathrm{d}V=\int_V \frac{\partial}{\partial x_i}(\Pi_{ik}x_k)\mathrm{d}V=\oint_S \Pi_k x_k \mathrm{d}f_i \tag{3.116}$$

将式（3.114）代入式（3.116），可得：

$$\int_V\left(3p+\frac{1}{2\mu_0}B^2\right)\mathrm{d}V=\oint_S\left[\left(p+\frac{1}{2\mu_0}B^2\right)\boldsymbol{r}-\frac{1}{\mu_0}(\boldsymbol{B}\cdot\boldsymbol{r})\boldsymbol{B}\right]\cdot\mathrm{d}\boldsymbol{f} \tag{3.117}$$

考虑等离子体只占据有限体积的情况，在等离子体所占空间之外，等离子体的压强 $p=0$。若空间中不存在刚性的载流导体，可以将上式右边的积分曲面移动至无限远处。由于 $p=0$，而磁场随距离至少按 $1/r^3$ 下降，因此式（3.117）右边的积分为零，然而方程左边的积分是有限的。这个矛盾的结果说明，等离子体不可能依靠自身电流产生的磁场将自己约束在一个有限的空间范围内。为了将等离子体约束在有限的空间内，必须在等离子体外施加磁场，比如说通过载流线圈施加磁场。这种情况下式（3.117）右边的积分沿载流导体的表面进行，式（3.117）原则上可以得到满足。

4. θ – 箍缩等离子体的平衡

一般等离子体的平衡问题相当复杂。为简化问题，我们首先考虑一维柱对称等离子体的平衡问题。常见的满足一维柱对称的等离子体有 θ – 箍缩等离子体、z – 箍缩等离子体和螺旋箍缩等离子体。在一维柱对称情况下，所有的物理量仅依赖于径向坐标 r。在柱坐标（$\boldsymbol{e}_r$，$\boldsymbol{e}_\theta$，$\boldsymbol{e}_z$）下，安培定律为：

$$\mu_0\boldsymbol{j}=-\frac{\mathrm{d}B_z}{\mathrm{d}r}\boldsymbol{e}_\theta+\frac{1}{r}\frac{\mathrm{d}(rB_\theta)}{\mathrm{d}r}\boldsymbol{e}_z \tag{3.118}$$

将式（3. 118）代入平衡方程（3. 101），其径向分量方程为：

$$\frac{\mathrm{d}}{\mathrm{d}r}\left(p+\frac{B_\theta^2+B_z^2}{2\mu_0}\right)=-\frac{B_\theta^2}{\mu_0 r} \tag{3.119}$$

对于 θ – 箍缩等离子体，角向磁场为零，$B_\theta=0$，只有沿对称轴的磁场 $B_z=B$。于是我们得到 θ – 箍缩的平衡条件：

$$p(r)+\frac{B^2(r)}{2\mu_0}=\frac{B_0^2}{2\mu_0} \tag{3.120}$$

式中，B_0 是等离子体边界处的磁场。从平衡方程（3. 120）我们看到，与真空中的磁场相比，等离子体内的磁场会小一些。

出现这个现象的物理原因很简单：等离子体中的自由电荷在磁场中做回旋运动时产生的磁矩总是反平行于外加磁场，这导致等离子体具有抗磁性。由单粒子轨道理论，电荷在磁场中的回旋磁矩为：

$$\mu_\alpha=-\frac{W_{\perp\alpha}}{B}\boldsymbol{b} \tag{3.121}$$

式中，$W_{\perp\alpha}$是 α 类粒子的横向动能；$\boldsymbol{b}$ 是磁场的方向的单位矢量。因此等离子体的磁化强度 $\boldsymbol{M}$ 为：

$$\boldsymbol{M}=\sum n_\alpha\boldsymbol{\mu}_\alpha=-\frac{\boldsymbol{b}}{B}\sum n_\alpha W_{\perp\alpha} \tag{3.122}$$

假定粒子的速度分布满足麦克斯韦分布，将该式对粒子的速度分布求平均，可得：

$$\boldsymbol{M}=-\frac{\boldsymbol{b}}{B}\sum{}_\alpha n_\alpha T=-\frac{\boldsymbol{b}}{B}p \tag{3.123}$$

式中，T 是等离子体的温度，这里利用了理想气体的状态方程 $p=\sum{}_\alpha n_\alpha T$。因等离子体电荷回旋引起的磁场为：

$$\boldsymbol{B}_s=\mu_0\boldsymbol{M}=-\frac{\mu_0 p}{B}\boldsymbol{b} \tag{3.124}$$

这个结果表明，等离子体的抗磁性与等离子体的压强成正比。

方程（3. 124）是低 β 近似的结果。如果外加磁场为 B_0，抗磁磁场为 B_d，由平衡条件可得：

$$p+\frac{(\boldsymbol{B}_0+\boldsymbol{B}_d)^2}{2\mu_0}=\frac{B_0^2}{2\mu_0} \tag{3.125}$$

这个方程决定了抗磁磁场 B_d 的大小。在低 β 的情况下，有 $B_d/B_0\ll1$，因此 $B_d\approx 4\pi P/B_0=B_s$，这正是电荷回旋运动引起的抗磁磁场。

当等离子体发生磁化时，则磁化电流可表示为：

$$\boldsymbol{j}_s=\nabla\times\boldsymbol{M}=-\nabla\times\left(\frac{p}{B}\boldsymbol{b}\right)=\boldsymbol{b}\times\nabla\left(\frac{P}{B}\right) \tag{3.126}$$

因为我们已经假定磁场固定沿 z 轴方向，因此 $\nabla\times\boldsymbol{b}=0$。当等离子体内存在压强梯度的时候，磁场是不均匀的，电荷会发生漂移运动。在 θ－箍缩情形下，磁场是平直的，因此不存在曲率漂移。电荷的漂移是由磁场梯度引起的，可表示为：

$$\boldsymbol{V}_{\nabla B}^{\alpha}=\frac{W_{\perp\alpha}}{e_{\alpha}B^2}\boldsymbol{b}\times\nabla B \tag{3.127}$$

因磁场梯度漂移引起的漂移电流为：

$$\boldsymbol{j}_d=\sum_{\alpha}e_{\alpha}n_{\alpha}\boldsymbol{V}_{\nabla B}^{\alpha}=\frac{1}{B^2}\boldsymbol{b}\times\nabla B\sum_{\alpha}n_{\alpha}W_{\perp\alpha} \tag{3.128}$$

假定电荷的速度分布满足麦克斯韦分布，上式对速度求平均后可得：

$$\boldsymbol{j}_d=\frac{P}{B^2}\boldsymbol{b}\times\nabla B \tag{3.129}$$

将式（3.126）和式（3.129）相加，可得：

$$j=\boldsymbol{b}\times\frac{\nabla p}{B}=\frac{\boldsymbol{B}\times\nabla p}{B^2} \tag{3.130}$$

这正是等离子体平衡所要求的电流，也是我们在前面提到的逆磁漂移电流。

5. z－箍缩等离子体的平衡

对于 z－箍缩等离子体，纵向磁场为零，$B_z=0$，只有角向磁场 $B_\theta=B$。由方程（3.119），其平衡条件为：

$$\frac{\mathrm{d}p(r)}{\mathrm{d}r}=-\frac{B}{\mu_0 r}\frac{\mathrm{d}(rB)}{\mathrm{d}r} \tag{3.131}$$

将上式两边同乘以 r^2，再对 r 从 $r=0$ 积分到等离子体柱的半径 $r=a$，可得：

$$(r^2p)_{r=a}-2\int_0^a rp\mathrm{d}r=-\frac{1}{2\mu_0}(rB)_{r=a}^2 \tag{3.132}$$

等离子体的压强在边界处为零，可得：

$$2\int_0^a rp\mathrm{d}r=\frac{1}{2\mu_0}(rB)_{r=a}^2 \tag{3.133}$$

另外，由安培定律（3.118），可得：

$$\mu_0 j=\frac{1}{r}\frac{\mathrm{d}}{\mathrm{d}r}(rB) \tag{3.134}$$

将上式两边同乘以 r，再对 r 从 $r=0$ 积分到等离子体柱的半径 $r=a$，可得：

$$(rB)_{r=a}=\mu_0\int_0^a rj(r)\mathrm{d}r \tag{3.135}$$

方程(3.135)的右边正比于等离子体中的总电流,可表示为:

$$I_0 = 2\pi \int_0^a rj(r)\,\mathrm{d}r \tag{3.136}$$

综合式(3.133)、式(3.135)、式(3.136),可得:

$$2\int_0^a rp\mathrm{d}r = \frac{\mu_0^2}{2\mu_0}\frac{I_0^2}{4\pi^2} = \frac{\mu_0 I_0^2}{8\pi^2} \tag{3.137}$$

引入平均压强,可表示为:

$$\langle p\rangle = \frac{1}{\pi a^2}\int_0^a 2\pi rp\mathrm{d}r = \frac{2}{a^2}\int_0^a rp\mathrm{d}r = \frac{\mu_0 I_0^2}{8\pi^2 a^2} \tag{3.138}$$

平衡方程(3.137)可以改写为:

$$I_0^2 = 8\pi^2 a^2\langle p\rangle/\mu_0 \tag{3.139}$$

这个方程表明,为了使 z - 箍缩等离子体达到力学平衡,等离子体中的总电流的平方正比于等离子体压强在截面的平均值。

若等离子体的温度均匀,并且处于热平衡,可得:

$$p = n_e(r)T + n_i(r)T = n_e(r)T\left(1 + \frac{1}{Z}\right) \tag{3.140}$$

式中,Z 是离子的电离度;n_e、n_i 是电子和离子的数密度。我们最终有

$$I_0^2 = 16\pi^2 T\left(1 + \frac{1}{Z}\right)\int_0^a n_e(r)r\mathrm{d}r/\mu_0 = 8\pi T\left(1 + \frac{1}{Z}\right)N_e \tag{3.141}$$

式中,$N_e = 2\pi\int_0^a n_e r\mathrm{d}r$,是电子的线密度。

习题 3

1. 以流体质量为拉格朗日坐标,写出一维球对称情形下的连续性方程和动量方程的拉格朗日形式。

2. 试证明,通过跟随完全导电流体一起运动的任何封闭回线所围成的曲面的磁通量是常数。

3. 试论证,完全导电流体中初始位于磁力线上的流体元以后继续位于该磁力线上。

4. 导出磁场在有限电导率的稀薄等离子体中的扩散方程。

5. 如果不忽略位移电流,重新导出磁场扩散方程。

6. 试推导出感应方程并给出磁黏性系数的量纲。

7. 由静磁流体力学方程组推出$(\boldsymbol{B}\cdot\nabla)\boldsymbol{j} = (\boldsymbol{j}\cdot\nabla)\boldsymbol{B}$,$\nabla\cdot(\boldsymbol{B}\times\nabla p) = \boldsymbol{0}$。

第4章

等离子体中的波

等离子体是一种由大量带电粒子组成的连续介质，而波动现象普遍存在于连续介质中。等离子体的特点就是其能与电磁场相互作用，等离子体波就是相互作用形成的一种运动形式。在等离子体中，热压力、静电力和电磁力对等离子体的扰动能够起到弹性恢复的作用，从而使扰动在介质中传播，形成等离子体波。

等离子体波是在对天体电场信号测量研究的基础上发

展起来的。在此后的研究发展中发现，等离子体波对受控聚变和空间等离子体研究都十分重要。例如，在聚变研究中，等离子体波的不稳定性、波加热、波电流驱动和等离子体中各参数的测量及诊断，都与等离子体中的波动现象紧密相关。

通常有两种不同的方法用于等离子体波的描述。第一种方法是等离子体波的流体描述。与普通流体相比，等离子体是电子和离子组成的连续介质，利用其电导率或者节点常数描述介质的性质。等离子体的双流体方程和麦克斯韦方程组联立能够求得等离子体的介电常数，再通过波动方程讨论等离子体波的性质。此外，针对各个具体的波，可以不去求解等离子体介电常数，直接将流体方程和麦克斯韦方程联立求解。在方程组求解之前，需要先从物理上考虑与波相关的各种因素，用于从确定的方程组中略去不重要的项，从而达到简化方程的目的，求解方程并讨论该波的性质。第二种方法是将麦克斯韦方程组和带电粒子速度分布的运动方程联立求解，这种方法的特点是能够研究各种波和粒子的共振等，并且在此基础上发展形成了等离子体动理学理论。

本章主要介绍等离子体的流体描述。按照等离子体波的扰动幅度，等离子体波可分为线性波和非线性波。线性波是小振幅扰动的波，用线性偏微分方程组描述。由于线性方程组的解满足叠加原理，因此能够采用傅里叶分析的方法进行研究。而非线性波是大振幅扰动的波，主要通过非线性偏微分方程组描述。本章中主要讨论等离子体中的线性波。

4.1 等离子体波的概念

为了方便计算，波的表述方法采用单一频率平面波，可表示为：

$$\boldsymbol{E}(\boldsymbol{r},t)=E_0\cos(\boldsymbol{k}\cdot\boldsymbol{r}-\omega t) \tag{4.1}$$

式中，ω 为角频率。它是平面波中最简单的一种。假设此平面波沿 x 方向传播，则波矢 $\boldsymbol{k}$ 只有 x 方向的分量，可以表示为：

$$E(x,t)=E_0\cos(kx-\omega t) \tag{4.2}$$

对于固定的 ωt，当 kx 每增加 2π 时，E 值会重复出现；k 为波数，其大小为 $k=2\pi/\lambda$，λ 为平面波的波长，表示在一个周期内振动状态传播的距离；$kx-\omega t$ 表示平面波的相位。通过公式可以看到，在不同的空间点上，E 值除随时间变化外，还与各点的相位相互联系。

1. 波的相速度

波的常相位点是运动的，如果波是沿着 x 轴方向传播的，对于常相位点，满足：

$$\frac{\mathrm{d}\varphi}{\mathrm{d}t}=\frac{\mathrm{d}}{\mathrm{d}t}(\boldsymbol{k}\cdot\boldsymbol{r}-\omega t)=\frac{\mathrm{d}}{\mathrm{d}t}(kx-\omega t)=0 \tag{4.3}$$

即其随时间的变化值为常量。对时间求导，可得：

$$\frac{\mathrm{d}\varphi}{\mathrm{d}t}=k\frac{\mathrm{d}x}{\mathrm{d}t}-\omega=0 \tag{4.4}$$

还可以表示为：

$$v_p = \frac{d\varphi}{dt} = \frac{dx}{dt} = \frac{\omega}{k} \tag{4.5}$$

式中，v_p 称为波的相速度，物理含义为相位恒常点运动的速度，也就是振动状态传播的速度。

2. 波的群速度

众所周知，实际中所遇到的波不是单色的，而是以不同频率、不同波长的波按照不同振幅的叠加。这样合成的波称为波群，其包络线称为波包。波包的场局限在空间很小的范围内，波包的整体运动速度即为波的群速度。

波包是一种振幅调制的波，它携带着波的信息和能量，以群速度在介质内传播，并且由狭义相对论可知波的群速度不能超过光速。为不失一般性，假设不同波长的平面波沿着 x 方向传播，可将其表示为：

$$\boldsymbol{E}(\boldsymbol{r},t) = \sum_j \boldsymbol{E}(\boldsymbol{k}_j,\omega_j)\,e^{i(\boldsymbol{k}_j\cdot\boldsymbol{r}-\omega_j t)} \tag{4.6}$$

如果 $\boldsymbol{k}$ 和 ω 都是连续变化的，则可以将上式表示为：

$$\boldsymbol{E}(\boldsymbol{r},t) = \iint \boldsymbol{E}(\boldsymbol{k},\omega)\,e^{i(\boldsymbol{k}\cdot\boldsymbol{r}-\omega t)}\,d\boldsymbol{k}\,d\omega \tag{4.7}$$

假设振幅相等并且频率和波长非常接近的两个平面波 E_1 和 E_2 的表示如下：

$$\begin{aligned} E_1 &= E_0\cos[(k+\Delta k)x-(\omega+\Delta\omega)t] \\ E_2 &= E_0\cos[(k-\Delta k)x-(\omega-\Delta\omega)t] \end{aligned} \tag{4.8}$$

为方便计算，设 $m = kx - \omega t$，$n = \Delta kx - \Delta\omega t$，两个平面波叠加以后可得：

$$E = E_1 + E_2 = E_0\cos(m+n) + E_0\cos(m-n) = 2E_0\cos(\Delta kx-\Delta\omega t)\cos(kx-\omega t) \tag{4.9}$$

上式中波的包络线由 $\cos(\Delta kx - \Delta\omega t)$ 给出，它携带波的信息传播，其传播速度为调制波包络中不变振幅的点的传播速度。由 $d(\Delta kx-\Delta\omega t)/dt = 0$，并且当 $\Delta k\to 0$ 时，计算能够得到：

$$\frac{dx}{dt} = \frac{d\omega}{dk} = v_g \tag{4.10}$$

式中，v_g 为传播的波包的群速度。相速度能够超过光速，但是群速度不能超过光速。这是因为相速度是指恒常相位点的移动速度，它不携带任何波的信息；但是群速度所表示的是波所携带的信息在空间传播速度的大小，它是一个真实的物理过程。

3. 波的色散关系

通过相速度公式和群速度公式联立求解可得：

$$v_g = v_p + k\frac{\mathrm{d}v_p}{\mathrm{d}k} \tag{4.11}$$

或者能够表示为：

$$v_g = v_p - \lambda\frac{\mathrm{d}v_p}{\mathrm{d}\lambda} \tag{4.12}$$

通过 v_p 和 v_g 之间的关系，可以定义介质的色散关系。如果波在介质中传播时相速度与波长有关，则称该介质为色散介质；如果相速度与波长没有关系，则为非色散介质。根据色散关系，可得：

①如果 $\mathrm{d}v_p/\mathrm{d}\lambda > 0$，则 $v_g < v_p$，称为正常色散；

②如果 $\mathrm{d}v_p/\mathrm{d}\lambda < 0$，则 $v_g > v_p$，称为反常色散；

③如果 $\mathrm{d}v_p/\mathrm{d}\lambda = 0$，则 $v_g = v_p$，称为无色散。

4. 波的偏振

波的偏振（或者极化）是波的一种重要特性，是指空间某固定点的波矢量 $\boldsymbol{E}$ 的端点在一个周期时间的轨迹。

为不失一般性，假设电磁波沿着 x 方向传播，其电场可以表示为：

$$\boldsymbol{E}(x,t) = (E_y\boldsymbol{e}_y + E_z\boldsymbol{e}_z)\mathrm{e}^{\mathrm{i}(kx-\omega t)} \tag{4.13}$$

式中，$E_y = E_{y0}\mathrm{e}^{\mathrm{i}\alpha}$，$E_z = E_{z0}\mathrm{e}^{\mathrm{i}\beta}$，即 E_y 和 E_z 都为复振幅。如果假设 $\beta - \alpha = \phi$，则上式可以写为：

$$\boldsymbol{E}(x,t) = (E_{y0}\boldsymbol{e}_y + E_{z0}\mathrm{e}^{\mathrm{i}\phi}\boldsymbol{e}_z)\mathrm{e}^{\mathrm{i}(kx-\omega t+\alpha)} \tag{4.14}$$

上式可以表示在一般情况下每个固定点上的电场矢量 $\boldsymbol{E}$ 随时间在垂直于 x 轴的平面内地旋转，其轨迹为一个椭圆。如果取 $\phi = \pm\pi/2$，则上式可以改写为：

$$\boldsymbol{E}(x,t) = (E_{y0}\boldsymbol{e}_y \pm \mathrm{i}E_{z0}\boldsymbol{e}_z)\mathrm{e}^{\mathrm{i}(kx-\omega t+\alpha)} \tag{4.15}$$

从而能够得到两个电场分量的实部为：

$$\begin{aligned} E_{yr}(x,t) &= E_{y0}\cos(kx-\omega t+\alpha) \\ E_{zr}(x,t) &= \mp E_{z0}\sin(kx-\omega t+\alpha) \end{aligned} \tag{4.16}$$

将上面两式平方并且联立后可得：

$$\frac{E_{yr}^2}{E_{y0}^2} + \frac{E_{zr}^2}{E_{z0}^2} = 1 \tag{4.17}$$

上式为一个椭圆方程的表达式，称对应的波为椭圆偏振波，如图4.1所示。对上述公式的两种特殊情况做如下讨论：

当 $E_{y0}=E_{z0}$时，即两电场分量的振幅相等时，为圆偏振波，矢量 $\boldsymbol{E}$ 有两个不同的旋转方向。

①当 $E_{zr}(x,\ t)$ 取正号时，电场分量满足 $E_y/E_z=-\mathrm{i}$ 时，若沿着波的传播方向观察，矢量 $\boldsymbol{E}$ 是向左旋转的，称对应的波为左旋圆偏振波。

②当 $E_{zr}(x,\ t)$ 取负号时，电场分量满足 $E_y/E_z=\mathrm{i}$ 时，矢量 $\boldsymbol{E}$ 是向右旋转的，称对应的波为右旋圆偏振波。

当 $\varphi=2\pi n$（其中 n 为整数）时，经过上面相同的计算过程，可得：

$$\frac{E_{yr}}{E_{y0}}=\frac{E_{zr}}{E_{z0}} \tag{4.18}$$

矢量 $\boldsymbol{E}$ 的矢端始终都是在一条直线上，所以对应的波称为线偏振波，又称为平面偏振波，如图 4.2 所示。

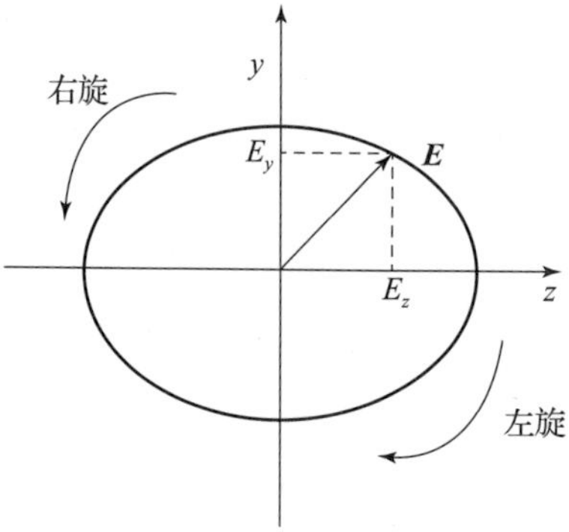

图 4.1　椭圆偏振波

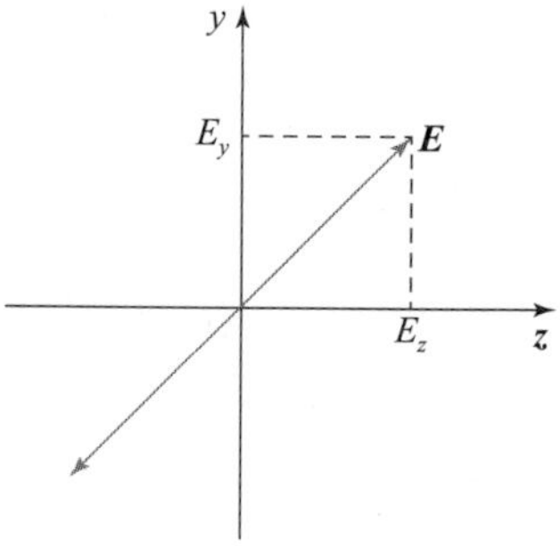

图 4.2　线偏振波

4.2　电子静电波

等离子体集体运动的重要特性之一是等离子体静电振荡。我们利用等离子体的双流体运动方程，来研究等离子体的静电振荡及其传播所形成的静电波。

如果在原来电中性的等离子体中，有一部分电子受到扰动，沿正 z 轴方向偏离，破坏了电中性，因而产生了静电场 $\boldsymbol{E}$，这个场提供了恢复力，力图把这部分电子拉回原来的位置，以恢复电中性。但由于电子的惯性，当它回到扰动前的位置时，还会继续向负 z 轴方向运动，又产生反方向的偏离，这样反复进行，于是形成电子静电振荡。

电子静电振荡是一种高频振荡。由于离子的质量比电子的大得多，它对高频振荡几乎不响应，所以可以把离子近似地看成一种均匀的正电荷背景，这样可以把电子单独作为一种流体，研究电子流体运动。

假定等离子体温度很低（$T_e \approx 0$），是一种冷等离子体，电子的热运动可以忽略，即电子的热压力$\nabla p_e \approx 0$。设电子电荷为 $-e$，质量为 m_e，粒子数密度为 $n_e(\boldsymbol{r}, t)$，流体运动速度为 $\boldsymbol{u}_e(\boldsymbol{r}, t)$，由双流体运动方程组的电子流体的力学方程为：

$$\frac{\partial n_e}{\partial t} + \nabla \cdot (n_e \boldsymbol{u}_e) = 0 \tag{4.19}$$

$$m_e n_e \left(\frac{\partial \boldsymbol{u}_e}{\partial t} + \boldsymbol{u}_e \cdot \nabla \boldsymbol{u}_e \right) = -e n_e \boldsymbol{E} \tag{4.20}$$

式（4.20）中没有列入电子的热压强项（因为冷等离子体，$\nabla p_e \approx 0$）和外磁场的作用；又因为电子振荡频率比电子 - 离子碰撞频率高得多，所以碰撞摩擦阻力 $\boldsymbol{R}_{ei}$ 也被忽略。其中，电场 $\boldsymbol{E}$ 是电子运动产生的电荷分离引起的，它满足方程：

$$\nabla \cdot \boldsymbol{E} = -e(n_e - n_0)/\varepsilon_0$$

式中，n_0 为离子的均匀密度（设 $Z=1$）。现在只讨论小振幅的振荡，令：

$$\begin{cases} n_e = n_0 + n_{e1}(\boldsymbol{r}, t) \\ \boldsymbol{u}_e = \boldsymbol{u}_{e1}(\boldsymbol{r}, t) \\ \boldsymbol{E} = \boldsymbol{E}_1(\boldsymbol{r}, t) \end{cases} \tag{4.21}$$

式中，以下角标“0”表示平衡状态的量，下角标“1”表示小的扰动量。只保留一级小量，则得线性化方程组：

$$\begin{cases} \dfrac{\partial n_{e1}}{\partial t} + n_0 \nabla \cdot \boldsymbol{u}_{e1} = 0 \\ m_e \dfrac{\partial \boldsymbol{u}_{e1}}{\partial t} = -e \boldsymbol{E}_1 \\ \nabla \cdot \boldsymbol{E}_1 = -e n_{e1}/\varepsilon_0 \end{cases} \tag{4.22}$$

设扰动发生在 z 轴方向，这时 $\boldsymbol{u}_{e1}$，$\boldsymbol{E}_1$ 也沿 z 轴方向，取平面波解：

$$(n_{e1}, u_{e1}, E_1) \propto \mathrm{e}^{\mathrm{i}(kz - \omega t)} \tag{4.23}$$

将它代入线性化方程组（4.22），得：

$$\begin{cases} -\mathrm{i}\omega n_{e1} + \mathrm{i} n_0 k u_{e1} = 0 \\ -\mathrm{i} m_e \omega u_{e1} = -e E_1 \\ \mathrm{i} k E_1 = -e n_{e1}/\varepsilon_0 \end{cases} \tag{4.24}$$

注意，今后对 $\exp[\mathrm{i}(kx - \omega t)]$ 的时间、空间微商，只需做如下替换：

$$\frac{\partial}{\partial t} \to -\mathrm{i}\omega, \nabla \to \mathrm{i}k \tag{4.25}$$

在式（4.24）的3个未知量 n_{e1}，u_{e1}，E_1 中，任意消去其中两个，例如消去 n_{e1}，E_1，则得：

$$(\omega^2 - n_0e^2/m_e\varepsilon_0)u_{e1} = 0 \tag{4.26}$$

由此得 u_{e1} 非零解条件：

$$\omega^2 - n_0e^2/m_e\varepsilon_0 = 0 \tag{4.27}$$

上式称为色散关系，其中 ω 与 k 无关，则群速度 $v_g = \mathrm{d}\omega/\mathrm{d}k = 0$，表明电子振荡不能在介质中传播，它只是一种局部的静电振荡，其振荡频率：

$$\omega = \omega_{pe} = \sqrt{\frac{n_0e^2}{m_e\varepsilon_0}} \tag{4.28}$$

式中，ω_{pe} 为电子振荡频率，也称为电子等离子体频率。这是因为 ω_{pe} 只与等离子体的密度、电子质量、电荷有关，所以它也是等离子体的特征频率。相应的振荡周期 $T = 2\pi/\omega_{pe}$ 可作为衡量等离子体准电中性的特征时间。

对于热核等离子体，电子振荡频率 $\omega_{pe} \sim 10^{12}$，而电子－离子碰撞频率 $\nu_{ei} \sim 10^4$，$\omega_{pe} \gg \nu_{ei}$，因此，在电子运动方程中，忽略碰撞项的贡献（摩擦阻力 $\boldsymbol{R}_{ei}$）是合理的。

上面已经讨论了等离子体中的电子静电振动，并且已经指出静电振动是不能传播的。这是因为在电子运动方程中只考虑了电场的恢复力，而略去了热压强项和其他力的作用。如果考虑等离子体中电子的温度不为零，则电子由于热压而运动，电子静电振荡可以传播出去，并且可以将该振荡区域的信息传播到临近的区域，使临近区域也发生振荡，这就是电子等离子体波或者朗谬尔波，也称为电子静电波，或者称为空间电荷波。

为了研究电子静电波的传播，比较完整的电子流体运动方程组如下：

$$\frac{\partial n_e}{\partial t} + \nabla \cdot (n_e\boldsymbol{u}_e) = 0 \tag{4.29}$$

$$m_en_e\left[\frac{\partial \boldsymbol{u}_e}{\partial t} + (\boldsymbol{u}_e \cdot \nabla)\boldsymbol{u}_e\right] = -en_e(\boldsymbol{E} + \boldsymbol{u}_e \times \boldsymbol{B}) - \nabla p_e \tag{4.30}$$

此外，麦克斯韦方程组为：

$$\begin{cases} \nabla \cdot \boldsymbol{E} = -\dfrac{e(n_e - n_0)}{\varepsilon_0} \\ \nabla \cdot \boldsymbol{B} = 0 \\ \nabla \times \boldsymbol{E} = -\dfrac{\partial B}{\partial t} \\ \nabla \times \boldsymbol{B} = -\mu_0en_e\boldsymbol{u}_e + \dfrac{1}{c^2}\dfrac{\partial \boldsymbol{E}}{\partial t} \end{cases} \tag{4.31}$$

在上面各个方程中，n_0 为离子的密度，n_e 为电子的密度，m_e 为电子的质量。并且在运动方程组中已经考虑了电子的热压强和磁场的作用，在麦克斯韦方程组中已经考虑了电荷密度 $\boldsymbol{\rho}_e = -e(n_e - n_0)$ 和电子的电流密度 $\boldsymbol{j} = -en_e\boldsymbol{u}_e$ 对电场和磁场的贡献。在公式推导中，假设不存在外加磁场，并且在平衡时流体是静止的和电中性的。现在只考虑整个体系存在偏离平衡态的一个很小的扰动。在上述假设的基础上，联立求解两个方程组并且只保留各个方程中一阶小量，可以得到线性方程组如下：

$$\begin{cases}\dfrac{\partial n_{e1}}{\partial t} + n_0 \nabla \cdot \boldsymbol{u}_{e1} = 0 \\ \dfrac{\partial \boldsymbol{u}_{e1}}{\partial t} + \dfrac{e}{m_e}\boldsymbol{E}_1 + \dfrac{1}{m_e n_0}\nabla p_e = 0 \\ \nabla \cdot \boldsymbol{E}_1 + \dfrac{en_{e1}}{\varepsilon_0} = 0 \\ \nabla \cdot \boldsymbol{B}_1 = 0 \\ \nabla \times \boldsymbol{E}_1 = -\dfrac{\partial \boldsymbol{B}_1}{\partial t} \\ \nabla \times \boldsymbol{B}_1 - \dfrac{1}{c^2}\dfrac{\partial \boldsymbol{E}_1}{\partial t} + \mu_0 e n_0 \boldsymbol{u}_{e1} = 0\end{cases} \tag{4.32}$$

在上面公式中，右下角标带 1 表示是所保留的一阶小量。要使上述方程组闭合，还需要增加联系 p 和 n 的关系。如果波长比一个周期内的电子运动的距离大得多，即长波近似，这就使得波的相速度比电子的平均热速度大很多，从而可以认为过程是绝热过程。因此，就可以通过绝热状态方程将 p 和 n 联系起来：

$$\frac{\mathrm{d}(p_e n_e^{-\gamma})}{\mathrm{d}t} = 0,\ p_e = n_e T_e \tag{4.33}$$

式中，T_e 为电子温度；γ 为比热容。在等温过程中，$\gamma = 1$，压力项能够表示为：

$$-\nabla p_e = -\nabla(T_e n_e) = -T_e \nabla n_e \tag{4.34}$$

在绝热过程中，温度 T_e 也会发生变化，此时压强梯度表示为：

$$\nabla p_e = n_e \nabla T_e + T_e \nabla n_e = \gamma T_e \nabla n_e \tag{4.35}$$

式中，γ 可以表示为：

$$\gamma = \frac{2 + d}{d} \tag{4.36}$$

d 为自由度。在研究电子静电波的性质时，电子在一个周期内的运动距离比波长要小很多，即 $\omega/k \gg v_{the}$，v_{the} 为电子的热速度。考虑密度振荡是一维的，并且假定碰撞频率比振荡频率小很多，在一个振荡周期内沿波的传播方向的压缩所引起的能量变化不会均分到另外两个方向上，所以可以认为波的传播过程是一维绝热过程，所以取 $d=1$，则 $\gamma=3$。此时热压力项可以表示为：

$$\nabla p_e = 3m_e v_{the}^2 \nabla n_e = 3m_e v_{the}^2 \nabla n_{e1} \tag{4.37}$$

式中，$v_{the}=\sqrt{T_e/m_e}$，为电子的特征热速度，电子密度为 $n_e=n_0+n_{e1}$，n_{e1} 为密度扰动，$\nabla n_0=0$。将式（4.37）代入线性方程组中，并且假定所有的扰动量也都具有 $e^{i(\boldsymbol{k}\cdot\boldsymbol{r})-\omega t}$ 的变化形式，联立后，线性方程组为：

$$\begin{cases} -\omega n_{e1}+n_0\boldsymbol{k}\cdot\boldsymbol{u}_{e1}=0 \\ -i\omega\boldsymbol{u}_{e1}+\dfrac{e\boldsymbol{E}_1}{m_e}+i\dfrac{3n_{e1}}{n_0}v_{the}^2\boldsymbol{k}=0 \\ i\boldsymbol{k}\cdot\boldsymbol{E}_1+\dfrac{en_{e1}}{\varepsilon_0}=0 \\ \boldsymbol{k}\cdot\boldsymbol{B}_1=0 \\ \boldsymbol{k}\times\boldsymbol{E}_1=\omega\boldsymbol{B}_1 \\ k\times\boldsymbol{B}_1+\dfrac{\omega\boldsymbol{E}_1}{c^2}-i\mu_0n_0\boldsymbol{u}_{e1}=0 \end{cases} \tag{4.38}$$

如果 $\boldsymbol{u}_{e1}/\!/\boldsymbol{k}$，$\boldsymbol{E}_1/\!/\boldsymbol{k}$，前三个方程可写为：

$$\begin{cases} -\omega n_{e1}+n_0ku_{e1}=0 \\ -i\omega u_{e1}+\dfrac{eE_1}{m_e}+i\dfrac{3n_{e1}}{n_0}v_{the}^2k=0 \\ ikE_1+\dfrac{en_{e1}}{\varepsilon_0}=0 \end{cases} \tag{4.39}$$

方程联立，并且消去 E_1，n_{e1} 后可得色散关系为：

$$\omega^2=\omega_{pe}^2+3v_{the}^2k^2 \tag{4.40}$$

上式即为电子静电波的色散关系，即如果考虑电子受到的热压力，则电子的静电振荡就能够在等离子体中传播，从而形成电子静电波。并且从电子静电波的色散关系可得，只有在其频率大于等离子体的频率时（即 $\omega>\omega_{pe}$），电子静电波才能传播，否则波的传播会截止。另外，还能够得到电子静电波的相速度为：

$$v_p=\frac{\omega}{k}=\left(\frac{\omega_{pe}^2}{k^2}+3v_{the}^2\right)^{1/2} \tag{4.41}$$

电子静电波的色散关系如图 4.3 所示。

①当 $\omega>\omega_{pe}$ 时，电子静电波能够在等离子体中传播。

②当 $\omega=\omega_{pe}$ 时，电子静电波在等离子体中传播截止，波不能够在等离子体中传播。

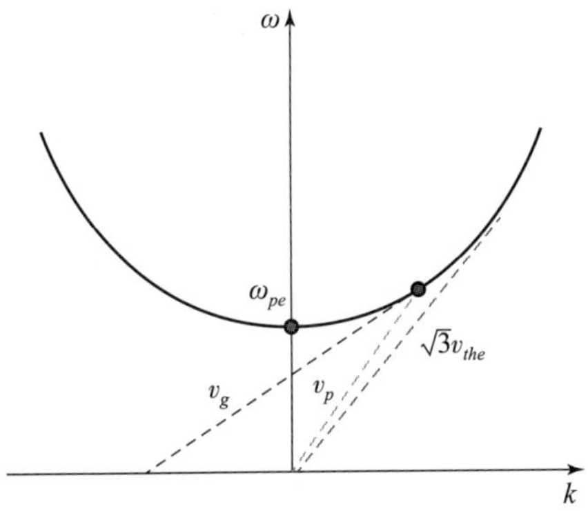

图 4.3　电子静电波的色散关系

③当 $k \to \infty$ 时，曲线所趋近的渐近线的斜率为 $\sqrt{3}v_{the}$，并且还能够得到此时电子静电波的群速度与相速度相等，即

$$v_g = v_p = \sqrt{3}v_{the} \tag{4.42}$$

4.3　离子静电波

前面讨论的是高频静电波，离子不响应，只是电子的静电振荡及其静电波。现在讨论低频情况，$\omega \leqslant \omega_{pi} \leqslant \omega_{pe}$，这里 $\omega_{pi} = \sqrt{n_0 e^2/(\varepsilon_0 m_i)}$，为离子等离子体频率，$m_i$ 为离子质量。因为频率比较低，离子运动是主要的，为保持等离子体的电中性，电子是竭力地跟随离子运动，因此要描述低频振荡及其波的传播，电子、离子运动都得考虑。需用如下方程组：

$$\begin{cases} \dfrac{\partial n_e}{\partial t} + \nabla \cdot (n_e u_e) = 0 \\ m_e n_e \left(\dfrac{\partial u_e}{\partial t} + u_e \cdot \nabla u_e \right) = -\gamma_e T_e \nabla n_e - e n_e E \\ \dfrac{\partial n_i}{\partial t} + \nabla \cdot (n_i u_i) = 0 \\ m_i n_i \left(\dfrac{\partial u_i}{\partial t} + u_i \cdot \nabla u_i \right) = -\gamma_i T_i \nabla n_i + e n_i E \\ \nabla \cdot E = e(n_i - n_e)/\varepsilon_0 \end{cases} \tag{4.43}$$

式中，角标 i，e 分别代表离子和电子，离子的 $Z=1$。式（4.43）中的第 2，4 个方程已取 $B=0$，并忽略碰撞摩擦力项，而且右方第一项（$-\nabla p$）应用了由绝热状态方程得到的关系式，最后一项是电荷分离产生的电场。

现在对方程组（4.43）进行线性化处理，即扰动量都为一级小量，并加下标“1”表示，其中只保留一级小量项，如 $n_e = n_0 + n_{e1}$，$n_i = n_0 + n_{i1}$，$u_e = u_{e1}$，$u_i = u_{i1}$，$E = E_1$，则得：

$$\begin{cases} \dfrac{\partial n_{e1}}{\partial t} + n_0 \nabla \cdot u_{e1} = 0 \\ m_e n_0 \dfrac{\partial u_{e1}}{\partial t} = -\gamma_e T_e \nabla n_{e1} - e n_e E_1 \\ \dfrac{\partial n_{i1}}{\partial t} + n_0 \nabla \cdot u_{i1} = 0 \\ m_i n_0 \dfrac{\partial u_{i1}}{\partial t} = -\gamma_i T_i \nabla n_{i1} + e n_0 E_1 \\ \nabla \cdot E_1 = e(n_{i1} - n_{e1})/\varepsilon_0 \end{cases} \tag{4.44}$$

现在分两种情况讨论：

1. 离子声波

当 $\lambda \geqslant \lambda_{De}$时，即 $k\lambda_{De} \ll 1$ 时，λ_{De}是电子德拜屏蔽距离，这是低频长波的情况，即波长比德拜屏蔽距离大很多，其特点是当离子受到扰动时，电子强烈地恢复电中性倾向，可以认为等离子体保持准电中性，$n_{i1} = n_{e1}$，这时电子、离子一起运动，但离子是主要的，因此方程组（4.44）中第 1，5 个方程不必要了，第 2 个方程中的电子惯性可以忽略，这样只需要保留如下 3 个方程：

$$\begin{cases} \gamma_e T_e \nabla n_{e1} + e n_e E_1 = 0 \\ \dfrac{\partial n_{i1}}{\partial t} + n_0 \nabla \cdot u_{i1} = 0 \\ m_i n_0 \dfrac{\partial u_{i1}}{\partial t} = -\gamma_i T_i \nabla n_{i1} + e n_0 E_1 \end{cases} \tag{4.45}$$

方程（4.45）的求解方法与电子静电波完全类似，现在需要求解的是 $n_{i1} = n_{e1}$，E_1，u_{i1}，它们具有相同的传播因子 $\exp[\mathrm{i}(kx - \omega t)]$，将传播因子的时间、空间微商结果代入式（5.2.28），消去 E_1，u_{i1}后，得：

$$\left[\omega^2 - \left(\frac{\gamma_i T_i + \gamma_e T_e}{m_i}\right) k^2\right] n_{i1} = 0 \tag{4.46}$$

由此得色散关系：

$$\omega^2 = v_s^2 k^2 \tag{4.47}$$

式中，

$$v_s=\left(\frac{\gamma_i T_i+\gamma_e T_e}{m_i}\right)^{1/2} \tag{4.48}$$

式（4.47）为离子声波色散关系，v_s 是离子声速。由式（4.47）可得离子声波的相速度与群速度：

$$v_p=\omega/k=v_s,\ v_g=\mathrm{d}\omega/\mathrm{d}k=v_s=v_p \tag{4.49}$$

结果表明：离子声波的相速度与群速度相等，而且就是离子声速 v_s，表达 v_s 的式（4.49）与普通的中性气体的声速 c_s 相似：

$$c_s=\sqrt{\gamma p_0/\rho_0}=\sqrt{\gamma T/m} \tag{4.50}$$

式中，对于中性气体，压强 $p_0=nT$，质量密度 $\rho_0=nm$，但也有不同，在普通气体中，当 $T=0$ 时，$c_s=0$，即普通声波不存在；而对于等离子体，因为其中含有两种流体，当 $T_i=0$ 而 $T_e\neq 0$ 时，$v_s=\sqrt{\gamma_e T_e/m_i}\neq 0$，离子声波仍然存在，这是因为 $T_e\neq 0$，电子运动还有影响。

对离子声波的物理机制再做些说明：从式（4.45）的第3个方程看到，离子声波有两项驱动力：第1项是离子热压力，反映在离子声波中的 $\gamma_i T_i/m_i$ 项，当离子密度受扰动出现疏密变化时，热压力会使离子从稠密区域扩散，以恢复密度平衡；第2项是电荷分离的静电力，因为电子跟随离子运动时，不可能完全屏蔽电子，仍有微小的电场 E_1，这通过式（4.45）的第1个方程反映在离子声速中的 $\gamma_e T_e/m_i$ 项，这项静电力 E_1 也会驱动离子从密度稠密区域向稀疏区域运动，使离子密度恢复平衡。当然，这两种驱动力不可能使离子密度达到平衡后立刻终止，而会因为离子运动的惯性再次不平衡，并继续在不平衡、平衡间往复，从而形成离子声波的传播。因此，即使离子温度 $T_i=0$，第1项驱动力不存在，但还有第2项驱动力（$\gamma_e T_e/m_i$），所以离子声波仍然存在，普通中性气体就没有这项驱动力，所以，当 $T=0$ 时，普通声波就不存在了。

当 $T_i\approx T_e$ 时，离子声速 $v_s=\sqrt{2T_i/m_i}$ 与离子特征热速度 $v_{ti}=\sqrt{T_i/m_i}$ 相近，由动理学理论可以证明，这时波与离子运动发生强烈相互作用，离子声波传播时受到强阻尼，因而很快衰减，这一机制对离子加热有利。

因此，离子声波存在条件：

①$\lambda\geqslant\lambda_{De}$，即 $k\lambda_{De}\ll 1$，这样保证等离子体准电中性。

②$T_i\ll T_e$，这样离子声波才不受到强阻尼。

2. 离子静电波

当 $\lambda\leqslant\lambda_{De}$，即 $k\lambda_{De}\gg 1$ 时，是低频短波情况，即波长比德拜屏蔽距离小很多，这时存在电荷分离，$n_{i1}\neq n_{e1}$，等离子体准电中性不成立，因此式（4.46）

方程组中需要保留方程：

$$\nabla \cdot E_1 = e(n_{i1} - n_{e1})/\varepsilon_0 \quad (n_{i1} \neq n_{e1}) \tag{4.51}$$

相应地，在式（4.47）中应增加一个方程：

$$\mathrm{i}kE_1 = e(n_{i1} - n_{e1})\varepsilon_0 \tag{4.52}$$

现在共有 4 个方程：

$$\begin{cases} \gamma_e T_e \nabla n_{e1} + en_e \boldsymbol{E_1} = 0 \\ \dfrac{\partial n_{i1}}{\partial t} + n_0 \nabla \cdot \boldsymbol{u_{i1}} = 0 \\ m_i n_0 \dfrac{\partial \boldsymbol{u_{i1}}}{\partial t} = -\gamma_i T_i \nabla n_{i1} + en_0 \boldsymbol{E_1} \\ \nabla \cdot \boldsymbol{E_1} = e(n_{i1} - n_{e1})/\varepsilon_0 \end{cases} \tag{4.53}$$

显然，$\boldsymbol{E}_1$，$\boldsymbol{u}_{i1}$，$\boldsymbol{k}$ 相互平行，而且都具有相同的传播因子 $\exp[\mathrm{i}(kx - \omega t)]$，则式（4.53）化为：

$$\begin{cases} \mathrm{i}k\gamma_e T_e \nabla n_{e1} + en_0 E_1 = 0 \\ -\mathrm{i}\omega n_{i1} + \mathrm{i}n_0 k u_{i1} = 0 \\ -\mathrm{i}\omega m_i n_0 u_{i1} = -\mathrm{i}k\gamma_i T_i n_{i1} + en_0 E_1 \\ \mathrm{i}kE_1 = e(n_{i1} - n_{e1})/\varepsilon_0 \end{cases} \tag{4.54}$$

由式（4.54）的第 1，4 式，解得：

$$n_{e1} = \frac{1}{(1 + \gamma_e k^2 \lambda_{De}^2)} n_{i1} \xrightarrow{k\lambda_{De} \ll 1} n_{i1} \tag{4.55}$$

由此可见，当 $k\lambda_{De} \ll 1$（低频长波）时，$n_{i1} \approx n_{e1}$，即保持电中性；当 $k\lambda_{De} \gg 1$（低频短波）时，$n_{i1} \neq n_{e1}$，自然也包含了低频长波情况。

由包含电荷分离效应的式（4.53），得到色散关系：

$$\omega^2 = k^2 \left[\frac{\gamma_i T_i}{m_i} + \frac{\gamma_e T_e}{m_i(1 + \gamma_e k^2 \lambda_{De}^2)} \right] \xrightarrow{k\lambda_{De} \ll 1} v_s^2 k^2 (\text{离子声波}) \tag{4.56}$$

由式（4.56），取低频长波近似（$k\lambda_{De} \ll 1$），就得到离子声波的色散关系式（4.50）。对于低频短波情况（$k\lambda_{De} \gg 1$），式（4.56）化为：

$$\omega^2 = \omega_{pi}^2 + \gamma_i v_{ti}^2 k^2 \tag{4.57}$$

式中，

$$\omega_{pi}^2 = T_e/(m_i \lambda_{De}^2) = n_0 e^2/(m_i \varepsilon_0) \ll \omega_{pe}^2$$

ω_{pi}为离子振荡频率；$v_{ti} = \sqrt{T_i/m_i}$，为离子特征热速度。式（4.57）就是离子静电波的色散关系，与电子静电波的色散关系式（4.58）相似。式（4.57）色散关系代表离子静电波，式中，ω_{pi}^2项是电荷分离的恢复力效应；$\gamma_i v_{ti}^2 k^2$ 项为离子热压强效应。电子静电波是高频的电子振荡（$\omega > \omega_{pe}$），离子只作为均匀的背景，静电振荡靠电子热压强驱动形成电子静电波的传播。离子静电波是低频短波，离子受低频扰动出现电荷分离而建立电场 $\boldsymbol{E}_1$，产生离子静电振荡，然后通过离子热压强驱动，形成离子静电波的传播。电子质量虽然很小，但电荷分离建立的电场对电子运动也有作用。因为电子相应很快，在离子振荡的长周期内，并通过离子热压强形成离子振荡的传播，即离子静电波。

现在将电子静电波的色散曲线和离子声波、离子静电波的色散曲线进行比较。图 4.4 是根据色散关系式（4.56），取离子温度 $T_i=0$ 时画出的结果。在式（4.56）中取 $T_i=0$，当 $k\lambda_{De}\gg1$ 时，可得：

$$\omega=\omega_{pi},\quad v_g=\mathrm{d}\omega/\mathrm{d}k=0 \tag{4.58}$$

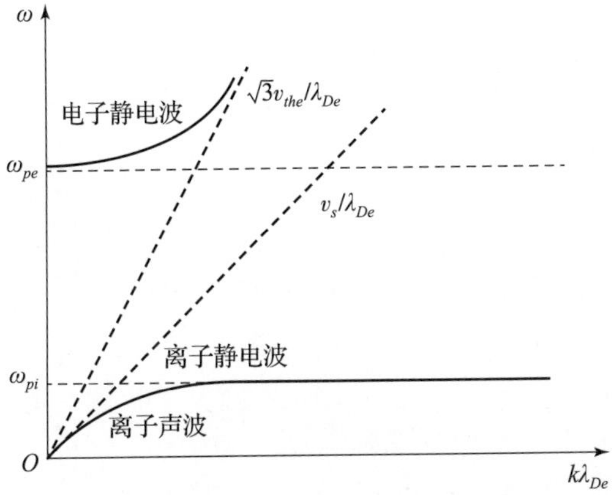

图 4.4　离子声波、离子静电波的色散关系及与电子静电波的比较

由此可见，离子静电波变成恒频振荡，不能传播。该色散曲线就反映了离子静电波传播的这些特点：当 $k\lambda_{De}\to\infty$ 时，$\omega=\omega_{pi}$ 的渐近线为离子做恒频振荡；当 $k\lambda_{De}\to0$ 时，为离子声波，色散曲线渐近线斜率（以 λ_{De} 为单位）：

$$v_p=\omega/k=v_s \tag{4.59}$$

电子静电波色散曲线的特点与离子静电波的相反：当 $k\lambda_{De}\to0$ 时，$\omega=\omega_{pe}$ 的渐近线为电子做恒频振荡；当 $k\lambda_{De}\to\infty$ 时，色散曲线的渐近线斜率（以 λ_{De} 为单位）：

$$v_p=\omega/k=\sqrt{3} \tag{4.60}$$

4.4　电磁波在等离子体中的传播

电磁波在等离子体中传播的研究非常重要，在受控聚变、空间等离子体、强激光与等离子体相互作用等方面都具有非常重要的意义。

4.4.1 非磁化等离子体中的电磁波

在非磁化等离子体中，除了静电波外，还存在高频的电磁波，因此，还需要考虑扰动磁场 $\boldsymbol{B}_1$ 的影响。电磁波是横波，其传播方向与 $\boldsymbol{E}_1$ 和 $\boldsymbol{B}_1$ 垂直，即能够得到 $\boldsymbol{k}\cdot\boldsymbol{E}_1=0$ 和 $\boldsymbol{k}\cdot\boldsymbol{B}_1=0$。对于高频电磁波，离子的运动可以忽略，只需看作均匀的背景等离子体即可。在无外加磁场存在的条件下，等离子体中的高频电磁波线性化方程组为：

$$\begin{cases} mn_0\dfrac{\partial \boldsymbol{v}_{e1}}{\partial t}=-en_0\boldsymbol{E}_1 \\ \nabla\times\boldsymbol{E}_1=-\dfrac{\partial \boldsymbol{B}_1}{\partial t} \\ \nabla\times\boldsymbol{B}_1=\dfrac{1}{c^2}\dfrac{\partial \boldsymbol{E}}{\partial t}+\mu_0\boldsymbol{j}_1 \\ \boldsymbol{j}_1=-en_0\boldsymbol{v}_{e1} \end{cases} \tag{4.61}$$

在上面的电子运动方程中没有考虑电子的压力梯度项，这是因为电磁波是横波，其传播只引起电子的横向运动，对电子的纵向运动没有影响。此外，在方程组中已经略去二阶小量。将上述方程组联立并且求解后可得：

$$(\omega^2-k^2c^2-\omega_{pe}^2)\boldsymbol{E}_1=0 \tag{4.62}$$

由于 $\boldsymbol{E}_1$ 不为 0，所以通过上式可得：

$$\omega^2=k^2c^2+\omega_{pe}^2 \tag{4.63}$$

上式即为电磁波在等离子体中的色散关系。由色散关系可得等离子体的折射率为：

$$N=ck/\omega=\sqrt{1-\omega_{pe}^2/\omega^2} \tag{4.64}$$

波数为：

$$k=\frac{\omega N}{c}=\frac{\omega}{c}\sqrt{1-\omega_{pe}^2/\omega^2} \tag{4.65}$$

同时，还可以得到电磁波在等离子体中传播的相速度：

$$v_p=\omega/k=c/\sqrt{1-\omega_{pe}^2/\omega^2}>c \tag{4.66}$$

即电磁波的相速度大于光速。电磁波的群速度为：

$$v_g=\frac{\mathrm{d}\omega}{\mathrm{d}k}=\frac{c^2}{v_p}<c \tag{4.67}$$

由上式可知电磁波的群速小于光速。

通过电磁波的相速度和群速度，能够得到如下结论：

①在等离子体中传播的电磁波的折射率、波数、相速度和群速度都与频率有关系，所以等离子体是一种色散介质，而且满足：

a. 由于相速度大于光速，群速度小于光速，等离子体的折射率小于 1，因此可知其折射率比在真空中还要小。

b. 当频率 $\omega \to \infty$ 时，通过以上公式能够得到：

$$v_p = v_g = c, N = 1 \tag{4.68}$$

即电磁波的渐近速度是光速。此外，对于短波（即波数 k 很大），根据动理学理论可知电子波是阻尼的，此时电磁波就会变为普通的光波，并不存在阻尼。因此，其传播不会受到等离子体的任何影响。

②非磁化等离子体中电磁波与电子等离子体波的色散关系曲线如图 4.5 所示，表明电磁波在等离子体中传播时存在截止现象。截止现象是指当一束频率为 ω 的电磁波入射到密度逐渐增加的非均匀等离子体中时，随着波向高密度区域传播，等离子体的频率 ω_{pe} 不断增加，从而 k^2 会变得越来越小，即电磁波的波长会变得越来越长。电磁波在等离子体中传播到一定距离时，该处的密度会使得 $\omega = \omega_{pe}$，此时的波数为 0。在电磁波继续向高密度区域传播时，导致 $\omega < \omega_{pe}$，此时波数变为虚数，电磁波不能再继续向高密度区域传播，即电磁波的传播在此处截止。

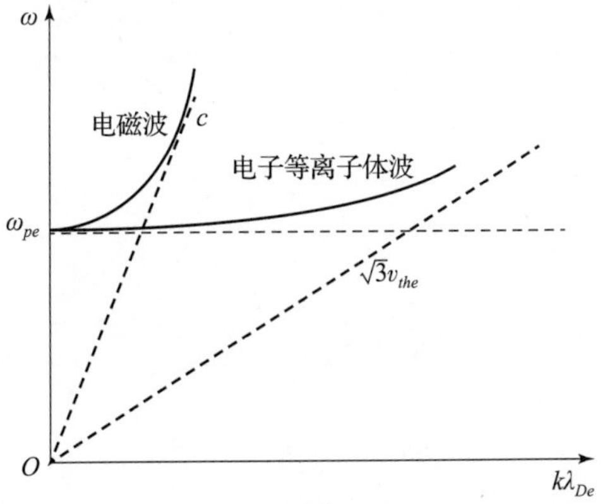

图 4.5　非磁化等离子体中电磁波与电子等离子体波的色散曲线

对于频率为 ω 的电磁波，满足 $\omega = \omega_{pe}$ 的密度称为临界密度，临界密度的表达式为：

$$n_c = \frac{\varepsilon_0 m_e \omega^2}{e^2} \tag{4.69}$$

因此：

a. 在临界密度以下，电磁波能够在等离子体中传播。

b. 当电磁波到达临界密度面时，在等离子体中传播截止，电磁波在此处被反射。

c. 在临界密度面以上，波的传播因子变为振幅衰减振荡，电磁波不能在等离子体中传播。假设波沿着传播方向衰减，并假定传播方向沿着 x 轴，可以得到此时电磁波的表达式为：

$$E(x,t)=E_0 e^{i(kx-\omega t)} \tag{4.70}$$

定义电磁波的振幅衰减到原来值的 $1/e$ 时的值为趋肤深度，可得趋肤深度为：

$$\delta=\frac{1}{\alpha}=\frac{c}{\omega_{pe}}\left(1-\frac{\omega^2}{\omega_{pe}^2}\right)^{-1/2} \tag{4.71}$$

4.4.2 垂直于磁场的静电波

以上讨论的内容均为在非磁化等离子体中的线性波。如果考虑引入外磁场，将会极大丰富等离子体波的模式。

在讨论磁化等离子体中的等离子波之前，先来确定几个概念：垂直、平行、纵向、横向，主要是外部磁场 $\boldsymbol{B}_0$、波矢量 $\boldsymbol{k}$、扰动电场 $\boldsymbol{E}_1$ 和扰动磁场 $\boldsymbol{B}_1$。其中，平行和垂直用来表示波矢量 $\boldsymbol{k}$ 相对于外部磁场 $\boldsymbol{B}_0$ 的方向，纵向和横向是指扰动磁场 $\boldsymbol{B}_1$ 相对于扰动电场 $\boldsymbol{E}_1$ 的方向。若扰动磁场 $\boldsymbol{B}_1$ 为0，则波为静电波；反之，则为电磁波。

首先讨论在均匀无限大等离子体中垂直于磁场的高频静电振荡，并且不考虑温度的影响。同时，离子质量很大，对高频振荡不能响应，所以只需考虑电子的运动。描述高频静电振荡的线性化方程组为：

$$\begin{cases} m\dfrac{\partial \boldsymbol{v}_{e1}}{\partial t}=-e(\boldsymbol{E}_1+\boldsymbol{v}_{e1}\times\boldsymbol{B}_0) \\ \dfrac{\partial n_{e1}}{\partial t}+n_0\nabla\cdot\boldsymbol{v}_{e1}=0 \\ \nabla\cdot\boldsymbol{E}_1=-\dfrac{e}{\varepsilon_0}n_{e1} \end{cases} \tag{4.72}$$

假定 $\boldsymbol{k}$ 和 $\boldsymbol{E}_1$ 与 x 轴的方向一致，而 $\boldsymbol{B}_0$ 沿着 z 轴的方向，一阶速度 $\boldsymbol{v}_{e1}=(v_x, v_y, 0)$，并且取所有一阶扰动小量为平面波的形式 $e^{i(kx-\omega t)}$，代入高频静电振荡的线性方程组后，并且 v_x 不恒为0，可得：

$$\omega^2=\omega_{pe}^2+\omega_{ce}^2=\omega_{HH}^2 \tag{4.73}$$

上式为高混杂振荡的色散关系。式中，ω_{ce} 为电子的回旋频率；$\omega_{HH}=\sqrt{\omega_{pe}^2+\omega_{ce}^2}$，称为高混杂频率。高混杂静电振荡的物理图像分为以下情况：

①当外加磁场不存在时，如果电子受到 x 轴方向的扰动而造成电荷分离，

那么电子在电荷分离形成的扰动电场作用下，在其平衡位置附近以电子等离子体频率 ω_{pe} 振荡，它的运动轨迹是一条直线。

②当垂直于粒子运动的外加磁场 $\boldsymbol{B}_0$ 存在时，洛伦兹力会使电子有沿 y 方向的分量，此时电子的运动轨迹变为椭圆，电子就在静电力和洛伦兹力的共同作用下运动。

前面主要讨论了在冷等离子体中的高频静电振荡。当需要考虑电子的温度时，只需要在线性化的运动方程中增加电子的热压力项即可。此时，电子的运动方程变为：

$$-\mathrm{i}mn_0\omega mv_{ex} = -en_0E_1 - \mathrm{i}\gamma_e T_e kn_{e1} - en_0v_yB_0 \tag{4.74}$$

与其他方程联立求解，并且 v_x 不恒为0，可得：

$$\omega^2 = \omega_{pe}^2 + \omega_{ce}^2 + \gamma_e k^2 v_{the}^2 = \omega_{HH}^2 + \gamma_e k^2 v_{the}^2 \tag{4.75}$$

这就是高混杂波的色散关系。由上述色散关系可知，频率依赖于波数，其群速度不为0，因此高混杂波能够在等离子体中传播。此外，高混杂波有静电力、洛伦兹力和电子热压力三种恢复力，垂直于磁场的静电振荡通过电子的热运动传播出去。

4.4.3　低混杂振荡和低混杂波

对于低频静电波，离子将会响应，所以离子的运动不能忽略。对于低频波，电子一直能够跟随离子，从而能够使等离子体保持电中性，即 $n_{i1} \approx n_{e1}$，并且不考虑温度的影响，则描述低频波的线性化方程组为：

$$\begin{cases} \dfrac{\partial n_{e1}}{\partial t} + n_0 \nabla \cdot \boldsymbol{v}_{e1} = 0 \\ m\dfrac{\partial \boldsymbol{v}_{e1}}{\partial t} = -e(\boldsymbol{E}_1 + \boldsymbol{v}_{e1} \times \boldsymbol{B}_0) \\ \dfrac{\partial n_{i1}}{\partial t} + n_0 \nabla \cdot \boldsymbol{v}_{i1} = 0 \\ M\dfrac{\partial \boldsymbol{v}_{i1}}{\partial t} = -e(\boldsymbol{E}_1 + \boldsymbol{v}_{i1} \times \boldsymbol{B}_0) \end{cases} \tag{4.76}$$

与求解高混杂振荡相似，假定 $\boldsymbol{k}$ 和 $\boldsymbol{E}_1$ 与 x 轴的方向一致，而 $\boldsymbol{B}_0$ 沿着 z 轴的方向，一阶速度 $\boldsymbol{v}_{\alpha 1} = (v_{\alpha x}, v_{\alpha y}, 0)$，其中，$\alpha = i, e$，分别表示离子和电子，并且取所有一阶扰动小量为平面波的形式 $\mathrm{e}^{\mathrm{i}(kx-\omega t)}$，求解方程组可得：

$$\begin{cases} M(\omega^2 - \omega_{ci}^2) + m(\omega^2 - \omega_{ce}^2) = 0 \\ \omega = \sqrt{\omega_{ce}\omega_{ci}} = \omega_{LH} \end{cases} \tag{4.77}$$

上式即为低混杂振荡的色散关系。式中，ω_{LH} 称为低混杂频率；ω_{ci} 为离子的回旋频率。低混杂振荡的物理图像分为以下情况：在不考虑温度的磁化等离子体中，电子和离子都绕着磁力线旋转。

前面主要讨论了在冷等离子体中的低混杂振荡。当需要考虑电子的温度时，只需要在线性化的运动方程中增加电子的热压力项即可。此时，电子的运动方程变为：

$$-\mathrm{i}mn_0\omega mv_{ex} = -en_0E_1 - \mathrm{i}\gamma_e T_e k n_{e1} - en_0 v_y B_0 \tag{4.78}$$

此时可得：

$$\begin{cases} M(\omega^2-\omega_{ci}^2)+m(\omega^2-\omega_{ce}^2-k^2v_{the}^2)=0 \\ \omega=\sqrt{\omega_{ce}\omega_{ci}+k^2c_s^2} \end{cases} \tag{4.79}$$

这就是低混杂波的色散关系。由于该波的频率依赖于波数，扰动能够在等离子体中传播。

4.4.4 垂直于磁场的高频电磁波

现在讨论等离子体中有外磁场时电磁波的传播问题。设电磁波的传播方向 $\boldsymbol{k}$ 与外磁场 $\boldsymbol{B}_0$ 垂直。对于高频电磁波，仍假设离子不响应，也只需要考虑电子的运动。当等离子体中有外磁场时，可能出现纵向振荡分量，因此为简化起见，假定 $T_e=T_i=0$，$-\nabla p_e=0$，现在电子运动的线性方程与场方程可以写为：

$$m_e\frac{\partial \boldsymbol{u}_{e1}}{\partial t} = -e\boldsymbol{E}_1 - en_{e1}\times\boldsymbol{B}_0 \tag{4.80}$$

$$\nabla^2\boldsymbol{E}_1-\nabla(\nabla\cdot\boldsymbol{E}_1)-\frac{1}{c^2}\frac{\partial^2\boldsymbol{E}_1}{\partial t^2} = -en_0\mu_0\frac{\partial\boldsymbol{u}_{e1}}{\partial t} \tag{4.81}$$

因为现在有外加磁场 $\boldsymbol{B}_0$，式（4.80）右边增加了洛伦兹力项，而且有了外磁场，$\boldsymbol{E}_1$ 可能有纵向分量，即 $\nabla\cdot\boldsymbol{E}_1$ 可能不为 0，所以在式（4.81）中保留 $\nabla(\nabla\cdot\boldsymbol{E}_1)$ 项，$\boldsymbol{E}_1$，$\boldsymbol{B}_1$ 为电磁波的电磁场，电磁波传播方向 $\boldsymbol{k}$ 沿 $\boldsymbol{E}_1\times\boldsymbol{B}_1$ 方向，因此电场 $\boldsymbol{E}_1$ 可能有两种基本方向：$\boldsymbol{E}_1 /\!/ \boldsymbol{B}_0$ 和 $\boldsymbol{E}_1\perp\boldsymbol{B}_0$，这两种情况传播特性是不同的，现在分别讨论。

1. 寻常波（$\boldsymbol{E}_1 /\!/ \boldsymbol{B}_0$）

如图 4.6 所示，设扰动电场 $\boldsymbol{E}_1=E_{10}e_z\exp[\mathrm{i}(kx-wt)]$，$\boldsymbol{E}_1$、$\boldsymbol{B}_0$ 沿 z 轴方向，$\boldsymbol{k}$ 沿 x 轴方向，电子受 $\boldsymbol{E}_1$ 驱动，运动速度 $\boldsymbol{u}_{e1}$ 就沿着 z 轴方向振荡，这样 $\boldsymbol{u}_{e1}\times\boldsymbol{B}_0=0$，而且 $\nabla\cdot\boldsymbol{E}_1=0$，所以由式（4.80）和式（4.81）可得：

$$\begin{cases} -\mathrm{i}\omega m_e u_{e1} = -eE_1 \\ -k^2E_1+\omega^2E_1/c^2=\mathrm{i}n_0e\omega\mu_0u_{e1} \end{cases} \tag{4.82}$$

由式（4.80）消去E_1或u_{e1}，就可得到色散关系：

$$\omega^2=\omega_{pe}^2+k^2c^2 \tag{4.83}$$

显然，式（4.82）和式（4.83）的色散关系与无外磁场时完全相同，这种情况下电磁波的传播不受磁场影响，所以称它为寻常波或o波。

2. 非寻常波（$\boldsymbol{E}_1\perp\boldsymbol{B}_0$）

如图4.7所示，当$\boldsymbol{E}_1\perp\boldsymbol{B}_0$时，$\boldsymbol{u}_{e1}\times\boldsymbol{B}_0\neq0$，由于洛伦兹力的作用，电子运动不能沿某一固定方向，因此$\boldsymbol{E}_1$，$\boldsymbol{u}_{e1}$在x，y方向上都有分量。

$$\boldsymbol{E}_1=(E_{1x},E_{1y},0),\boldsymbol{u}_{e1}=(u_x,u_y,0) \tag{4.84}$$

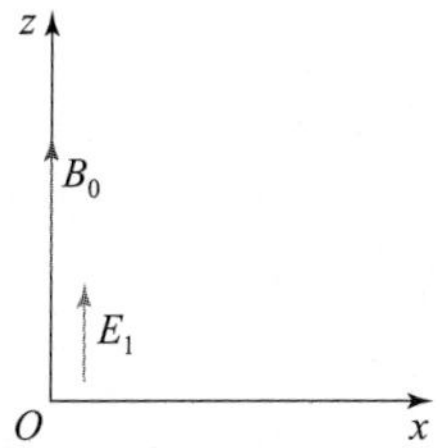

图4.6　寻常波的传播

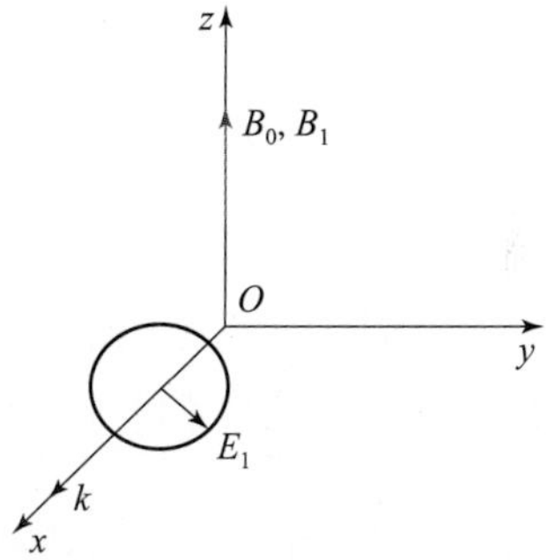

图4.7　非寻常波的传播

类似的做法，设所有扰动量分量都具有$\exp[\mathrm{i}(kx-\omega t)]$形式，由式（4.80）和式（4.81）得线性化方程组：

$$\begin{cases}-\mathrm{i}\omega m_e u_x=-eE_{1x}-eu_yB_O\\-\mathrm{i}\omega m_e u_y=-eE_{1y}+eu_xB_O\\(\omega^2/c^2)E_{1x}=\mathrm{i}n_0e\omega\mu_0u_x\\(\omega^2/c^2-k^2)E_{1y}=\mathrm{i}n_0e\omega\mu_0u_y\end{cases} \tag{4.85}$$

方程组（4.85）中消去u_x，u_y后得：

$$\begin{cases}(\omega^2-\omega_{pe}^2)E_{1x}+\mathrm{i}(\omega_{ce}/\omega)(\omega^2/c^2-k^2)E_{1y}=0\\\mathrm{i}\omega_{ce}\omega E_{1x}-(\omega^2-\omega_{pe}^2-k^2c^2)E_{1y}=0\end{cases} \tag{4.86}$$

方程组（4.86）存在非零解条件时，系数行列式为0，即：

$$\omega_{ce}^2(\omega^2-k^2c^2)-(\omega^2-\omega_{pe}^2)(\omega^2-\omega_{pe}^2-k^2c^2)=0 \tag{4.87}$$

由此可得色散关系：

$$k^2=\frac{\omega^2}{c^2}\left[1-\frac{\omega_{pe}^2(\omega^2-\omega_{pe}^2)}{\omega^2(\omega^2-\omega_{HH}^2)}\right] \tag{4.88}$$

或

$$N^2=\frac{k^2c^2}{\omega^2}=1-\frac{\omega_{pe}^2(\omega^2-\omega_{pe}^2)}{\omega^2(\omega^2-\omega_{HH}^2)} \tag{4.89}$$

式中，$\omega_{HH}^2=\omega_{pe}^2+\omega_{ce}^2$；$N$ 为折射率。式（4.88）和式（4.89）就是非寻常波（或称 x 波、异常波）的色散关系。

非寻常波沿垂直于磁场 $\boldsymbol{B}_0$ 的方向传播，由于 $\boldsymbol{E}_1\perp\boldsymbol{B}_0$，使电子受到 $\boldsymbol{E}_1$ 和 $\boldsymbol{B}_0$ 的洛伦兹力作用，$\boldsymbol{E}_1$ 在 xy 平面上存在两个垂直于 $\boldsymbol{B}_0$ 的分量 E_{1x}和 E_{1y}，E_{1y} 是垂直于 $\boldsymbol{k}$ 方向的横波，$\boldsymbol{E}_{1x}$是平行于 $\boldsymbol{k}$ 方向的纵波，因此非寻常波就是横电磁波（E_{1y}，B_1）和静电纵波（E_{1x}）组成的混合波。由方程（4.86）和非零解条件（4.87），可以证明：E_{1x}与 E_{1y}合成的 $\boldsymbol{E}_1$ 矢量端点轨迹是椭圆，所以非寻常波是椭圆偏振态。

在讨论非寻常波随频率变化特性前，先介绍波的截止与共振两个概念：

在色散关系式（4.89）中，N^2 随波的频率 ω 变化时，会出现 $N^2=0$ 和$N^2\to\infty$ 两种特殊情况。1963 年，艾利斯（Allis）将 $N^2=0$ 的情况称为截止，$N^2\to\infty$ 的情况称为共振。因为 $N^2<0$ 时，$k=(\omega/c)\sqrt{N^2}$为纯虚数，波的传播因子变为振幅衰减的振荡，表明波不能在等离子体中传播，因此 $N^2=0$（$k^2=0$，$v_p\to\infty$）为截止条件。当 $N^2\to\infty$ 时，$k\to\infty$，ω 与 k 无关，这时相速度、群速度都为 0，波不能传播，出现共振，因此 $N^2\to\infty$ 为共振条件。虽然波在截止点和共振点都不能传播，但波在这两点的性质完全不同。如果进一步研究波在接近截止区域和接近共振区域的传播特性，可以发现，一般截止点波被反射，共振点被吸收。

现在利用式（4.88）所示的色散关系，讨论非寻常波的截止与共振。

（1）截止

当 $N^2=0$ 时，得到截止条件：

$$\omega^2(\omega^2-\omega_{HH}^2)=\omega_{pe}^2(\omega^2-\omega_{pe}^2) \tag{4.90}$$

式（4.90）是 ω 的 4 次方程，ω 应该有 4 个根，求解后其中只有两个根（$\omega>0$）是合理的，即：

$$\omega_R=\frac{\omega_{ce}}{2}\left(1+\sqrt{1+4\omega_{pe}^2/\omega_{ce}^2}\right)>\omega_{pe} \tag{4.91}$$

$$\omega_L=\frac{\omega_{ce}}{2}\left(-1+\sqrt{1+4\omega_{pe}^2/\omega_{ce}^2}\right)<\omega_{pe} \tag{4.92}$$

式中，ω_R 称为右旋截止频率，它是右旋椭圆偏振的非寻常波截止频率；ω_L 称为左旋截止频率，它是左旋椭圆偏振的非寻常波截止频率。对于高密度等离子体，$\omega_{pe}\gg\omega_{ce}$，所以 $\omega_R\gg\omega_{ce}$，$\omega_L<\omega_{pe}$。

（2）共振

当 $N^2\to\infty$时，色散关系式（4.88）变为：

$$\omega^2 = \omega_{HH}^2 = \omega_{pe}^2 + \omega_{ce}^2 \tag{4.93}$$

式中，ω 与 k 无关，$v_p = \omega/k = c/N \to 0$，$v_g = \mathrm{d}\omega/\mathrm{d}k = 0$，表明波不能传播，出现共振情况，振荡频率 $\omega = \omega_{HH}$，波的能量被等离子体强烈吸收。即当 $N^2 \to \infty$ 时，非寻常波就变为垂直于磁场方向的高混杂静电振荡。共振情况的振荡特性是容易理解的，因为非寻常波本来就是横电磁波的（高混杂）静电纵波的混合波，在共振点电磁波消失了，静电纵波退化为高混杂静电振荡。

共振对波加热等离子体有利，也是加热等离子体必须满足的条件。图 4.8 所示为非寻常波和寻常波的折射率与色散关系。图中曲线显示了不同频率区域的传播特性：对非寻常波（x 波），当 $0 < \omega < \omega_L$ 和 $\omega_{HH} < \omega < \omega_R$ 时，$N^2 < 0$，波不能传播；当 $\omega_L < \omega < \omega_{HH}$，$\omega > \omega_R$ 时，非寻常波可以传播。因此，非寻常波有两个传播带，而中间相隔一个截止带（$\omega_{HH} < \omega < \omega_R$）。至于很低频情况，如$\omega \ll \omega_{ce}$，因为这时要考虑离子运动，以上因忽略离子运动计算的结果就不适用了。对于寻常波（o 波），传播带为 $\omega > \omega_{pe}$，其截止频率 $\omega = \omega_{pe}$。

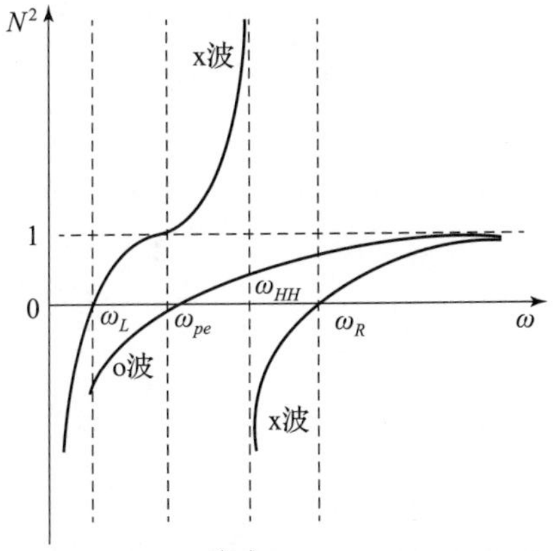

（a）

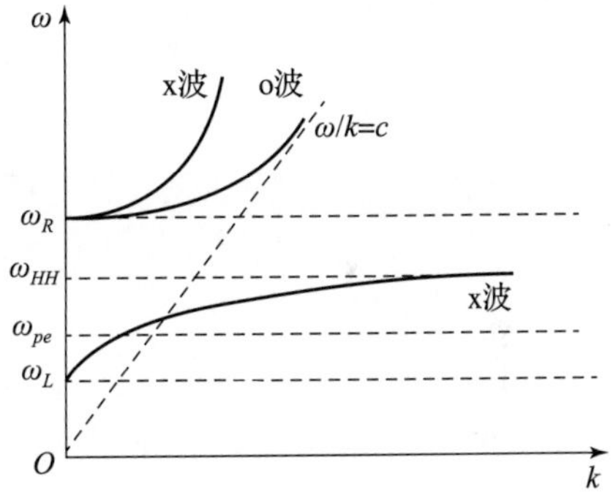

（b）

图 4.8　非寻常波和寻常波的折射率与色散关系

4.4.5　平行于磁场的高频电磁波

现在讨论高频电磁波的传播方向平行于外磁场，即 $\boldsymbol{k} /\!/ \boldsymbol{B}_0$ 的情况：

设 $\boldsymbol{k}$，$\boldsymbol{B}_0$ 都沿 z 轴方向，电磁波的电场 $\boldsymbol{E}_1$ 应在 xy 平面内，因为有外磁场 $\boldsymbol{B}_0$，所以 $\boldsymbol{E}_1$ 和电子运动速度 $\boldsymbol{u}_{e1}$都有 x，y 两个分量，即

$$\boldsymbol{E}_1 = (E_{1x}, E_{1y}, 0), \boldsymbol{u}_{e1} = (u_x, u_y, 0) \tag{4.94}$$

所有扰动量都具有相同的传播因子 $\exp[\mathrm{i}(kx - \omega t)]$，用与以往类似的方法，利用式（4.80）和式（4.81），并注意$\nabla \cdot \boldsymbol{E}_1 = 0$（因为 $\boldsymbol{E}_1 \perp \boldsymbol{k}$），电子运动和电场的线性化方程组为：

$$\begin{cases} -\mathrm{i}\omega m_e u_x = -eE_{1x} - eu_y B_0 & ① \\ -\mathrm{i}\omega m_e u_y = -eE_{1y} + eu_x B_0 & ② \\ (\omega^2 - k^2c^2)E_{1x} = \mathrm{i}n_0 e\omega u_x/\varepsilon_0 & ③ \\ (\omega^2 - k^2c^2)E_{1y} = \mathrm{i}n_0 e\omega u_y/\varepsilon_0 & ④ \end{cases} \tag{4.95}$$

式（4.95）中第①，②方程为电子运动方程，第③，④方程为场方程。利用③，④方程解得的 u_x，u_y，代入①，②方程，消去其中的 u_x，u_y，则得 E_{1x}，E_{1y}的方程组：

$$\begin{cases} (\omega^2 - k^2c^2 - \omega_{pe}^2)E_{1x} + \mathrm{i}(\omega_{ce}/\omega)(\omega^2 - k^2c^2)E_{1y} = 0 \\ \mathrm{i}(\omega_{ce}/\omega)(\omega^2 - k^2c^2)E_{1x} - (\omega^2 - \omega_{pe}^2 - k^2c^2)E_{1y} = 0 \end{cases} \tag{4.96}$$

式中，$\omega_{ce} = eB_0/m_e$；$\omega_{pe}^2 = n_0e^2/(m_e\varepsilon_0)$。式（4.96）有非零解的条件为系数行列式等于0，即：

$$(\omega^2 - \omega_{pe}^2 - k^2c^2)^2 = (\omega_{ce}^2/\omega^2)(\omega^2 - k^2c^2)^2 \tag{4.97}$$

于是色散关系为：

$$\omega^2 - \omega_{pe}^2 - k^2c^2 = \pm(\omega_{ce}/\omega)(\omega^2 - k^2c^2) \tag{4.98}$$

将式（4.97）代入式（4.96），得：

$$E_{1y} = \pm \mathrm{i}E_{1x} \tag{4.99}$$

所以：

$$\boldsymbol{E}_1 = E_{1x}\boldsymbol{e}_x + E_{1y}\boldsymbol{e}_y = E_0(\boldsymbol{e}_x \pm \mathrm{i}\boldsymbol{e}_y)\mathrm{e}^{\mathrm{i}(kx-\omega t)} \tag{4.100}$$

式（4.100）结果表明，在等离子体中，平行于磁场方向传播的电磁波是圆偏振，式中对应于（e_x + ie_y）的是右旋圆偏振波（称 R 波），对应于（e_x − ie_y）的是左旋圆偏振波（称 L 波），如图 4.9 所示。式（4.98）就是这两支波的色散关系，式中取“+”号对应 R 波，取“−”号对应 L 波，式（4.98）也可改写为：

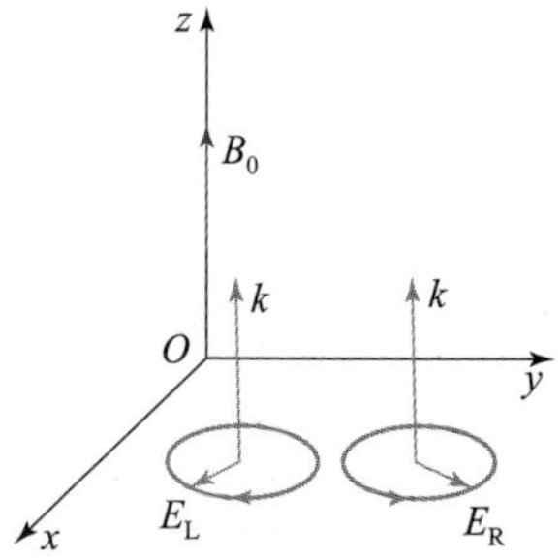

图 4.9 左旋偏振波和右旋偏振波的示意图

$$k_{\mathrm{R(L)}} = \frac{\omega}{c}\left[1 - \frac{\omega_{pe}^2}{\omega^2(1 \mp \omega_{ce}/\omega)}\right]^{1/2} \tag{4.101}$$

或

$$N_{\mathrm{R(L)}}^2 = 1 - \frac{\omega_{pe}^2}{\omega^2(1 \mp \omega_{ce}/\omega)} \tag{4.102}$$

式中，下角 R 或 L 对应式中“∓”取上面或下面的符号。显然，当 $k = 0$ 或 $N = 0$ 时，可得这两支波的截止频率：

$$\omega_{R(L)} = \frac{\omega_{ce}}{2}\left(\pm 1 + \sqrt{1 + 4\omega_{pe}^2/\omega_{ce}^2}\right) \tag{4.103}$$

注意，这里 R 波、L 波的截止频率与非寻常波的截止频率相同。由式(4.103)，对于高密度等离子体，$\omega_{pe} \gg \omega_{ce}$，则 $\omega_R \gg \omega_{pe}$，$\omega_L < \omega_{pe}$。图 4.10 画出了高密度等离子体的 R 波和 L 波色散曲线。由图可见，R 波有两个传播带，$0 < \omega < \omega_{ce}$，$\omega > \omega_R$，其被一个截止带 $\omega_{ce} < \omega < \omega_R$ 分开。对于 L 波，只有 $\omega > \omega_L$ 时才能传播。在高频极限，$\omega \to \infty$时，R 波的高频分支（$\omega > \omega_R$）和 L 波的相速度都等于 c。特别指出，在 R 波低频分支（$\omega \leqslant \omega_{ce}$），当 $\omega \to \omega_{ce}$时，$N^2 \to \infty$，出现共振。

现在根据色散关系，对这两种圆偏振波的特性做进一步的讨论：

（1）电子回旋共振与离子回旋共振

R 波低频分支（$\omega \leqslant \omega_{ce}$），当 $\omega \to \omega_{ce}$时，$N^2 \to \infty$，发生共振。因为电子回旋方向与 R 波电场矢量旋转方向相同，在共振时，电场对电子不断加速，波能量转化为电子动能，这种现象称为电子回旋共振，所以 R 波低频分支称为电子回旋波。电子回旋共振是加热等离子体的一种有效方法。地球上空的电离层，由于地球磁场的作用，电子也做回旋运动。如果地球磁场取其平均值 $B_0 \approx 5 \times 10^{-5}$ T，电子荷质比为 1.76×10^{11} C/kg，则电子回旋频率 $f = \omega_{ce}/(2\pi) \approx 1.4$ MHz。由于$\omega \to \omega_{ce}$ 时会出现电子回旋共振，电离层对频率约为 1.4 MHz 的电磁波吸收最大，因此在无线电通信中应该避开这个频段。

因为 L 波的电场矢量旋转方向与电子回旋方向相反，所以不会与电子发生共振，在图 4.10（a）中，L 波的 $N^2 \leqslant 1$，不出现 $N^2 \to \infty$ 的情况。

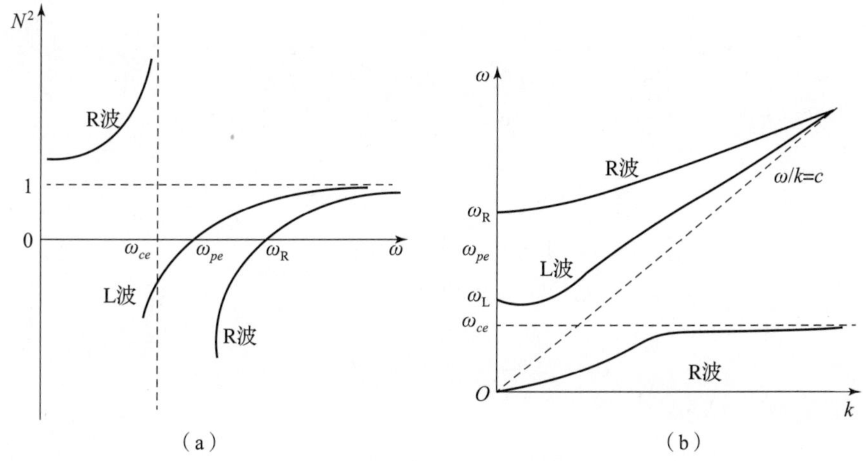

图 4.10　高密度等离子体的 R 波和 L 波的色散曲线

对于频率很低的情况，如果推导色散关系时离子运动是主要的，也会得到 L 波，因为 L 波电场矢量旋转方向与离子旋转方向相同，在 $\omega=\omega_{ci}$处也会发生共振，称为离子回旋共振，这支波可以实现对离子的加热。

（2）哨声波

如果频率很低，$\omega \leqslant \omega_{ce} \leqslant \omega_{pe}$，由式（4.101），这时只有右旋圆偏振波（R 波）能够传播，其色散关系可近似地表达为：

$$\omega=\frac{\omega_{ce}c^2}{\omega_{pe}^2}k^2 \tag{4.104}$$

于是群速度：

$$v_g=\frac{\mathrm{d}\omega}{\mathrm{d}k}=\frac{2c}{\omega_{pe}}\sqrt{\omega\omega_{ce}} \tag{4.105}$$

式（4.105）表明，群速度随着频率的升高而增大，如果有一脉冲电磁波，其中频率较高成分沿磁力线传播速度快，频率较低成分传播速度慢，则在远处的接收器是先接收到频率较高成分，而后才是频率较低成分。这样接收喇叭发出的声音是降调的，像哨声一样，故称哨声波。在空间物理研究中可以观察到这种哨声波，这是因为高空闪电产生的宽频带电磁波到达电离层后，沿着地球磁力线传播，到达地球另一端共轭点，如被探测器所接收，则为短哨声波；还有一部分被电离层反射回闪电发生地，如被接收，则是长哨声波。

哨声波最初是在第一次世界大战中，战地无线电报员使用 10 kHz 通信系统工作时观测到的一种现象，有时他们听到一个短的持续信号，开始频率高，后来频率低。他们当时还以为听到的是运动炮弹壳发出的多普勒噪声。1953 年，在空间物理研究中，常利用不同频率的哨声波由于传播速度不同而引起的时间延迟，来测量等离子体电子的平均密度。如果 $\omega \leqslant \omega_{ce}$，由式（4.105），哨声波沿路径 s 传播时间：

$$t=\int_s\frac{\mathrm{d}s}{v_g}=\int_s\frac{\omega_{pe}(s)}{2c\sqrt{\omega\omega_{ce}}}\mathrm{d}s \tag{4.106}$$

如果 $\omega \leqslant \omega_{ce}$，则由式（4.101），哨声波沿路径传播时间应改为：

$$t=\frac{1}{2c}\int_s\frac{\omega_{pe}(s)}{\sqrt{\omega}}\frac{\omega_{ce}}{(\omega_{ce}-\omega)^{3/2}}\mathrm{d}s \tag{4.107}$$

（3）法拉第旋转

一个线偏振波可以分解为一对左旋和右旋的圆偏振波；反之，一对圆偏振波也可合成一个线偏振波。因此，一束线偏振波沿平行于磁场方向进入等离子体后，可形成左旋和右旋的两支圆偏振波。但是沿磁力线方向传播时，因为这两支波的矢量（或相速度）不同，随着传播距离变化引起的相位差就不同，合成的线偏振波的偏振面方向也就发生改变，因此，沿磁力线方向传播时，波偏振面以磁力线为轴而旋转，这种现象称法拉第旋转。

由式（4.100），L 波和 R 波合成后的线偏振波为：

$$\boldsymbol{E}=\boldsymbol{E}_{\mathrm{L}}+\boldsymbol{E}_{\mathrm{R}}=E_0[e_x(\mathrm{e}^{\mathrm{i}k_{\mathrm{L}}z}+\mathrm{e}^{\mathrm{i}k_{\mathrm{R}}z})-\mathrm{i}e_y(\mathrm{e}^{\mathrm{i}k_{\mathrm{L}}z}-\mathrm{e}^{\mathrm{i}k_{\mathrm{R}}z})]\mathrm{e}^{\mathrm{i}\omega t} \tag{4.108}$$

则：

$$\frac{E_x}{E_y}=-\mathrm{i}\frac{1+\mathrm{e}^{\mathrm{i}}(k_{\mathrm{L}}-k_{\mathrm{R}})z}{1-\mathrm{e}^{\mathrm{i}}(k_{\mathrm{L}}-k_{\mathrm{R}})z} \tag{4.109}$$

令 $\boldsymbol{E}$ 与 x 轴的夹角为 φ，$\cot\varphi=E_x/E_y$，利用式（4.109）可以证明。法拉第旋转角满足：

$$\varphi=\operatorname{arccot}\frac{E_x}{E_y}=\frac{1}{2}(k_{\mathrm{L}}-k_{\mathrm{R}})z \tag{4.110}$$

因为 φ 与传播距离 z 成正比，表明偏振方向在沿磁力线方向传播时不断地旋转。法拉第旋转现象也可用来测定等离子体的平均电子密度。

通常实验选用的是高频电磁波，即 $\omega\geqslant\omega_{pe}\geqslant\omega_{ce}$ 情况，则由式（4.101）近似得：

$$k_{\mathrm{L}}-k_{\mathrm{R}}=\frac{\omega_{pe}^2\omega_{ce}}{c\omega^2} \tag{4.111}$$

将此结果代入式（4.110），则：

$$\varphi=\frac{1}{2}(k_{\mathrm{L}}-k_{\mathrm{R}})z=\frac{e^3B_0n_e}{2\varepsilon_0cm_e^2\omega^2}z \tag{4.112}$$

因此，通过测量法拉第旋转角 φ 可以确定等离子体的平均电子密度。

4.4.6　磁流体力学波

前面已经讨论了在磁化等离子体中的高频电磁场，本小节中将主要讨论在磁化等离子体中的低频电磁波。如果在磁化等离子体中，电磁波的频率很低，即 $\omega\ll\omega_{pi}$ 或者 $\omega\ll\omega_{ci}$，那么离子的运动就不能够被忽略。在本小节中，将主要讨论平行于磁场传播和垂直于磁场传播这两种低频电磁波。对于低频电磁波，既可以采用磁流体力学方程组的方法描述，也可以采用二流体方程组的方法描述，本节采用磁流体力学方程组的方法描述，因此也将这些低频电磁波称为磁流体力学波。

假设所研究的均匀无界等离子体是可压缩的无黏性的理想导电流体，并且存在稳定的磁场 $\boldsymbol{B}_0$，它满足理想的磁流体力学方程组：

$$\begin{cases}\dfrac{\partial\rho}{\partial t}+\nabla\cdot\rho\boldsymbol{u}=0\\[2ex]\rho\dfrac{\mathrm{d}\boldsymbol{u}}{\mathrm{d}t}=-\nabla p+\boldsymbol{j}\times\boldsymbol{B}\end{cases} \tag{4.113}$$

$$\begin{cases}\nabla\times(\boldsymbol{u}\times\boldsymbol{B})=\dfrac{\partial \boldsymbol{B}}{\partial t}\\ \nabla\times\boldsymbol{B}=\mu_0\boldsymbol{j}\\ p\rho^{-\gamma}=C\end{cases}\tag{续4.113}$$

在方程组中，第5个公式为绝热状态方程，C 表示常量，$\gamma=c_p/c_V=(l+2)/l$，l 为自由度的数目。假设考虑上述物理量偏离平衡态的一阶扰动小量，则有：

$$\begin{cases}\boldsymbol{B}=\boldsymbol{B}_0+\boldsymbol{B}_1(\boldsymbol{r},t)\\ \boldsymbol{E}=\boldsymbol{E}_1(\boldsymbol{r},t)\\ \rho=\rho_0+\rho_1(\boldsymbol{r},t)\\ \boldsymbol{j}=\boldsymbol{j}(\boldsymbol{r},t)\\ p=p_0+p_1(\boldsymbol{r},t)\\ \boldsymbol{u}=\boldsymbol{u}_1(\boldsymbol{r},t)\end{cases}\tag{4.114}$$

在方程组中，右下角标“0”表示平衡值，“1”表示一阶微扰小量。在流体中，电场、速度、电流的平衡值均为0。略去扰动量的二阶以上小量，便可以得到线性化的方程组：

$$\begin{cases}\dfrac{\partial\rho_1}{\partial t}+\rho_0\nabla\cdot\boldsymbol{u}_1=0\\ \rho_0\dfrac{\partial\boldsymbol{u}_1}{\partial t}+v_s^2\nabla\rho_1+\dfrac{\boldsymbol{B}_0\times(\nabla\times\boldsymbol{B}_1)}{\mu_0}=0\\ \dfrac{\partial\boldsymbol{B}_1}{\partial t}-\nabla\times(\boldsymbol{u}_1\times\boldsymbol{B}_0)=0\end{cases}\tag{4.115}$$

式中，$v_s=\sqrt{\gamma p_0/\rho_0}$。联立并求解方程，可得只含有 $\boldsymbol{u}_1$ 的方程：

$$\begin{cases}\dfrac{\partial^2\boldsymbol{u}_1}{\partial t^2}-v_s^2\nabla(\nabla\cdot\boldsymbol{u}_1)+\boldsymbol{v}_A\times\nabla\times[\nabla\times(\boldsymbol{u}_1\times\boldsymbol{v}_A)]=0\\ \boldsymbol{v}_A=B_0/\sqrt{\mu_0\rho_0}\end{cases}\tag{4.116}$$

上式为 $\boldsymbol{u}_1$ 的波动方程。假设 $\boldsymbol{u}_1$ 为平面波的形式，代入方程可得：

$$-\omega^2\boldsymbol{u}_1+(v_s^2+v_A^2)(\boldsymbol{k}\cdot\boldsymbol{u}_1)\boldsymbol{k}+(\boldsymbol{v}_A\cdot\boldsymbol{k})[(\boldsymbol{v}_A\cdot\boldsymbol{k})\boldsymbol{u}_1-(\boldsymbol{v}_A\cdot\boldsymbol{u}_1)\boldsymbol{k}-(\boldsymbol{k}\cdot\boldsymbol{u}_1)\boldsymbol{v}_A]=0\tag{4.117}$$

这个方程比较复杂，但是如果分别研究平行于磁场方向和垂直于磁场方向传播的电磁波，则能够得到解析解。

①首先对于垂直于磁场方向传播的电磁波，有 $\boldsymbol{k}\perp\boldsymbol{B}_0$ 或者 $\boldsymbol{k}\perp\boldsymbol{v}_A$，则上式波动方程能够简化为：

$$\omega^2\boldsymbol{u}_1-(v_s^2+v_A^2)(\boldsymbol{k}\cdot\boldsymbol{u}_1)\boldsymbol{k}=0\tag{4.118}$$

由于 $\boldsymbol{u}_1 /\!/ \boldsymbol{k}$，所以该电磁波为纵波，称为磁声波。计算可得磁声波的色散关系为：

$$\omega^2 = k^2 (v_s^2 + v_A^2) \tag{4.119}$$

并且能够得到磁声波的相速度为：

$$v_p = \frac{\omega}{k} = \sqrt{v_s^2 + v_A^2} \tag{4.120}$$

②如果是平行于磁场方向传播的电磁波，则有 $\boldsymbol{k} /\!/ \boldsymbol{B}_0$ 或者 $\boldsymbol{k} /\!/ \boldsymbol{v}_A$，上式波动方程可以简化为：

$$(k^2 v_A^2 - \omega^2) \boldsymbol{u}_1 + (v_s^2 / v_A^2 - 1) k^2 (\boldsymbol{v}_A \cdot \boldsymbol{u}_1) \boldsymbol{k} = 0 \tag{4.121}$$

此时可能会存在两种电磁波：

a. 纵波（普通声波）：即满足 $\boldsymbol{u}_1 /\!/ \boldsymbol{k}$ 或者 $\boldsymbol{u}_1 /\!/ \boldsymbol{v}_A$ 的波，则可得色散关系为：

$$\omega^2 - k^2 v_s^2 = 0 \tag{4.122}$$

由于无扰动磁场，所以这种波就是普通的声波，其相速度为：

$$v_p = \frac{\omega}{k} = v_s \tag{4.123}$$

即为离子声速。

b. 横波（阿尔芬波，Alfven Wave）：即满足 $\boldsymbol{u}_1 \perp \boldsymbol{k}$ 或者 $\boldsymbol{u}_1 \cdot \boldsymbol{v}_A = 0$ 的波，则可得色散关系为：

$$\omega^2 - k^2 v_A^2 = 0 \tag{4.124}$$

此时的相速度为：

$$v_p = \frac{\omega}{k} = v_A \tag{4.125}$$

这是沿着磁场的方向，并且以恒定速度传播的横波，是一种纯的磁流体力学现象。v_A 称为阿尔芬速度。

磁声波和阿尔芬波都是频率很低的电磁波，其中磁声波是垂直于磁场方向传播的纵波，而阿尔芬波是平行于磁场方向传播的横波。但是，磁声波和阿尔芬波都可以与磁力线成任意角度传播，分别称为快声波和斜阿尔芬波。

习题 4

1. 在 4.1 节等离子体波的概念中，波可以表示为复数或实数形式，其物理含义是什么？式中各个参量的物理含义是什么？

2. 电子静电波的色散关系为 $\omega^2 = \omega_{pe}^2 + \dfrac{3}{2} k^2 v_{th}^2$，这里 $v_{th}^2 = 2T_e/m_e$，给出波

的相速度和群速度。当波数 k 很大时，波的相速度和群速度相等，给出其值。

3. 推导离子声波与离子静电波的色散关系，并讨论波的传播特性。

4. 在无外磁场的情况下，由电子运动的流体力学方程和电磁场方程组推导高频电磁波的波动方程的色散关系。

5. 对垂直于磁场传播的高频电磁波，定性说明寻常波和非寻常波的传播特性。

6. 用磁流体力学概念说明磁流体力学波的产生及其物理意义，并且说明磁声波和阿尔芬波传播的特点。

7. 在 1 000 Gs 磁场的均匀等离子体中，测量了 8 mm 波长微波束的法拉第旋转，发现穿过 1 m 厚的等离子体后，偏振面旋转了 90°，求等离子体电子密度。

8. 日冕是由密度 $n=10^{15}\ \mathrm{m}^{-3}$ 的氢离子组成的等离子体，假定日冕中的磁场 $B=0.1\ \mathrm{T}$，求阿尔芬波的相速度。

第5章

等离子体不稳定性

宇宙中任意一个系统总是遵循势能或者自由能（热运动体系）趋于最小的法则。不稳定性是与平衡密切关联的，扰动导致失去平衡的等离子体总是朝着势能或者自由能减小的方向发展。当体系处于稳定平衡态时，微扰导致的平衡偏离会被抑制，并最终会再次趋于平衡；但不稳定平衡体系或者非平衡体系下的微扰可能会随着时间迅速增长，典型如流体力学的瑞利－泰勒不稳定性，最终甚至会演化为湍流，这就是不稳定性过程。

等离子体作为含有大量带电粒子的具有准中性、集体效应的多粒子体系，既有宏观的磁流体的特性，又有微观的粒子统计特性。通常情况下，约束等离子体并非处于热力学平衡状态，电子、离子的温度不同，粒子速度分布偏离理想的麦克斯韦分布，并导致宏观的等离子体参量如密度、温度、压强等分布不均匀。因此，等离子体内部固有或者外部的微扰可能会在等离子体内部迅速增长并诱发等离子体不稳定性，使得等离子体发生形状畸变或者湍流。例如，当高能粒子或电流穿过等离子体时，等离子体不同成分的流速差导致彼此发生相对漂移，进而导致双流不稳定性。类似于流体，等离子体作为磁流体也存在瑞利－泰勒不稳定性，不同之处在于磁场会起到致稳的效果。强电磁波穿过等离子体时，也会诱发各种等离子体参量不稳定性，如激光等离子体不稳定性。

等离子体内部往往同时具有多种不稳定性，并且它们之间存在某种意义的耦合或者竞争。不同的等离子体参数条件、不同的不稳定性机制会诱发产生不同的等离子体不稳定性。这些不稳定性会导致带电粒子逃逸，影响等离子体输运，破坏等离子体约束过程。因此，研究等离子体不稳定性一直是热核聚变研究的中心课题，也是等离子体物理的重要内容。本章将分析不稳定性的数学色散关系，并重点阐述几种典型的不稳定性机制与数学描述。

5.1　等离子体不稳定性的基本概念及分类

等离子体不稳定性是指等离子体系统受到固有或者外来的微小扰动时扰动幅度随时间持续增长并最终导致等离子体发生畸变或者湍流的物理过程。等离子体不稳定性的分类方法有多种，可以就其空间尺度、形态特征、电磁性质、驱动因素等进行分类。例如，空间尺度上分为宏观不稳定性、微观不稳定性；根据形态特征分类，有腊肠不稳定性、扭曲不稳定性、气球不稳定性等；根据电磁性质，有电磁不稳定性、静电不稳定性；根据驱动因素，有双流不稳定性、瑞利－泰勒不稳定性、等离子体参量不稳定性等。

通常根据等离子体的基本性质和研究尺度，分为宏观不稳定性和微观不稳定性。宏观不稳定性主要针对远大于等离子体回旋半径和德拜长度等微观尺度的区域，研究等离子体温度、密度、压强等宏观参量随等离子体不稳定性发展的变化，可以通过磁流体理论进行分析，因此又被称为磁流体不稳定性。微观不稳定性则是针对回旋半径、德拜长度等微观尺度内的不平衡或者各向异性的粒子速度分布函数、温度分布等统计动理学过程，需要采用统计描述和动理学理论进行分析。

宏观不稳定性，也就是磁流体不稳定性，主要是等离子体宏观电流或等离子体向弱磁区膨胀释放自由能驱动，主要包括以下几种：

（1）互换不稳定性

又称槽形不稳定性，它是由等离子体内部压强不均匀引起的，瑞利－泰勒不稳定性就是其中的一种。

（2）气球不稳定性

相比于互换不稳定性的无磁场或者波矢沿磁场分量为零，在波矢沿磁场分量不为零时，等离子体压强导致的环曲率区扰动增长的不稳定性。

（3）螺旋不稳定性

当电流通过等离子体时，由磁场诱发不稳定性过程，典型如腊肠不稳定性和扭曲不稳定性，它们是由于等离子体内部纵向电流产生的极化磁场扰动增强所导致的不稳定性。区别在于腊肠不稳定性的扰动源是等离子体束流半径的收缩、膨胀，扭曲不稳定性的扰动源是等离子体束流的离轴弯曲。

（4）耗散不稳定性

理想等离子体的电阻可以忽略不计，磁力线冻结在等离子体里面。类似于上述三种不稳定性，当电阻效应不可忽略时，由电阻互换、电阻气球、电阻扭曲导致的不稳定性被称为耗散不稳定性。电阻扭曲又称撕裂模不稳定性，扰动磁场与电流相互作用，导致电流层和磁面发生撕裂，力线重连形成磁岛。

微观不稳定性描述的是等离子体微观粒子体系的不平衡演化过程，是由等离子体内部粒子速度、密度分布不均匀（偏离麦克斯韦、玻耳兹曼分布）的固有扰动或者外界高能粒子或电磁波的输运扰动演化所导致的不稳定性过程。代表性的包括以下几种：

（1）双流不稳定性

当高能带电粒子束或电流通过等离子体时，粒子运动被扰动而引起粒子的群聚并产生空间电场，而电场又会助长群聚过程，从而使扰动不断增长的不稳定性过程。两群带电粒子在等离子体中做反向运动时所激发的不稳定性也属此类。

（2）离子声不稳定性

在等离子体中存在低频的离子声振荡，当等离子体内部存在电流，也就是电子、离子成分发生相对运动时，离子声振荡会在一定条件下获得增益，从而诱发离子声不稳定性。

（3）漂移不稳定性

等离子体在外场作用下会导致带电粒子的漂移运动，如电漂移、重力漂移、磁场梯度漂移和曲率漂移等。在一定条件下，受电磁场作用粒子的漂移波幅值会随时间迅速增长，从而诱发漂移不稳定性。

（4）参量不稳定性

当强场激光等强电磁波通过等离子体时，电磁波与等离子体相互作用，激发电子等离子体波、离子声波等，调制等离子体振荡过程，类似于参量放大器的共振过程，从而诱发参量不稳定性。

5.2　色散关系

等离子体不稳定性研究的关键就是微扰动的演化，无论是磁流体的线性波模与激波还是统计描述里的粒子分布函数，等离子体与电磁场的扰动都应该遵循流体力学方程组和麦克斯韦方程组。根据信号分析理论，通常假定线性小扰动均可写成各种频率扰动的叠加：

$$A = \sum_i A_i \exp[\mathrm{i}(\boldsymbol{k}_i \cdot \boldsymbol{r} - \omega_i t)] \tag{5.1}$$

式中，A_i 为波矢 $\boldsymbol{k}_i$、频率 $\boldsymbol{\omega}_i$ 扰动的振幅，对于线性化的流体力学方程组和麦克斯韦方程组，可以去掉求和符号，采用单色波求解建立波矢量 $\boldsymbol{k}$ 与频率 ω 的关系，二者之间的关系称为色散关系；$f(\boldsymbol{k},\omega)$ 的关系方程也称为色散方程。为方便讨论问题，本节相关公式推导采用高斯单位制。加粗斜体表示矢量或者张量，下标1表示扰动小量。基于扰动均满足 $\exp[\mathrm{i}(\boldsymbol{k}\cdot\boldsymbol{r}-\omega t)]$ 规律，可以将时间与空间微商替换为：

$$\frac{\partial}{\partial t} \sim -\mathrm{i}\omega, \nabla \sim \mathrm{i}\boldsymbol{k} \tag{5.2}$$

在动力学方程小扰动条件下，扰动电流密度 $\boldsymbol{j}_1$ 与扰动电场 $\boldsymbol{E}_1$ 之间满足欧姆定律：

$$\boldsymbol{j}_1(\boldsymbol{k},\omega) = \boldsymbol{\sigma}(\boldsymbol{k},\omega) \cdot \boldsymbol{E}_1(\boldsymbol{k},\omega) \tag{5.3}$$

式中，$\boldsymbol{\sigma}(\boldsymbol{k},\omega)$ 为导电张量。

考虑到空间电荷守恒：

$$\frac{\partial \rho}{\partial t} + \nabla \cdot \boldsymbol{j} = 0 \tag{5.4}$$

代入高斯制的泊松方程：

$$\nabla \cdot \boldsymbol{D} = 4\pi\rho \tag{5.5}$$

电荷守恒可以等效为：

$$\frac{1}{4\pi}\frac{\partial}{\partial t}(\nabla \cdot \boldsymbol{D}) + \nabla \cdot \boldsymbol{j} = 0 \tag{5.6}$$

$$\nabla\cdot\left(4\pi\boldsymbol{j}+\frac{\partial}{\partial t}\boldsymbol{D}\right)=0 \tag{5.7}$$

引入导体下的广义介电张量：

$$\boldsymbol{\varepsilon}'(\boldsymbol{k},\omega)=\boldsymbol{\varepsilon}+\frac{4\pi\mathrm{i}}{\omega}\boldsymbol{\sigma}(\boldsymbol{k},\omega)=\boldsymbol{I}+\frac{4\pi\mathrm{i}}{\omega}\boldsymbol{\sigma}(\boldsymbol{k},\omega) \tag{5.8}$$

等离子体高斯制介电张量 $\boldsymbol{\varepsilon}$ 可以看作二阶单位张量，则广义的扰动电位移矢量：

$$\boldsymbol{D}_1'(\boldsymbol{k},\omega)=\boldsymbol{\varepsilon}'(\boldsymbol{k},\omega)\cdot\boldsymbol{E}_1(\boldsymbol{k},\omega)=\boldsymbol{D}_1(\boldsymbol{k},\omega)+\frac{4\pi\mathrm{i}}{\omega}\boldsymbol{j}_1(\boldsymbol{k},\omega) \tag{5.9}$$

空间扰动电荷守恒可以等效为：

$$\nabla\cdot\left(4\pi\boldsymbol{j}_1+\frac{\partial}{\partial t}\boldsymbol{D}_1\right)=\nabla\cdot(4\pi\boldsymbol{j}_1-\mathrm{i}\omega\boldsymbol{D}_1)=\nabla\cdot(-\mathrm{i}\omega\boldsymbol{D}_1')=\boldsymbol{0} \tag{5.10}$$

由此建立线性化的麦克斯韦方程组：

$$\nabla\cdot\boldsymbol{D}_1'=0 \tag{5.11}$$

$$\nabla\cdot\boldsymbol{B}_1=0 \tag{5.12}$$

$$\nabla\times\boldsymbol{E}_1=-\frac{1}{c}\frac{\partial\boldsymbol{B}_1}{\partial t} \tag{5.13}$$

$$\nabla\times\boldsymbol{B}_1=\frac{1}{c}\frac{\partial\boldsymbol{D}_1'}{\partial t} \tag{5.14}$$

麦克斯韦方程组的两个旋度方程转化为傅里叶分量方程，可得：

$$\boldsymbol{k}\times\boldsymbol{E}_1=\frac{\omega}{c}\boldsymbol{B}_1 \tag{5.15}$$

$$\boldsymbol{k}\times\boldsymbol{B}_1=-\frac{\omega}{c}\boldsymbol{D}_1'=-\frac{\omega}{c}\boldsymbol{\varepsilon}'\cdot\boldsymbol{E}_1 \tag{5.16}$$

消去磁场 $\boldsymbol{B}_1$，可得：

$$\boldsymbol{k}\times\boldsymbol{k}\times\boldsymbol{E}_1=-\left(\frac{\omega}{c}\right)^2\boldsymbol{\varepsilon}'\cdot\boldsymbol{E}_1 \tag{5.17}$$

$$(\boldsymbol{k}\cdot\boldsymbol{E}_1)\boldsymbol{k}-(\boldsymbol{k}\cdot\boldsymbol{k})\boldsymbol{E}_1+\left(\frac{\omega}{c}\right)^2\boldsymbol{\varepsilon}'\cdot\boldsymbol{E}_1=\boldsymbol{0} \tag{5.18}$$

该方程有非零解的条件是系数矩阵行列式为零，即：

$$\left|k^2\delta_{ij}-k_ik_j-\left(\frac{\omega}{c}\right)^2\boldsymbol{\varepsilon}_{ij}'\right|=0 \tag{5.19}$$

这就是等离子体微扰动所满足的色散方程。本方程的介电张量是广义复数张量，对于给定的实数频率 $\boldsymbol{\omega}$，方程可获得复数的波矢解：

$$\boldsymbol{k}=\boldsymbol{k}_{\mathrm{Re}(\omega)}+\mathrm{i}\boldsymbol{k}_{\mathrm{Im}(\omega)} \tag{5.20}$$

类似地，对于给定的实数波矢 $\boldsymbol{k}$，也会求解获得复数的频率解，通常为共轭的两个解，取正虚部解：

$$\omega = \omega_{\mathrm{Re}(\boldsymbol{k})} + \mathrm{i}\omega_{\mathrm{Im}(\boldsymbol{k})} \tag{5.21}$$

因此，当扰动量满足变化规律 $\exp[\mathrm{i}(\boldsymbol{k} \cdot \boldsymbol{r} - \omega t)]$时，将复数波矢解或者复数频率解代入，将会产生实数因子 $\exp(-\boldsymbol{k}_{\mathrm{Im}(\omega)} \cdot \boldsymbol{r})$或者 $\exp(\omega_{\mathrm{Im}(\boldsymbol{k})}\boldsymbol{t})$。如果该实数因子大于 1，则扰动会被增益并发展为不稳定性；反之，扰动会被衰减抑制，最终恢复稳定平衡。复数波矢的虚部决定了扰动振幅随空间距离的变化，复数频率的虚部决定了扰动振幅随时间的变化。当扰动振幅随时间增长时，不稳定性迅速发展，其增长率满足：

$$\gamma = \frac{1}{\omega_{\mathrm{Im}(\boldsymbol{k})}} \tag{5.22}$$

定义波矢 $\boldsymbol{k}$ 的方向沿 z 轴方向，并且 $\boldsymbol{kk}$ 可以组成一个二阶张量，此时可以把介电张量表示为：

$$\boldsymbol{\varepsilon}' = \varepsilon'_{\perp}\left(\boldsymbol{I} - \frac{\boldsymbol{kk}}{k^2}\right) + \varepsilon'_{\parallel}\frac{\boldsymbol{kk}}{k^2} \tag{5.23}$$

式中，对角元 $\varepsilon'_{xx} = \varepsilon'_{yy} = \varepsilon'_{\perp}, \varepsilon'_{zz} = \varepsilon'_{\parallel}$，非对角元为零。将其代入色散关系可得：

$$\varepsilon'_{xx} = \varepsilon'_{yy} = \varepsilon'_{\perp} = \frac{k^2c^2}{\omega^2} \tag{5.24}$$

$$\varepsilon'_{zz} = \varepsilon'_{\parallel} = 0 \tag{5.25}$$

显然，前者对应于沿 x 或 y 轴垂直于波矢振荡的横波($\boldsymbol{E} \perp \boldsymbol{k}$)色散关系，后者对应于沿 z 轴平行于波矢振荡的纵波($\boldsymbol{E} /\!/ \boldsymbol{k}$)色散关系。

上述色散关系是基于麦克斯韦方程组与欧姆定律组合，直接从电磁场扰动角度推导，具有较好的普适性。

5.3 双流不稳定性

当一束高能带电粒子穿过等离子体或者驱动一个电流穿过等离子体时，由于不同粒子的速度不同，从而发生相对漂移并激发扰动波。在一定条件下，扰动波吸收漂移动能，获得增幅并发展为不稳定性，统称为束流不稳定性。其核心在于外界束流带来的粒子流相对漂移或相对运动。双流不稳定性是其中的典型代表，通常是指电子相对于离子流的运动。但广义的双流不稳定性不仅包含不同类别的粒子（电子与离子、不同种类的离子），还包含不同宏观参数（温度、密度）的粒子流。

假设等离子体一维分布包含两种粒子流分布，在无磁场条件下，忽略碰撞效应，忽略热传导和放热，可以建立磁流体方程：

$$\frac{\partial n_\alpha}{\partial t}+\nabla\cdot(n_\alpha \boldsymbol{v}_\alpha)=\frac{\mathrm{d}n_\alpha}{\mathrm{d}t}+n_\alpha\nabla\cdot\boldsymbol{v}_\alpha=0\ \text{（连续性方程）} \tag{5.26}$$

$$n_\alpha m_\alpha\frac{\mathrm{d}\boldsymbol{v}_\alpha}{\mathrm{d}t}=-\nabla p_\alpha+n_\alpha q_\alpha \boldsymbol{E}\ \text{（运动方程）} \tag{5.27}$$

$$\nabla p_\alpha=\gamma_\alpha T_\alpha\nabla n_\alpha\ \text{（绝热方程）} \tag{5.28}$$

式中，m_α、n_α、T_α、p_α、$\boldsymbol{v}_\alpha$ 分别表示成分 α 的粒子质量、密度、温度、压强、流体速度。将所有参量按照平衡值和扰动值之和的形式代入三个方程，建立对应的扰动方程：

$$\frac{\mathrm{d}n_{\alpha1}}{\mathrm{d}t}+n_\alpha\nabla\cdot\boldsymbol{v}_{\alpha1}=0 \tag{5.29}$$

$$n_\alpha m_\alpha\frac{\mathrm{d}\boldsymbol{v}_{\alpha1}}{\mathrm{d}t}=-\nabla p_{\alpha1}+n_\alpha q_\alpha \boldsymbol{E}_1 \tag{5.30}$$

$$\nabla p_{\alpha1}=\gamma_\alpha T_\alpha\nabla n_{\alpha1} \tag{5.31}$$

式中，下表 1 代表扰动量。

将$\frac{\mathrm{d}}{\mathrm{d}t}\sim\frac{\partial}{\partial t}+v\cdot\nabla,\frac{\partial}{\partial t}\sim -\mathrm{i}\omega,\nabla\sim\mathrm{i}\boldsymbol{k}$ 代入上述三个方程，可以得到它们的线性化方程：

$$-\mathrm{i}\omega n_{\alpha1}+\mathrm{i}(\boldsymbol{k}\cdot\boldsymbol{v}_\alpha)n_{\alpha1}+\mathrm{i}(\boldsymbol{k}\cdot\boldsymbol{v}_{\alpha1})n_\alpha=0 \tag{5.32}$$

$$-\mathrm{i}\omega n_\alpha m_\alpha\boldsymbol{v}_{\alpha1}+\mathrm{i}(\boldsymbol{k}\cdot\boldsymbol{v}_\alpha)n_\alpha m_\alpha\boldsymbol{v}_{\alpha1}=-\mathrm{i}p_{\alpha1}\boldsymbol{k}+n_\alpha q_\alpha\boldsymbol{E}_1 \tag{5.33}$$

$$\mathrm{i}p_{\alpha1}\boldsymbol{k}=\mathrm{i}\gamma_\alpha T_\alpha n_{\alpha1}\boldsymbol{k} \tag{5.34}$$

由式（5.32）和式（5.34）可得：

$$n_{\alpha1}=\frac{(\boldsymbol{k}\cdot\boldsymbol{v}_{\alpha1})n_\alpha}{\omega-\boldsymbol{k}\cdot\boldsymbol{v}_\alpha} \tag{5.35}$$

$$p_{\alpha1}=\gamma_\alpha T_\alpha n_{\alpha1}=\frac{(\boldsymbol{k}\cdot\boldsymbol{v}_{\alpha1})\gamma_\alpha T_\alpha n_\alpha}{\omega-\boldsymbol{k}\cdot\boldsymbol{v}_\alpha} \tag{5.36}$$

代入式（5.33），可得：

$$(\omega-\boldsymbol{k}\cdot\boldsymbol{v}_\alpha)\boldsymbol{v}_{\alpha1}=\frac{(\boldsymbol{k}\cdot\boldsymbol{v}_{\alpha1})\gamma_\alpha T_\alpha}{m_\alpha(\omega-\boldsymbol{k}\cdot\boldsymbol{v}_\alpha)}\boldsymbol{k}+\frac{\mathrm{i}q_\alpha\boldsymbol{E}_1}{m_\alpha} \tag{5.37}$$

将扰动速度$\boldsymbol{v}_{\alpha1}$分为横向（$\perp\boldsymbol{k}$）和纵向（$/\!/\boldsymbol{k}$）分量，可得：

$$\boldsymbol{v}_{\alpha1\perp}=\frac{\mathrm{i}q_\alpha\boldsymbol{E}_{1\perp}}{m_\alpha(\omega-\boldsymbol{k}\cdot\boldsymbol{v}_\alpha)} \tag{5.38}$$

$$\boldsymbol{v}_{\alpha1\parallel}=\frac{\mathrm{i}q_\alpha(\omega-\boldsymbol{k}\cdot\boldsymbol{v}_\alpha)\boldsymbol{E}_{1\parallel}}{m_\alpha(\omega-\boldsymbol{k}\cdot\boldsymbol{v}_\alpha)^2-\gamma_\alpha T_\alpha k^2} \tag{5.39}$$

进而求得密度扰动（只有纵向分量有贡献）：

$$n_{\alpha 1}=\frac{(\boldsymbol{k}\cdot\boldsymbol{v}_{\alpha 1})n_{\alpha}}{\omega-\boldsymbol{k}\cdot\boldsymbol{v}_{\alpha}}=\frac{\mathrm{i}q_{\alpha}n_{\alpha}\boldsymbol{E}_{1\parallel}\cdot\boldsymbol{k}}{m_{\alpha}(\omega-\boldsymbol{k}\cdot\boldsymbol{v}_{\alpha})^{2}-\gamma_{\alpha}T_{\alpha}k^{2}}=\frac{\mathrm{i}q_{\alpha}n_{\alpha}\boldsymbol{E}_{1}\cdot\boldsymbol{k}}{m_{\alpha}(\omega-\boldsymbol{k}\cdot\boldsymbol{v}_{\alpha})^{2}-\gamma_{\alpha}T_{\alpha}k^{2}} \tag{5.40}$$

因此，扰动电流密度：

$$\boldsymbol{j}_{1}(\boldsymbol{k},\omega)=\boldsymbol{\sigma}(\boldsymbol{k},\omega)\cdot\boldsymbol{E}_{1}(\boldsymbol{k},\omega)=\sum_{\alpha}q_{\alpha}n_{\alpha}\boldsymbol{v}_{\alpha 1}+q_{\alpha}n_{\alpha 1}\boldsymbol{v}_{\alpha} \tag{5.41}$$

将密度扰动和速度扰动代入上式，并假定波矢 $\boldsymbol{k}$ 沿 z 轴方向，求解电导张量（对称张量）：

$$\sigma_{xx}=\sigma_{yy}=\frac{1}{4\pi}\sum_{\alpha}\frac{\omega_{\alpha}^{2}}{\omega-\boldsymbol{k}\cdot\boldsymbol{v}_{\alpha}} \tag{5.42}$$

$$\sigma_{zz}=\frac{1}{4\pi}\sum_{\alpha}\frac{\omega_{\alpha}^{2}\omega}{(\omega-\boldsymbol{k}\cdot\boldsymbol{v}_{\alpha})^{2}-\dfrac{\gamma_{\alpha}T_{\alpha}k^{2}}{m_{\alpha}}} \tag{5.43}$$

$$\sigma_{xy}=\sigma_{yx}=0 \tag{5.44}$$

$$\sigma_{xz}=\sigma_{zx}=\frac{1}{4\pi}\sum_{\alpha}\frac{\omega_{\alpha}^{2}kv_{\alpha x}}{(\omega-\boldsymbol{k}\cdot\boldsymbol{v}_{\alpha})^{2}-\dfrac{\gamma_{\alpha}T_{\alpha}k^{2}}{m_{\alpha}}} \tag{5.45}$$

$$\sigma_{yz}=\sigma_{zy}=\frac{1}{4\pi}\sum_{\alpha}\frac{\omega_{\alpha}^{2}kv_{\alpha y}}{(\omega-\boldsymbol{k}\cdot\boldsymbol{v}_{\alpha})^{2}-\dfrac{\gamma_{\alpha}T_{\alpha}k^{2}}{m_{\alpha}}} \tag{5.46}$$

式中，$k=|\boldsymbol{k}|$；$\omega_{\alpha}=\sqrt{\dfrac{4\pi q_{\alpha}^{2}n_{\alpha}}{m_{\alpha}}}$，为高斯制等离子体频率。

对于比较简单的纵向振荡（$\boldsymbol{E}/\!/\boldsymbol{k}$），根据纵波扰动色散关系：

$$\varepsilon_{zz}'=\varepsilon_{\parallel}'=1+\frac{4\pi\mathrm{i}}{\omega}\sigma_{zz}=0 \tag{5.47}$$

$$1-\sum_{\alpha}\frac{\omega_{\alpha}^{2}}{(\omega-\boldsymbol{k}\cdot\boldsymbol{v}_{\alpha})^{2}-\dfrac{\gamma_{\alpha}T_{\alpha}k^{2}}{m_{\alpha}}}=1-\sum_{\alpha}\frac{\omega_{\alpha}^{2}}{(\omega-\boldsymbol{k}\cdot\boldsymbol{v}_{\alpha})^{2}-k^{2}v_{T\alpha}^{2}}=0 \tag{5.48}$$

式中，$v_{T\alpha}$表示粒子热速度，满足：

$$v_{T\alpha}=\sqrt{\frac{\gamma_{\alpha}T_{\alpha}}{m_{\alpha}}} \tag{5.49}$$

对于冷粒子束系统 $T_{\alpha}=0$，$v_{T\alpha}=0$，则色散方程可简化为：

$$\sum_{\alpha}\frac{\omega_{\alpha}^{2}}{(\omega-\boldsymbol{k}\cdot\boldsymbol{v}_{\alpha})^{2}}=1 \tag{5.50}$$

对于冷等离子体体系，只考虑电子和离子，并忽略离子运动，假定离子是固定的，则无磁场冷等离子体的双流不稳定性色散方程为：

$$\frac{\omega_{pi}^2}{\omega^2}+\frac{\omega_{pe}^2}{(\omega-\boldsymbol{k}\cdot\boldsymbol{v}_e)^2}=1 \tag{5.51}$$

不妨令 $\boldsymbol{k}\cdot\boldsymbol{v}_e=kv_e$，即电子流的速度同样沿 $\boldsymbol{k}$ 方向，也就是 z 方向，因此：

$$\frac{\omega_{pi}^2}{\omega^2}+\frac{\omega_{pe}^2}{(\omega-kv_e)^2}=1 \tag{5.52}$$

显然，对于实数波矢 $\boldsymbol{k}$，由色散关系可以得到频率 ω 的四阶方程，对应着 ω 的四个根。如果所有根均为实数，则扰动满足振荡规律：

$$(n_{\alpha1},E_1)\propto\exp[\mathrm{i}(\boldsymbol{k}\cdot\boldsymbol{r}-\omega t)] \tag{5.53}$$

如果存在复数根 $\omega=\omega_{\mathrm{Re}(\boldsymbol{k})}+\mathrm{i}\omega_{\mathrm{Im}(\boldsymbol{k})}$，则扰动满足振荡规律：

$$(\mathrm{n}_{\alpha1},E_1)\propto\exp[\mathrm{i}(\boldsymbol{k}\cdot\boldsymbol{r}-\omega_{\mathrm{Re}(\boldsymbol{k})}t)]\exp[\omega_{\mathrm{I}(\boldsymbol{k})}t] \tag{5.54}$$

显然，如果复数频率的虚部 $\omega_{\mathrm{Im}(\boldsymbol{k})}$ 为正数，则表征着指数增长不稳定性波；反之，则表征着阻尼抑制波。由于复数根以共轭形式出现，必然存在虚部为正的增长不稳定性波。

为了便于直观地认知，不妨令：

$$F(\omega,k)=\frac{\omega_{pi}^2}{\omega^2}+\frac{\omega_{pe}^2}{(\omega-kv_e)^2} \tag{5.55}$$

$F(\omega,k)$ 在 $\omega\to\pm\infty$ 时均趋于 0，在 $\omega\to0$ 或 kv_e 时趋于 ∞，因此，$F(\omega,k)$ 至少有两个实数根在 $[-\infty,0]$ 和 $[kv_e,+\infty]$ 区间，但通过改变波矢 $\boldsymbol{k}$，在 $0\sim kv_e$ 区间内可能存在两个实数根，也可能存在两个复数根，而共轭的两个复数根中必然有一个对应着不稳定性解。如图 5.1 所示，当 $F(\omega,k)=1$ 的四个根均为实数根时，等离子体是稳定的，扰动所引起的振荡振幅并没有随时间增长。相比之下，如图 5.2 所示，当 $F(\omega,k)=1$ 存在两个共轭复数根时，虚部为正的根对应着随时间振荡振幅增长的不稳定性波，此时等离子体是不稳定的。

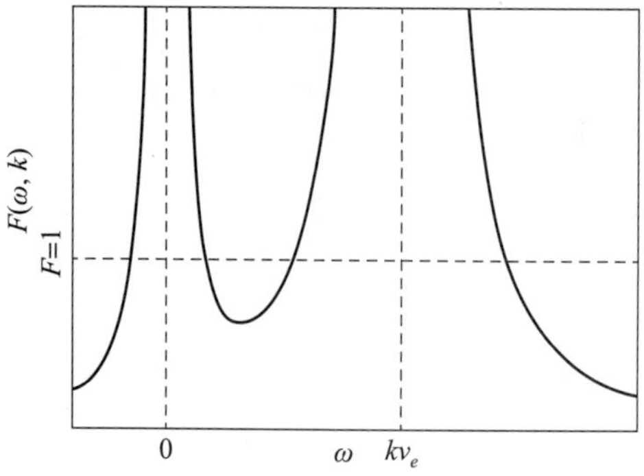

图 5.1　等离子体稳定时，双流不稳定性函数 $F(\omega,k)$ 对应着四个实数根

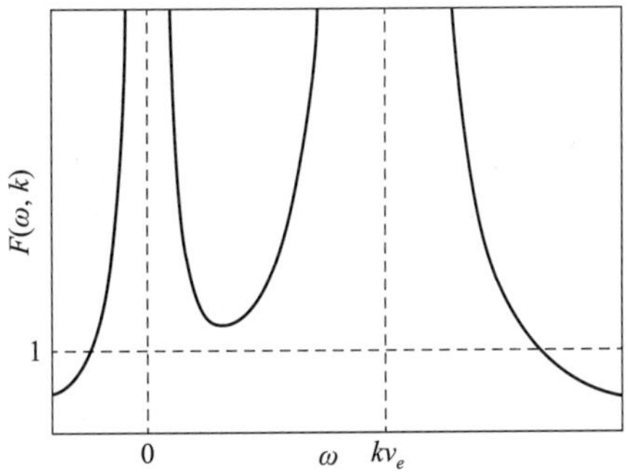

图5.2　等离子体不稳定时，双流不稳定性函数 $F(\omega,k)$ 存在两个复数共轭根

在各向同性的冷等离子体中，双流不稳定性色散关系也可以直接通过流体方程组和泊松方程联立求解，可以得到同样的色散关系。泊松方程为：

$$\nabla \cdot \boldsymbol{D} = \nabla \cdot \boldsymbol{E} = 4\pi \sum_{i,e} q_\alpha n_\alpha \tag{5.56}$$

5.4　瑞利－泰勒不稳定性

瑞利－泰勒（Rayleigh－Taylor，RT）不稳定性是流体力学中常见的不稳定性之一，主要发生在两种存在密度梯度的物质界面处，最典型的就是重力场中低密度流体支撑高密度液体极易发生瑞利－泰勒不稳定性，可以用“头重脚轻”来形容，流体需要通过RT不稳定性的扰动向系统势能减小的方向演化。如果考虑外部电磁场的影响，等离子体可视为导电的磁流体，此时也会发生RT不稳定性，但相比于中性的流体，磁流体的扰动会使相应的电磁场发生扰动，进而导致磁力线弯曲并产生相应的磁张力，使得弯曲向平衡位置恢复，因此，磁场对于RT不稳定性具有抑制作用。

1. 经典瑞利－泰勒不稳定性

经典瑞利－泰勒不稳定性，是指处于重力场下的双层无限大的不可压缩且无旋的理想流体，水平界面上方流体密度 ρ_H 大于下方流体密度 ρ_L，二者处于不稳定平衡状态，当界面处出现扰动后迅速发展起来的不稳定性，如图5.3所示。

对于不可压缩无旋流体，密度为常数，显然连续性方程的密度项不随时间和空间变化。

$$\frac{\partial \rho}{\partial t} + \nabla \cdot (\rho \boldsymbol{v}) = 0 \tag{5.57}$$

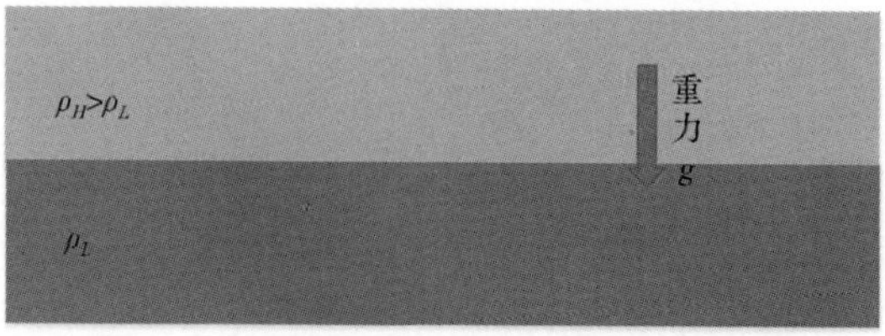

图 5.3 “头重脚轻”的经典 RT 不稳定性布局图

由于密度的不可压缩性，其始终为常数，显然流体的速度满足：

$$\nabla \cdot \boldsymbol{v} = 0 \tag{5.58}$$

不妨建立速度势场 $\boldsymbol{\Phi}$，满足：

$$\boldsymbol{v} = \nabla \boldsymbol{\Phi} \tag{5.59}$$

$$\nabla \cdot \boldsymbol{v} = \nabla \cdot (\nabla \boldsymbol{\Phi}) = \Delta \boldsymbol{\Phi} = 0 \tag{5.60}$$

流体的运动方程满足：

$$\rho \frac{\mathrm{d}v}{\mathrm{d}t} = -\nabla p + \rho \boldsymbol{g} \tag{5.61}$$

$$\nabla\left(\rho \frac{\mathrm{d}\boldsymbol{\Phi}}{\mathrm{d}t} + p\right) = -\nabla(\rho g z) \tag{5.62}$$

$$\nabla\left(\rho \frac{\mathrm{d}\boldsymbol{\Phi}}{\mathrm{d}t} + p + \rho g z\right) = 0 \tag{5.63}$$

$$\rho \frac{\mathrm{d}\boldsymbol{\Phi}}{\mathrm{d}t} + p + \rho g z = \text{const} \tag{5.64}$$

假定扰动满足 $\boldsymbol{\Phi} = \boldsymbol{\Phi}(z)\exp[\mathrm{i}(kx - \omega t)]$ 规律，波矢 $\boldsymbol{k}$ 沿 x 方向，重力场 $\boldsymbol{g}$ 沿 $-z$ 方向，为区别开尔文－亥姆霍兹不稳定性（界面切向速度不稳定性），不稳定性只考虑法向扰动运动过程。

对于速度势场，满足拉普拉斯算子，则：

$$\Delta \boldsymbol{\Phi} = \frac{\partial \boldsymbol{\Phi}}{\partial z^2} - k^2 \boldsymbol{\Phi} = 0 \tag{5.65}$$

因此，速度势场满足指数规律：

$$\boldsymbol{\Phi}(z) = A\mathrm{e}^{kz} + B\mathrm{e}^{-kz} \tag{5.66}$$

不妨假定界面的速度势场初始扰动满足：

$$\boldsymbol{\Phi}_1 = \begin{cases} A_H \exp(-kz), & z > 0 \\ A_L \exp(kz), & z < 0 \end{cases} \tag{5.67}$$

当 $z \to 0$ 时，建立线性化方程：

$$\rho \frac{\mathrm{d}\boldsymbol{\Phi}_1}{\mathrm{d}t} + p_1 + \rho g z_1 = 0 \tag{5.68}$$

$$v_{z1} = \frac{\partial \boldsymbol{\Phi}_1}{\partial z} = \frac{\partial z_1}{\partial t} \quad (z \to 0) \tag{5.69}$$

则对于 $z>0$ 界面上侧流体，当 $z\to 0$ 时：

$$-\mathrm{i}\omega\rho_H\Phi_{H1}+p_1+\rho_H g z_1=0 \tag{5.70}$$

$$-k\Phi_{H1}=-\mathrm{i}\omega z_1 \tag{5.71}$$

类似地，对于 $z<0$ 界面上侧流体，当 $z\to 0$ 时：

$$-\mathrm{i}\omega\rho_L\Phi_{L1}+p_2+\rho_L g z_1=0 \tag{5.72}$$

$$k\Phi_{L1}=-\mathrm{i}\omega z_1 \tag{5.73}$$

对于理想流体，界面处的压力连续，即 $p_1=p_2$，因此：

$$-\mathrm{i}\omega\rho_H\frac{\mathrm{i}\omega z_1}{k}+\rho_H g z_1=\mathrm{i}\omega\rho_L\frac{\mathrm{i}\omega z_1}{k}+\rho_L g z_1 \tag{5.74}$$

则：

$$\omega^2=-\frac{kg(\rho_H-\rho_L)}{\rho_H+\rho_L}=-A_T kg \tag{5.75}$$

式中，A_T 为 Atwood 系数，满足：

$$A_T=\frac{\rho_H-\rho_L}{\rho_H+\rho_L} \tag{5.76}$$

显然，当上部液体密度 $\rho_H>\rho_L$ 时，ω 为一对共轭复数解：

$$\omega=\pm\mathrm{i}\sqrt{A_T kg} \tag{5.77}$$

对于 $\exp[\mathrm{i}(kx-\omega t)]$ 的扰动，当取正虚部 $\omega=\mathrm{i}\sqrt{A_T kg}$ 时，扰动会出现随时间增长的不稳定项：$\exp[\mathrm{i}(kx-\omega t)]=\exp(\mathrm{i}kx+\sqrt{A_T kg}\,t)=\exp(\mathrm{i}kx+\gamma t)$。如图 5.4 所示，随时间单模扰动诱发的瑞利－泰勒不稳定性迅速发展。

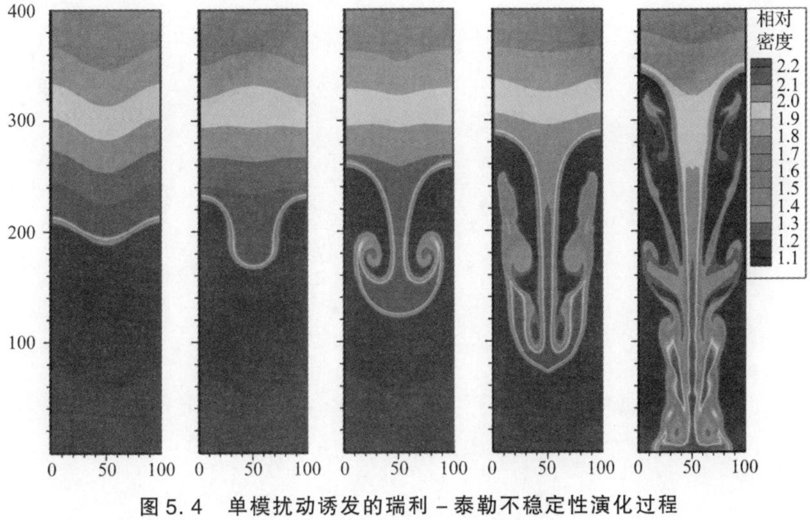

图 5.4　单模扰动诱发的瑞利－泰勒不稳定性演化过程
（Chen Feng 等，Front. Phys，2016）

式中，γ 是经典瑞利－泰勒不稳定性的不稳定性因子。

$$\gamma = \sqrt{A_T k g} \tag{5.78}$$

2. 密度梯度的致稳作用

相比于两层均匀密度的流体分布，密度梯度分布会对不稳定性起到致稳作用。典型如激光惯性约束聚变，激光聚焦辐照靶表面烧蚀形成等离子体，并且受激光与靶组成不均匀性影响，在烧蚀面容易形成扰动并发展成为 RT 流体不稳定性，这也是 ICF 惯性约束聚变点火的最大障碍之一。

这里依然采用不可压缩理想流体的运动进行描述，并从最基本的流体力学方程组出发，推导不稳定性的二阶本征微分方程：

$$\frac{\partial \rho}{\partial t} + \nabla \cdot (\rho \boldsymbol{v}) = 0 \tag{5.79}$$

$$\rho \frac{\mathrm{d}v}{\mathrm{d}t} = -\nabla p + \rho \boldsymbol{g} \tag{5.80}$$

$$\nabla \cdot \boldsymbol{v} = 0 \tag{5.81}$$

式中：

$$\nabla \cdot (\rho \boldsymbol{v}) = \rho \nabla \cdot \boldsymbol{v} + \boldsymbol{v} \cdot \nabla \rho = v_x \frac{\partial \rho}{\partial x} + v_z \frac{\partial \rho}{\partial z} \tag{5.82}$$

$$\frac{\mathrm{d}v}{\mathrm{d}t} = \frac{\partial v}{\partial t} + \boldsymbol{v} \cdot \nabla \boldsymbol{v} \tag{5.83}$$

依然假定初始密度 $\rho_0 = \rho_{(z)}$ 只与 z 有关，流体速度切向分量为 v_x，法向分量为 v_z，并且初始速度 $\boldsymbol{v}$ 只有切向速度 v_{x0}。由此建立扰动量的线性方程：

$$\frac{\partial \rho_1}{\partial t} + v_{x0} \frac{\partial \rho_1}{\partial x} + v_{z1} \frac{\mathrm{d}\rho_0}{\mathrm{d}z} = 0 \tag{5.84}$$

$$\rho_0 \left(\frac{\partial v_{x1}}{\partial t} + v_{x0} \frac{\partial v_{x1}}{\partial x} + v_{z1} \frac{\mathrm{d}v_{x0}}{\mathrm{d}z} \right) = -\frac{\partial p_1}{\partial x} \tag{5.85}$$

$$\rho_0 \left(\frac{\partial v_{z1}}{\partial t} + v_{x0} \frac{\partial v_{z1}}{\partial x} \right) = -\frac{\partial p_1}{\partial z} - \rho_1 g \tag{5.86}$$

$$\frac{\partial v_{x1}}{\partial x} + \frac{\partial v_{z1}}{\partial z} = 0 \tag{5.87}$$

将经典 RT 不稳定性的扰动不稳定性项 $\exp(\mathrm{i}kx + \gamma t)$ 代入上式，可得：

$$(\gamma + \mathrm{i}k v_{x0}) \rho_1 + v_{z1} \frac{\mathrm{d}\rho_0}{\mathrm{d}z} = 0 \tag{5.88}$$

$$\rho_0 \left[(\gamma + \mathrm{i}k v_{x0}) v_{x1} + v_{z1} \frac{\mathrm{d}v_{x0}}{\mathrm{d}z} \right] = -\mathrm{i}k p_1 \tag{5.89}$$

$$\rho_0(\gamma + \mathrm{i}kv_{x0})v_{z1} = -\frac{\partial p_1}{\partial z} - \rho_1 g \tag{5.90}$$

$$\mathrm{i}kv_{x1} + \frac{\partial v_{z1}}{\partial z} = 0 \tag{5.91}$$

联立四个方程，消去压力 p_1 和切向速度扰动量 v_{x1}，得到法向速度扰动 v_{z1} 的本征方程：

$$(\gamma + \mathrm{i}kv_{x0})^2\left(\rho_0\frac{\mathrm{d}^2 v_{z1}}{\mathrm{d}z^2} + \frac{\mathrm{d}\rho_0}{\mathrm{d}z}\frac{\mathrm{d}v_{z1}}{\mathrm{d}z} - k^2\rho_0 v_{z1}\right) - \mathrm{i}k(\gamma + \mathrm{i}kv_{x0})\left(\rho_0\frac{\mathrm{d}^2 v_{x0}}{\mathrm{d}z^2} + \frac{\mathrm{d}\rho_0}{\mathrm{d}z}\frac{\mathrm{d}v_{x0}}{\mathrm{d}z}\right)v_{z1} + k^2 g\frac{\mathrm{d}\rho_0}{\mathrm{d}z}v_{z1} = 0 \tag{5.92}$$

该二阶本征方程的系数主要由初始密度、初始速度分布及不稳定项参数 n、k 决定的，是连续分布的瑞利 - 泰勒（RT）及开尔文 - 亥姆霍兹（KH）不稳定性的本征方程标准形式。二阶本征方程的本征值 γ 有一对解，如果是复数，则是共轭解，其中实部正值表示增长不稳定性，负值表示衰减抑制扰动振荡，虚部则表示振荡频率。此外，扰动一般只发生在局部区域，因此一般取无限远处零边界条件。

当只考虑 RT 不稳定性，切向初速度 $v_{x0}=0$ 时，方程可以简化为：

$$\gamma^2\left(\rho_0\frac{\mathrm{d}^2 v_{z1}}{\mathrm{d}z^2} + \frac{\mathrm{d}\rho_0}{\mathrm{d}z}\frac{\mathrm{d}v_{z1}}{\mathrm{d}z} - k^2\rho_0 v_{z1}\right) + k^2 g\frac{\mathrm{d}\rho_0}{\mathrm{d}z}v_{z1} = 0 \tag{5.93}$$

或

$$\frac{\mathrm{d}}{\mathrm{d}z}\left(\rho_0\frac{\mathrm{d}v_{z1}}{\mathrm{d}z}\right) + \frac{k^2 g}{\gamma^2}\frac{\mathrm{d}\rho_0}{\mathrm{d}z}v_{z1} - k^2\rho_0 v_{z1} = 0 \tag{5.94}$$

该方程正是苏布拉马尼扬 - 钱德拉塞卡（Subrahmanyan - Chandrasekhar）获得的连续密度分布下的 RT 本征值问题。

采用零边界条件，即 v_{z1} 与 $\frac{\mathrm{d}v_{z1}}{\mathrm{d}z}$ 在 ±∞处为零，对上式在进行积分：

$$\int_{-\infty}^{+\infty}\left[\frac{\mathrm{d}}{\mathrm{d}z}\left(\rho_0\frac{\mathrm{d}v_{z1}}{\mathrm{d}z}\right) + \frac{k^2 g}{\gamma^2}\frac{\mathrm{d}\rho_0}{\mathrm{d}z}v_{z1} - k^2\rho_0 v_{z1}\right]\mathrm{d}z = 0 \tag{5.95}$$

其中第一项：

$$\int_{-\infty}^{+\infty}\frac{\mathrm{d}}{\mathrm{d}z}\left(\rho_0\frac{\mathrm{d}v_{z1}}{\mathrm{d}z}\right)\mathrm{d}z = \left(\rho_0\frac{\mathrm{d}v_{z1}}{\mathrm{d}z}\right)\Bigg|_{-\infty}^{+\infty} = 0 \tag{5.96}$$

所以：

$$\gamma^2 = g\,\frac{\int_{-\infty}^{+\infty}\frac{\mathrm{d}\rho_0}{\mathrm{d}z}v_{z1}\,\mathrm{d}z}{\int_{-\infty}^{+\infty}\rho_0 v_{z1}\,\mathrm{d}z} \tag{5.97}$$

对于经典 RT 不稳定性，密度分布为间断的局部均匀分布形式：

$$\rho_{(z)}=\begin{cases}\rho_2, & z\geqslant 0\\ \rho_1, & z<0\end{cases} \tag{5.98}$$

显然，此时的本征方程变为：

$$\frac{\mathrm{d}^2 v_{z1}}{\mathrm{d}z^2}-k^2 v_{z1}=0 \tag{5.99}$$

满足无穷远处零边界条件的解为：

$$v_{z1}=v_{z0}\exp(-k|z|) \tag{5.100}$$

此时：

$$\begin{aligned}\gamma^2&=g\frac{\int_{-\infty}^{+\infty}\frac{\mathrm{d}\rho_{(z)}}{\mathrm{d}z}v_{z1}\mathrm{d}z}{\int_{-\infty}^{+\infty}\rho_{(z)}v_{z1}\mathrm{d}z}=-g\frac{\int_{-\infty}^{+\infty}\rho_{(z)}\frac{\mathrm{d}v_{z1}}{\mathrm{d}z}\mathrm{d}z}{\int_{-\infty}^{+\infty}\rho_{(z)}v_{z1}\mathrm{d}z}\\&=-g\frac{\int_{-\infty}^{0}\rho_1 k v_{z0}\exp(kz)\mathrm{d}z-\int_{0}^{+\infty}\rho_2 k v_{z0}\exp(-kz)\mathrm{d}z}{\int_{-\infty}^{0}\rho_1 v_{z0}\exp(kz)\mathrm{d}z+\int_{0}^{+\infty}\rho_2 v_{z0}\exp(-kz)\mathrm{d}z}\\&=-g\frac{\rho_1 v_{z0}-\rho_2 v_{z0}}{\frac{\rho_1 v_{z0}}{k}+\frac{\rho_2 v_{z0}}{k}}=\frac{\rho_2-\rho_1}{\rho_1+\rho_2}kg=A_T kg\end{aligned} \tag{5.101}$$

因此，经典 RT 不稳定性的增长率 $\gamma=\sqrt{A_T kg}$。

对于连续密度梯度分布的流体，为分析方便，在密度中值的位置建立流体的界面（$z=0$），界面两侧满足指数密度分布：

$$\rho_{(z)}=\begin{cases}\rho_2-\frac{1}{2}(\rho_2-\rho_1)\exp(-\beta z), & z\geqslant 0\\ \rho_1+\frac{1}{2}(\rho_2-\rho_1)\exp(\beta z), & z<0\end{cases} \tag{5.102}$$

$$\rho_{(0)}=\frac{1}{2}(\rho_2+\rho_1) \tag{5.103}$$

对于连续密度梯度分布的流体，二阶本征方程可以在经典解析解基础上采用近似的本征函数，即：

$$v_{z1}=v_{z0}\exp(-k|z-z_{\mathrm{peak}}|) \tag{5.104}$$

本征函数对应的峰值位置为z_{peak}，为计算方便，取$z_{\mathrm{peak}}=0$，将经典本征函数与密度代入增长率公式，可得：

$$\gamma=\sqrt{\frac{A_T kg\beta}{k+\beta}} \tag{5.105}$$

定义界面密度梯度定标长度 L 为：

$$L=\min\left(\left|\frac{\rho}{\partial\rho/\partial z}\right|\right)=\min\begin{cases}\left|\dfrac{2\rho_2}{\beta(\rho_2-\rho_1)}\exp(\beta z)-\dfrac{1}{\beta}\right|, & z\geqslant 0\\ \dfrac{\rho_2+\rho_1}{\beta(\rho_2-\rho_1)}=\dfrac{1}{\beta A_T}, & z=0\\ \left|\dfrac{2\rho_1}{\beta(\rho_2-\rho_1)}\exp(-kz)+\dfrac{1}{\beta}\right|, & z<0\end{cases}\tag{5.106}$$

因此：

$$L=\frac{1}{\beta A_T}\tag{5.107}$$

此时增长率满足：

$$\gamma=\sqrt{\frac{A_T kg\beta}{k+\beta}}=\sqrt{\frac{A_T kg}{1+A_T kL}}\tag{5.108}$$

显然，A_T 越小，γ 越小；L 越大，相应的 γ 也会越小。因此，密度梯度与小 Atwood 数对 RT 不稳定性具有致稳效应。

当然，上式近似解与精确数值解仍然存在偏离。大量数值计算表明，当 $kL<1$ 时，近似解与数值解近似完全符合。但随着 kL 增大，二者会发生偏差，当 $1<kL<2$ 时，偏差在5%以内。这是因为精确数值解的本征函数对应的峰值向$z<0$ 偏离。近似解所取的经典本征函数 $v_{z1}=v_{z0}\exp(-k|z|)$ 存在偏差。此外，流体或磁流体中指数衰减形式的扰动分布与实际分布也存在偏差，因此，近似获得的增长率与实际过程也存在一定的偏差，但对于分析物理规律并给出粗略估计仍然是有价值的。

3. 磁流体的 RT 不稳定性

相比于纯流体，作为磁流体的等离子体，粒子是由具有集体行为和准电中性特点的带电粒子（有时也含有中性粒子）构成的，这就导致了等离子体的流动和扰动都会受到外部电磁场的作用。磁场会在等离子体内部形成磁压力和张力，并对等离子体起到类似于轻流体支撑重流体的作用。受磁冻结效应影响，粒子沿弯曲磁力线运动时，受到的离心力起到 RT 不稳定性中的重力作用效果，从而在外部磁场作用下在等离子体内部诱发 RT 的不稳定性过程。

首先研究一种简单条件：连续分布的等离子体与真空界面条件下，洛伦兹力和重力达到不稳定平衡态。根据单粒子轨道理论，带电粒子在外力 $\boldsymbol{F}$ 和磁场 $\boldsymbol{B}$ 作用下发生漂移，相应的漂移速度 $\boldsymbol{v}_{Dg}$满足：

$$\boldsymbol{v}_{Dg}=\frac{\boldsymbol{F}\times\boldsymbol{B}}{qB^2}\tag{5.109}$$

如果仅考虑重力影响 $\boldsymbol{F}=m\boldsymbol{g}$，漂移速度可表示为：

$$\boldsymbol{v}_{Dg}=\frac{m\boldsymbol{g}\times\boldsymbol{B}}{qB^2} \tag{5.110}$$

该漂移速度也适用于磁流体过程。根据磁流体的运动方程：

$$n_0m\left(\frac{\partial}{\partial t}+\boldsymbol{v}_0\cdot\nabla\right)\boldsymbol{v}_0=-\nabla p+n_0\boldsymbol{E}_0q+n_0q\boldsymbol{v}_0\times\boldsymbol{B}+n_0m\boldsymbol{g} \tag{5.111}$$

假定平衡状态下 $\boldsymbol{v}_0$ 是常数，等离子体是冷的，并忽略外部电场影响，即：

$$\boldsymbol{v}_0=\text{const},T_i=T_e=0,\boldsymbol{E}_0=0 \tag{5.112}$$

因此：

$$\frac{\partial\boldsymbol{v}_0}{\partial t}=0,\nabla\boldsymbol{v}_0=\boldsymbol{0},\nabla p=0,\boldsymbol{E}_0q=0 \tag{5.113}$$

代入运动方程，可得：

$$n_0q\boldsymbol{v}_0\times\boldsymbol{B}+n_0m\boldsymbol{g}=n_0m\left(\frac{\partial}{\partial t}+\boldsymbol{v}_0\cdot\nabla\right)\boldsymbol{v}_0=\boldsymbol{0} \tag{5.114}$$

式中，n_0 表示粒子密度；m 表示单个粒子质量，质量密度 $\rho_0=mn_0$。显然：

$$q\boldsymbol{v}_0\times\boldsymbol{B}+m\boldsymbol{g}=\boldsymbol{0} \tag{5.115}$$

$$q\boldsymbol{B}\times\boldsymbol{v}_0\times\boldsymbol{B}=m\boldsymbol{g}\times\boldsymbol{B} \tag{5.116}$$

此时粒子速度 $\boldsymbol{v}_0$主要由重力漂移速度决定，满足：

$$\boldsymbol{v}_0=\boldsymbol{v}_{Dg}=\frac{m\boldsymbol{g}\times\boldsymbol{B}}{qB^2} \tag{5.117}$$

基于上述冷等离子体、无外部电场的条件，如图 5.5 所示，假定磁场 $\boldsymbol{B}$ 沿 y 轴方向，重力 $\boldsymbol{g}$ 沿 $-z$ 方向，漂移速度 $\boldsymbol{v}_0$ 作为常数沿 x 轴方向，扰动波矢 $\boldsymbol{k}$ 沿 x 轴方向，等离子体界面位于 xOy 平面。类似于单粒子轨道理论，这里主要讨论垂直于磁场的运动 $\boldsymbol{v}_0\cdot\boldsymbol{B}=0$。由于电子质量远小于离子质量，相应地，其漂移速度也远小于离子的漂移速度，因此，可以假设电子是静止不动的背景。如图 5.6 所示，当离子发生漂移后，产生静电分离场 $\boldsymbol{E}_1$，该电场随着扰动的峰谷移动而变化方向，只考虑 x 轴向分量。电荷分离场与磁场相互作用，导致扰动发生 $\boldsymbol{E}_1\times\boldsymbol{B}$ 电漂移，并且界面向上运动的区域，其漂移速度也是向上的；相反，界面以下区域进一步向下漂移，由此导致扰动迅速增强并发展成为 RT 不稳定性。相比于普通流体过程，等离子体作为磁流体，电磁场在不稳定性发展过程中起到重要作用，譬如此处的重力漂移和电漂移，是诱发 RT 不稳定性迅速发展的关键原因。下面对该不稳定性过程的色散关系进行分析：

扰动下粒子的连续性和运动方程满足：

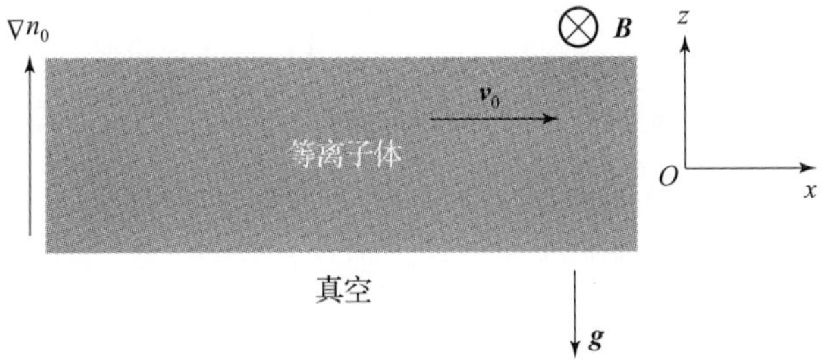

图 5.5　等离子体-真空界面处的 RT 不稳定性参量图

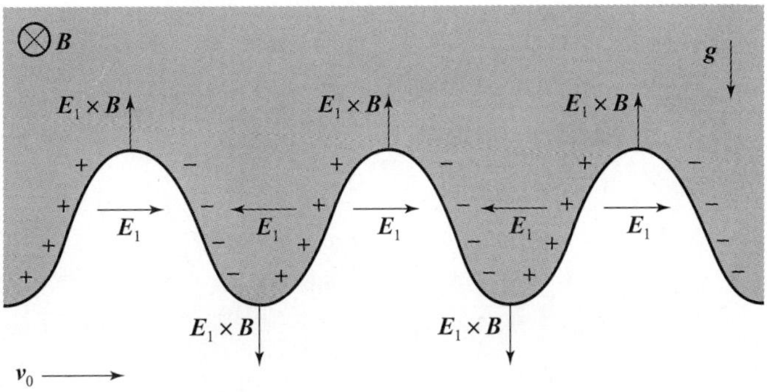

图 5.6　等离子体-真空界面处的 RT 不稳定性受力机制

$$\frac{\partial(n_0+n_1)}{\partial t}+\nabla\cdot[(n_0+n_1)(\boldsymbol{v}_0+\boldsymbol{v}_1)]=0 \tag{5.118}$$

$$m(n_0+n_1)\left[\frac{\partial}{\partial t}+(\boldsymbol{v}_0+\boldsymbol{v}_1)\cdot\nabla(\boldsymbol{v}_0+\boldsymbol{v}_1)\right]$$
$$=(n_0+n_1)q(\boldsymbol{v}_0+\boldsymbol{v}_1)\times\boldsymbol{B}+(n_0+n_1)\boldsymbol{E}_1q+m(n_0+n_1)\boldsymbol{g} \tag{5.119}$$

假定初始速度仅有重力漂移速度，满足：

$$\boldsymbol{v}_0=\boldsymbol{v}_{Dg}=\frac{m\boldsymbol{g}\times\boldsymbol{B}}{qB^2}=\frac{g}{\omega_c}\vec{\boldsymbol{x}} \tag{5.120}$$

则：

$$v_0=\frac{g}{\omega_c}=\text{const},\ \nabla\cdot\boldsymbol{v}_0=0,\ \frac{\partial\boldsymbol{v}_0}{\partial t}=0 \tag{5.121}$$

式中，$\omega_c=\dfrac{qB}{m}$，为回旋角频率。

建立扰动量的线性化方程：

$$\frac{\partial n_1}{\partial t}+n_0\nabla\cdot\boldsymbol{v}_1+\boldsymbol{v}_0\cdot\nabla n_1+\boldsymbol{v}_1\cdot\nabla n_0=0 \tag{5.122}$$

$$mn_0\left(\frac{\partial v_1}{\partial t}+\boldsymbol{v}_0\cdot\nabla\boldsymbol{v}_1\right)=n_0q\boldsymbol{v}_1\times\boldsymbol{B}+n_0q\boldsymbol{E}_1 \tag{5.123}$$

式中，$\nabla n_0=\dfrac{\mathrm{d}n_0}{\mathrm{d}z}$，沿 z 轴方向，与初始速度 $\boldsymbol{v}_0$ 垂直。需要注意的是，线性化过程中略去了重力扰动项 $mn_1\boldsymbol{g}$，这是因为此处利用了式（5.115）乘以系数因子 $(n_0+n_1)/n_0$，获得式（5.126），运动方程（5.121）减去式（5.126）可以直接消除密度引起的重力扰动项，可得：

$$m(n_0+n_1)\left(\frac{\partial}{\partial t}+\boldsymbol{v}_0\cdot\nabla\right)\boldsymbol{v}_0=(n_0+n_1)q\boldsymbol{v}_0\times\boldsymbol{B}+m(n_0+n_1)\boldsymbol{g} \tag{5.124}$$

假定扰动满足 $\exp[\mathrm{i}(kx-\omega t)]$ 振荡形式，可以得到：

$$-\mathrm{i}\omega n_1+\mathrm{i}kv_{1x}n_0+\mathrm{i}kv_0n_1+v_{1z}\frac{\mathrm{d}n_0}{\mathrm{d}z}=0 \tag{5.125}$$

$$m(-\mathrm{i}\omega+\mathrm{i}kv_0)\boldsymbol{v}_1=q\boldsymbol{v}_1\times\boldsymbol{B}+q\boldsymbol{E}_1 \tag{5.126}$$

先考虑运动方程，扰动速度 $\boldsymbol{v}_1$ 分为 $\boldsymbol{v}_{1x}$ 和 $\boldsymbol{v}_{1z}$ 两个分量，并且满足：

$$\begin{cases}-\mathrm{i}m(\omega-kv_0)v_{1x}=-qv_{1z}B+qE_{1x}\\ -\mathrm{i}m(\omega-kv_0)v_{1z}=qv_{1x}B+qE_{1z}\end{cases} \tag{5.127}$$

$$\begin{cases}v_{1x}=\dfrac{\mathrm{i}q}{m(\omega-kv_0)}(-v_{1z}B+E_{1x})\\[2ex] v_{1z}=\dfrac{\mathrm{i}q}{m(\omega-kv_0)}(E_{1z}+v_{1x}B)\end{cases} \tag{5.128}$$

求解方程组可得：

$$\begin{cases}v_{1x}=\dfrac{q}{m(\omega-kv_0)}\left(\mathrm{i}E_{1x}+\dfrac{\omega_c}{\omega-kv_0}E_{1z}\right)\left[1-\dfrac{\omega_c^2}{(\omega-kv_0)^2}\right]^{-1}\\[2ex] v_{1z}=\dfrac{q}{m(\omega-kv_0)}\left(\mathrm{i}E_{1z}-\dfrac{\omega_c}{\omega-kv_0}E_{1x}\right)\left[1-\dfrac{\omega_c^2}{(\omega-kv_0)^2}\right]^{-1}\end{cases} \tag{5.129}$$

式中，$\omega_c=qB/m$ 表示回旋角频率。

此处，电荷分离场 E_1 仅有 x 轴分量，即

$$E_{1x}=E_1,E_{1z}=0 \tag{5.130}$$

假定带电粒子组分满足：

$$|\omega_c|\gg|\omega-kv_0| \tag{5.131}$$

则：

$$\begin{cases}v_{1x}=\dfrac{q}{m(\omega-kv_0)}(\mathrm{i}E_1)\left[-\dfrac{\omega_c^2}{(\omega-kv_0)^2}\right]^{-1}=-\mathrm{i}\,\dfrac{\omega-kv_0}{\omega_c}\dfrac{E_1}{B}\\[2ex] v_{1z}=\dfrac{q}{m(\omega-kv_0)}\left(-\dfrac{\omega_c}{\omega-kv_0}E_1\right)\left[-\dfrac{\omega_c^2}{(\omega-kv_0)^2}\right]^{-1}=\dfrac{qE_1}{m\omega_c}=\dfrac{E_1}{B}\end{cases} \tag{5.132}$$

对于等离子体，分别对电子和离子进行计算：

对于电子，其质量远小于离子，相应的角频率 $\omega_{ec}\gg\omega_{ic}\gg|\omega-kv_0|$，相应

的漂移速度 $v_{i0}=\dfrac{g}{\omega_{ic}}\gg v_{e0}=\dfrac{g}{\omega_{ec}}$，电子漂移速度可以忽略不计。因此，其扰动速度分布近似满足：

$$v_{e1x}=0\,,v_{e1z}=\frac{E_1}{B} \tag{5.133}$$

将其扰动速度代入电子连续性方程，可得：

$$-\mathrm{i}\omega n_{e1}+\frac{E_1}{B}\frac{\mathrm{d}n_{e0}}{\mathrm{d}z}=0 \tag{5.134}$$

$$\frac{E_1}{B}=\mathrm{i}\omega n_{e1}\left(\frac{\mathrm{d}n_{e0}}{\mathrm{d}z}\right)^{-1} \tag{5.135}$$

对于离子，扰动速度分布近似满足：

$$v_{i1x}=-\mathrm{i}\frac{\omega-kv_0}{\omega_{ic}}\frac{E_1}{B},\quad v_{i1z}=\frac{E_1}{B} \tag{5.136}$$

将其代入离子连续性方程，可得：

$$(\omega-kv_0)n_{i1}+\mathrm{i}\frac{E_1}{B}\frac{\mathrm{d}n_{i0}}{\mathrm{d}z}+\mathrm{i}k\frac{\omega-kv_0}{\omega_{ic}}\frac{E_1}{B}n_{i0}=0 \tag{5.137}$$

考虑到等离子体的准电中性，可认为二者的初始密度和扰动密度均满足电中性原则，即：

$$n_{e0}=qn_{i0},\quad n_{e1}=qn_{i1} \tag{5.138}$$

则：

$$\frac{E_1}{B}=\mathrm{i}\omega n_{e1}\left(\frac{\mathrm{d}n_{e0}}{\mathrm{d}z}\right)^{-1}=\mathrm{i}\omega\frac{qn_{i1}}{q\dfrac{\mathrm{d}n_{i0}}{\mathrm{d}z}}=\mathrm{i}\omega n_{i1}\left(\frac{\mathrm{d}n_{i0}}{\mathrm{d}z}\right)^{-1} \tag{5.139}$$

将上式代入离子连续性方程：

$$(\omega-kv_0)n_{i1}-\omega n_{i1}\left(\frac{\mathrm{d}n_{i0}}{\mathrm{d}z}\right)^{-1}\frac{\mathrm{d}n_{i0}}{\mathrm{d}z}-k\frac{\omega-kv_0}{\omega_{ic}}\omega n_{i1}\left(\frac{\mathrm{d}n_{i0}}{\mathrm{d}z}\right)^{-1}n_{i0}=0 \tag{5.140}$$

整理得：

$$\omega^2-kv_0\omega+\frac{v_0\omega_{ic}\dfrac{\mathrm{d}n_{i0}}{\mathrm{d}z}}{n_{i0}}=0 \tag{5.141}$$

$$\omega^2-kv_0\omega+g\frac{\dfrac{\mathrm{d}n_{i0}}{\mathrm{d}z}}{n_{i0}}=0 \tag{5.142}$$

求解可得：

$$\omega=\frac{1}{2}kv_0\pm\sqrt{\frac{k^2v_0^2}{4}-g\frac{\dfrac{\mathrm{d}n_{i0}}{\mathrm{d}z}}{n_{i0}}} \tag{5.143}$$

根据之前的结论，当 ω 为复数时，作为共轭的两个复数解，必然存在一个解会导致不稳定性增长。此时要求：

$$\frac{k^2 v_0^2}{4} - g\frac{\frac{\mathrm{d}n_{i0}}{\mathrm{d}z}}{n_{i0}} < 0 \tag{5.144}$$

由电中性原则可知，电子和离子的密度及密度梯度分布具有一致性，因此可直接表示为：

$$\frac{\mathrm{d}n_0}{\mathrm{d}z} > n_0\frac{k^2 v_0^2}{4g} \quad 或 \; L < \frac{4g}{k^2 v_0^2} \tag{5.145}$$

式中，$L = \left|\frac{\rho}{\frac{\partial\rho}{\partial z}}\right| = \left|\frac{n_0}{\frac{\mathrm{d}n_0}{\mathrm{d}z}}\right|$，表征等离子体密度标长。显然，要使上式成立，首先要求$\frac{\mathrm{d}n_0}{\mathrm{d}z}$为正号且大于 $n_0\frac{k^2 v_0^2}{4g}$或者密度标长 L 小于$\frac{4g}{k^2 v_0^2}$，这意味着等离子体密度沿 z 轴向上逐渐增大，也就是典型的头重脚轻的布局结构。此时 ω 的两个复数根取正虚部复数根，相应的扰动量满足：

$$\exp[\mathrm{i}(kx - \omega t)] = \exp\left[\mathrm{i}\left(kx - \frac{1}{2}kv_0 t\right) + \sqrt{\frac{g}{L} - \frac{k^2 v_0^2}{4}}t\right] \tag{5.146}$$

扰动量指数项中相应的增长因子：

$$\gamma = |\mathrm{Im}(\omega)| = \sqrt{\frac{g}{L} - \frac{k^2 v_0^2}{4}} = \sqrt{\frac{g}{L} - \frac{k^2 m_i^2 g^2}{4q^2 B^2}} \tag{5.147}$$

显然，对于该模型，增长因子存在极大值，并且密度标长 L 同样起到致稳效果。当波数 k 足够小、磁场 B 足够强时，增长因子接近于极大值$\sqrt{\frac{g}{L}}$。随着波数变大或者磁场变小，增长因子不断减小。这里需要说明的是，磁场越大，洛伦兹力平衡重力所需的漂移速度 v_0 越小，增长因子反而越大。

5.5 其他不稳定性

对于等离子体，除了典型的双流不稳定性、RT 不稳定性外，还有其他众多不稳定性过程，接下来将对其他几种典型的不稳定性进行简要的分析。

5.5.1 开尔文-亥姆霍兹不稳定性

对于运动的流体，开尔文-亥姆霍兹（KH）不稳定性和瑞利-泰勒（RT）不稳定性经常会伴随发生。根据5.4节的分析可知，RT不稳定性主要发生在上重下轻的两种流体界面处，其关键诱因在于重力作用。相比之下，KH不稳定性主要发生在具有相对横向运动（平行于界面）的两种流体界面处，如图5.7所示，其关键诱因在于两种流体存在横向流速差，从而发生相对运动，并且不再需要上重下轻的条件。图5.8为英国诺丁汉大学工程学院KH不稳定性实验中的动态截图。

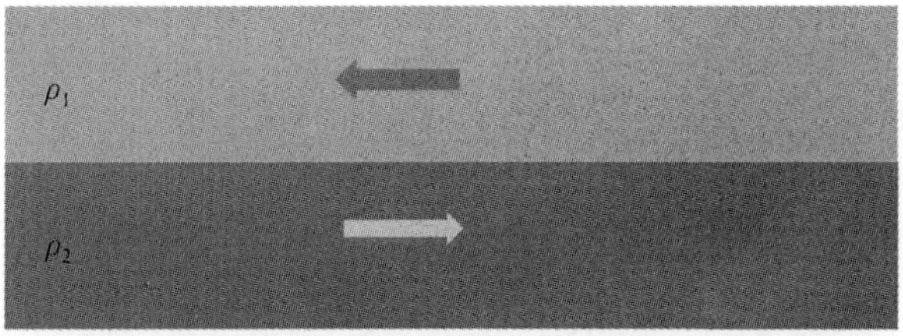

图5.7 KH不稳定性的理想条件：双层流体相向运动

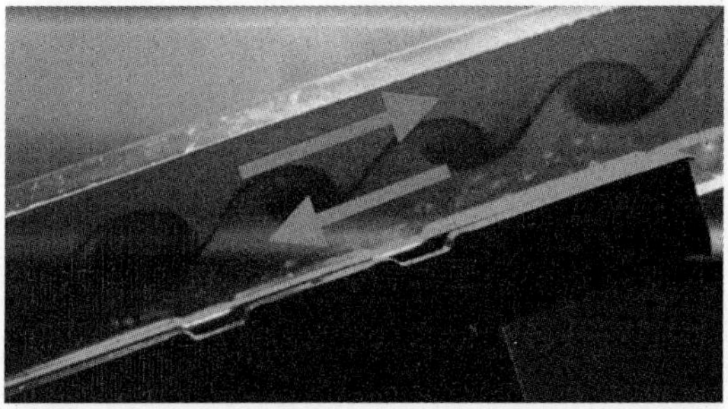

图5.8 诺丁汉大学工程学院KH不稳定性实验图像

这里简要分析一下KH不稳定性过程，仍然利用流体法向速度扰动二阶本征方程（5.92）：

$$(\gamma + \mathrm{i}kv_{x0})^2\left(\rho_0\frac{\mathrm{d}^2 v_{z1}}{\mathrm{d}z^2} + \frac{\mathrm{d}\rho_0}{\mathrm{d}z}\frac{\mathrm{d}v_{z1}}{\mathrm{d}z} - k^2\rho_0 v_{z1}\right) -$$

$$\mathrm{i}k(\gamma + \mathrm{i}kv_{x0})\left(\rho_0\frac{\mathrm{d}^2 v_{x0}}{\mathrm{d}z^2} + \frac{\mathrm{d}\rho_0}{\mathrm{d}z}\frac{\mathrm{d}v_{x0}}{\mathrm{d}z}\right)v_{z1} + k^2 g\frac{\mathrm{d}\rho_0}{\mathrm{d}z}v_{z1} = 0$$

在无切向速度 v_{x0}、密度均匀分布时，RT不稳定性的经典本征函数为式（5.100）：

$$\boldsymbol{v}_{z1} = \boldsymbol{v}_{z0}\exp(-\boldsymbol{k}|\boldsymbol{z}|)$$

对于KH不稳定性，类似地取均匀密度分布，则：

$$(\gamma+\mathrm{i}kv_{x0})\left(\frac{\mathrm{d}^2v_{z1}}{\mathrm{d}z^2}-k^2v_{z1}\right)=\mathrm{i}k\frac{\mathrm{d}^2v_{x0}}{\mathrm{d}z^2}v_{z1} \tag{5.148}$$

求其本征函数，可得近似解：

$$v_{z1}=(\gamma+\mathrm{i}kv_{x0})\exp(-k|z|) \tag{5.149}$$

整理式（5.92），可得：

$$(\gamma+\mathrm{i}kv_{x0})^2\left[\frac{\mathrm{d}}{\mathrm{d}z}\left(\rho_0\frac{\mathrm{d}v_{z1}}{\mathrm{d}z}\right)-k^2\rho_0v_{z1}\right]-\mathrm{i}k(\gamma+\mathrm{i}kv_{x0})\frac{\mathrm{d}}{\mathrm{d}z}\left(\rho_0\frac{\mathrm{d}v_{x0}}{\mathrm{d}z}\right)v_{z1}+k^2g\frac{\mathrm{d}\rho_0}{\mathrm{d}z}v_{z1}=0 \tag{5.150}$$

不妨令流体满足两层分布：

$$\rho_0(z)=\begin{cases}\rho_{10}-\dfrac{\rho_{10}-\rho_{20}}{2}\exp\left(-\dfrac{z}{L_\rho}\right), & z>0\\ \rho_{20}+\dfrac{\rho_{10}-\rho_{20}}{2}\exp\left(\dfrac{z}{L_\rho}\right), & z<0\end{cases} \tag{5.151}$$

$$v_0(z)=v_{x0}(z)=\begin{cases}v_{10}-\dfrac{v_{10}-v_{20}}{2}\exp\left(-\dfrac{z}{L_v}\right), & z>0\\ v_{20}+\dfrac{v_{10}-v_{20}}{2}\exp\left(\dfrac{z}{L_v}\right), & z<0\end{cases} \tag{5.152}$$

式中，L_ρ，L_v 分别表示法向的密度和速度标长。两层流体在 L_ρ，L_v 趋向于0时，初始密度和速度则趋向于经典界面分布(ρ_{10},v_{10})，(ρ_{20},v_{20})。同时，在空间上，满足 z 趋向于0时，初始密度与速度连续，当 z 趋向于 $\pm\infty$时，趋向于极值(ρ_{10},v_{10})，(ρ_{20},v_{20})。对式（5.150）在 z 轴全区域积分，可得：

$$\int_{-\infty}^{+\infty}\left[\begin{array}{l}(\gamma+\mathrm{i}kv_{x0})^2\left[\dfrac{\mathrm{d}}{\mathrm{d}z}\left(\rho_0\dfrac{\mathrm{d}v_{z1}}{\mathrm{d}z}\right)-k^2\rho_0v_{z1}\right]-\\ \mathrm{i}k(\gamma+\mathrm{i}kv_{x0})\dfrac{\mathrm{d}}{\mathrm{d}z}\left(\rho_0\dfrac{\mathrm{d}v_{x0}}{\mathrm{d}z}\right)v_{z1}+k^2g\dfrac{\mathrm{d}\rho_0}{\mathrm{d}z}v_{z1}\end{array}\right]\mathrm{d}z=0 \tag{5.153}$$

即：

$$\int_{-\infty}^{+\infty}\left[\begin{array}{l}(\gamma+\mathrm{i}kv_{x0})\left[\dfrac{\mathrm{d}}{\mathrm{d}z}\left(\rho_0\dfrac{\mathrm{d}v_{z1}}{\mathrm{d}z}\right)-k^2\rho_0v_{z1}\right]-\\ \mathrm{i}k\dfrac{\mathrm{d}}{\mathrm{d}z}\left(\rho_0\dfrac{\mathrm{d}v_{x0}}{\mathrm{d}z}\right)v_{z1}+\dfrac{k^2g}{\gamma+\mathrm{i}kv_{x0}}\dfrac{\mathrm{d}\rho_0}{\mathrm{d}z}v_{z1}\end{array}\right]\mathrm{d}z=0 \tag{5.154}$$

基于扰动零边界条件，其中两个含有全微分项满足：

$$\int_{-\infty}^{+\infty}\left[(\gamma+\mathrm{i}kv_{x0})\frac{\mathrm{d}}{\mathrm{d}z}\left(\rho_0\frac{\mathrm{d}v_{z1}}{\mathrm{d}z}\right)-\mathrm{i}k\frac{\mathrm{d}}{\mathrm{d}z}\left(\rho_0\frac{\mathrm{d}v_{x0}}{\mathrm{d}z}\right)v_{z1}\right]\mathrm{d}z$$

$$= \int_{-\infty}^{+\infty} (\gamma + \mathrm{i}kv_{x0})\,\mathrm{d}\left(\rho_0 \frac{\mathrm{d}v_{z1}}{\mathrm{d}z}\right) - \mathrm{i}k \int_{-\infty}^{+\infty} v_{z1}\,\mathrm{d}\left(\rho_0 \frac{\mathrm{d}v_{x0}}{\mathrm{d}z}\right)$$

$$= (\gamma + \mathrm{i}kv_{x0})\rho_0 \frac{\mathrm{d}v_{z1}}{\mathrm{d}z}\Bigg|_{-\infty}^{+\infty} - \mathrm{i}k\rho_0 \frac{\mathrm{d}v_{x0}}{\mathrm{d}z} v_{z1}\Bigg|_{-\infty}^{+\infty} +$$

$$\int_{-\infty}^{+\infty} \left(\rho_0 \frac{\mathrm{d}v_{z1}}{\mathrm{d}z}\mathrm{i}k \frac{\mathrm{d}v_{x0}}{\mathrm{d}z} - \mathrm{i}k\rho_0 \frac{\mathrm{d}v_{x0}}{\mathrm{d}z}\frac{\mathrm{d}v_{z1}}{\mathrm{d}z}\right)\mathrm{d}z = 0 \tag{5.155}$$

因此，本征方程积分式（5.154）可以简化为：

$$\int_{-\infty}^{+\infty} \left[(\gamma + \mathrm{i}kv_{x0})(-k^2\rho_0 v_{z1}) + \frac{k^2 g}{\gamma + \mathrm{i}kv_{x0}} \frac{\mathrm{d}\rho_0}{\mathrm{d}z} v_{z1} \right]\mathrm{d}z = 0 \tag{5.156}$$

将初始密度、初始切向速度及扰动速度本征函数代入式（5.156），可得 $\gamma = -\mathrm{i}\omega$ 的色散关系。由于积分的复杂性，这里直接取经典条件：ρ_0，v_{x0} 为两层液体分别均匀分布形式，从而方便积分，获得：

$$[(\gamma + \mathrm{i}kv_{10})^2\rho_{10} + (\gamma + \mathrm{i}kv_{20})^2\rho_{20}] - (\rho_{10} - \rho_{20})kg = 0 \tag{5.157}$$

求解可得：

$$\gamma = \frac{-(\rho_{10}kv_{10} + \rho_{20}kv_{20})\mathrm{i} \pm \sqrt{\rho_{10}\rho_{20}(kv_{10} - kv_{20})^2 + (\rho_{10}^2 - \rho_{20}^2)kg}}{\rho_{10} + \rho_{20}} \tag{5.158}$$

准确地讲，此时的增长项：

$$\exp(\gamma t) = \exp\{[-\mathrm{i}\mathrm{Re}(\omega) + \mathrm{Im}(\omega)]t\} \tag{5.159}$$

因此，真正的增长因子为：

$$\gamma = \frac{\sqrt{\rho_{10}\rho_{20}(kv_{10} - kv_{20})^2 + (\rho_{10}^2 - \rho_{20}^2)kg}}{\rho_{10} + \rho_{20}} \tag{5.160}$$

相应的色散关系为：

$$\omega = \frac{(\rho_{10}kv_{10} + \rho_{20}kv_{20}) \pm \sqrt{\rho_{10}\rho_{20}(kv_{10} - kv_{20})^2 + (\rho_{10}^2 - \rho_{20}^2)kg}}{\rho_{10} + \rho_{20}} \tag{5.161}$$

忽略重力影响，则可以简化为：

$$\gamma = \frac{\sqrt{\rho_{10}\rho_{20}}}{\rho_{10} + \rho_{20}}(kv_{10} - kv_{20}) \tag{5.162}$$

$$\omega = \frac{(\rho_{10}kv_{10} + \rho_{20}kv_{20}) \pm \sqrt{\rho_{10}\rho_{20}(kv_{10} - kv_{20})^2}}{\rho_{10} + \rho_{20}} \tag{5.163}$$

此外，如果忽略重力和速度标长的影响，但考虑密度标长也就是密度连续分布情况，可以推导获得：

$$(\gamma + \mathrm{i}kv_{10})^2\rho_{10}' + (\gamma + \mathrm{i}kv_{20})^2\rho_{20}' = 0 \tag{5.164}$$

式中：

$$\rho_{10}' = \frac{\rho_{10} + \rho_{20}}{2} + \frac{\rho_{10} - \rho_{20}}{2(1 + kL_\rho)} \tag{5.165}$$

$$\rho_{20}' = \frac{\rho_{10} + \rho_{20}}{2} - \frac{\rho_{10} - \rho_{20}}{2(1 + kL_\rho)} \tag{5.166}$$

类似地，可以获得其色散关系和增长率因子：

$$\begin{cases} \omega = \dfrac{(\rho_{10}' kv_{10} + \rho_{20}' kv_{20}) \pm \sqrt{\rho_{10}'\rho_{20}'}(kv_{10} - kv_{20})}{\rho_{10}' + \rho_{20}'} \\ \gamma = \dfrac{\sqrt{\rho_{10}'\rho_{20}'}(kv_{10} - kv_{20})}{\rho_{10}' + \rho_{20}'} \end{cases} \tag{5.167}$$

5.5.2 参量不稳定性

当强场激光等强电磁波通过等离子体时，电磁波与等离子体相互作用并调制等离子体振荡，激发电子等离子体波、离子等离子体波或离子声波等，这些波与入射波、散射波等发生波-波相互作用，形成具有拍频的谐波，并进一步相互作用，逐渐拍频甚至形成连续时域的波。类似于参量放大器的共振过程，这些波-波相互作用最终诱发参量不稳定性，例如受激拉曼散射（SRS）、受激布里渊散射（SBS）、双等离子体衰变（TPD）等。其中受激拉曼散射是入射电磁波（ω，E_0）激发电子等离子体波 ω_{pe} 并散射一个电磁波（ω_s，E_s），散射电磁波与入射电磁波叠加，形成有质动力$\nabla(E_0 \cdot E_s)/(4\pi)$，当（$\omega$，$k$）色散关系匹配时，该有质动力会造成电子等离子体振荡幅度的大幅度增长，诱发不稳定性过程。类似地，受激布里渊散射诱发离子声波并散射一个散射波；双等离子体衰变则是直接激发两个电子等离子体波。

以受激拉曼散射为例，即入射电磁波转化为一个纵向的电子等离子体波和横向的散射波，分析受激拉曼散射引起参量不稳定性过程。为便于分析，引入矢势 $\boldsymbol{A}$ 和标势 $\boldsymbol{\Phi}$，依然采用高斯制单位，满足：

$$\boldsymbol{B} = \nabla \times \boldsymbol{A},\ \boldsymbol{E} = -\frac{1}{c}\frac{\partial \boldsymbol{A}}{\partial t} - \nabla\phi,\ \nabla \cdot \boldsymbol{A} = 0 \tag{5.168}$$

代入麦克斯韦方程组中的安培定律，可得：

$$\nabla \times (\nabla \times \boldsymbol{A}) = \frac{1}{c}\frac{\partial}{\partial t}\left(-\frac{1}{c}\frac{\partial \boldsymbol{A}}{\partial t} - \nabla\phi\right) + \frac{4\pi}{c}\boldsymbol{J} \tag{5.169}$$

$$\left(\frac{1}{c^2}\frac{\partial^2}{\partial t^2} - \nabla^2\right)\boldsymbol{A} = \frac{4\pi}{c}\boldsymbol{J} - \frac{1}{c}\frac{\partial}{\partial t}\nabla\phi \tag{5.170}$$

泊松方程：

$$\nabla \cdot \boldsymbol{E} = -\nabla^2\phi = 4\pi\rho \tag{5.171}$$

电荷守恒满足：

$$\frac{\partial \rho}{\partial t}+\nabla\cdot\boldsymbol{J}=0 \tag{5.172}$$

二者联立可得：

$$\nabla\cdot\left(\frac{\partial}{\partial t}\nabla\phi-4\pi\boldsymbol{J}\right)=0 \tag{5.173}$$

将电流 $\boldsymbol{J}$ 分为横向电磁波诱发的横向分量 $\boldsymbol{J}_T$ 和与纵向电子等离子体波诱发的纵向分量 $\boldsymbol{J}_L$，与之相对应的电场 $\boldsymbol{E}=-\frac{1}{c}\frac{\partial \boldsymbol{A}}{\partial t}-\nabla\phi$ 也可以分为横向分量 $\boldsymbol{E}_T$ 和纵向分量 $\boldsymbol{E}_L$，并且满足：

$$\boldsymbol{E}_T=-\frac{1}{c}\frac{\partial A}{\partial t},\boldsymbol{E}_L=-\nabla\phi \tag{5.174}$$

显然，可以将式（5.173）拆分为：

$$\frac{\partial}{\partial t}\nabla\phi=-\frac{\partial}{\partial t}\boldsymbol{E}_L=4\pi\boldsymbol{J}_L \tag{5.175}$$

忽略离子运动，电磁波传播方向的横向电流满足：

$$\frac{\partial \boldsymbol{J}_T}{\partial t}=-n_e e\frac{\partial \boldsymbol{v}_T}{\partial t}=\frac{n_e e^2}{m_e}\boldsymbol{E}_T=-\frac{n_e e^2}{m_e c}\frac{\partial \boldsymbol{A}}{\partial t} \tag{5.176}$$

不妨令：

$$\boldsymbol{J}_T=\frac{n_e e^2}{m_e c}\boldsymbol{A} \tag{5.177}$$

$$\boldsymbol{v}_T=\frac{e\boldsymbol{A}}{m_e c}$$

显然：

$$\nabla\cdot\boldsymbol{J}_T=\boldsymbol{0} \tag{5.178}$$

此时 $\boldsymbol{J}=\boldsymbol{J}_T+\boldsymbol{J}_L=\frac{n_e e^2}{m_e c}\boldsymbol{A}+\frac{\frac{\partial}{\partial t}\nabla\phi}{4\pi}$ 可以满足式（5.173），并将其代入式（5.170），可得：

$$\left(\frac{\partial^2}{\partial t^2}-c^2\nabla^2\right)\boldsymbol{A}=-\frac{4\pi e^2}{m_e}n_e\boldsymbol{A} \tag{5.179}$$

这样就可以得到电磁波在等离子体中传播的波动方程矢势形式：

$$\left(\frac{\partial^2}{\partial t^2}-c^2\nabla^2+\omega_{pe}^2\right)\boldsymbol{A}=0 \tag{5.180}$$

不考虑密度扰动带来的电流变化，即 ω_{pe} 不随扰动变化时，就可以得到经典的电磁波波动方程对应的色散方程与色散关系为：

$$(-\omega^2+k^2c^2+\omega_{pe}^2)A_1=0 \tag{5.181}$$

$$\omega^2=k^2c^2+\omega_{\text{pe}}^2 \tag{5.182}$$

但在分析不稳定性时，密度扰动变量变得极为关键，此时式（5.179）对应的扰动方程为：

$$\left(\frac{\partial^2}{\partial t^2}-c^2\nabla^2\right)\boldsymbol{A}_1=-\omega_{pe}^2\boldsymbol{A}_1-\frac{4\pi e^2}{m_e}\boldsymbol{A}_0n_{e1} \tag{5.183}$$

代入扰动形式 $\exp[\mathrm{i}(kx-\omega t)]$，可得：

$$(\omega^2-k^2c^2-\omega_{pe}^2)A_1=\frac{4\pi e^2}{m_e}A_0n_{e1} \tag{5.184}$$

为获得电流扰动密度 n_{e1} 的另一个表达式，建立等离子体中电子的质量、动量和能量守恒（绝热过程）方程：

$$\frac{\partial n_e}{\partial t}+\nabla\cdot(n_e\boldsymbol{v}_e)=0 \tag{5.185}$$

$$\left(\frac{\partial}{\partial t}+\boldsymbol{v}_e\cdot\nabla\right)\boldsymbol{v}_e=\frac{-e}{m_e}\left(\boldsymbol{E}+\frac{\boldsymbol{v}_e\times\boldsymbol{B}}{c}\right)-\frac{\nabla p_e}{m_en_e} \tag{5.186}$$

$$p_en_e^{-3}=\text{const} \tag{5.187}$$

这里将电子速度分为：

$$\boldsymbol{v}_e=\boldsymbol{v}_L+\boldsymbol{v}_T=\boldsymbol{v}_L+\frac{e\boldsymbol{A}}{m_ec}=\boldsymbol{v}_{e1}+\frac{e\boldsymbol{A}_0}{m_ec} \tag{5.188}$$

显然，电子振荡速度 $\boldsymbol{v}_0=\dfrac{e\boldsymbol{A}_0}{m_ec}$，$\boldsymbol{v}_L$ 即为电子振荡运动的扰动项，并且忽略洛伦兹力等高阶小量的影响，建立线性化方程组：

$$\frac{\partial n_{e1}}{\partial t}+n_{e0}\nabla\cdot\boldsymbol{v}_{e1}=0\qquad(\nabla n_{e0}=0) \tag{5.189}$$

$$\frac{\partial v_{e1}}{\partial t}=\frac{e}{m_e}\nabla\phi_1-\frac{e^2}{m_e^2c^2}\nabla(\boldsymbol{A}_0\cdot\boldsymbol{A}_1)-\frac{3v_{te}^2}{n_{e0}}\nabla n_{e1} \tag{5.190}$$

$$\nabla^2\phi_1=4\pi en_{e1}$$

联立式（5.189）和式（5.190），可得：

$$\left(\frac{\partial^2}{\partial t^2}+\omega_{pe}^2-3\boldsymbol{v}_{te}^2\nabla^2\right)n_{e1}=\frac{n_{e0}e^2}{m_e^2c^2}\nabla^2(\boldsymbol{A}_0\cdot\boldsymbol{A}_1) \tag{5.191}$$

代入扰动形式 $\exp[\mathrm{i}(kx-\omega t)]$，可得：

$$(\omega^2-3k^2v_{te}^2-\omega_{pe}^2)n_{e1}=\frac{k^2n_{e0}e^2}{m_e^2c^2}A_0A_1 \tag{5.192}$$

联立式（5.192）和式（5.184），可得4阶色散关系：

$$(\omega^2-3k^2v_{te}^2-\omega_{pe}^2)(\omega^2-k^2c^2-\omega_{pe}^2)=k^2\omega_{pe}^2v_0^2 \tag{5.193}$$

为方便理解，线性化方程（5.183）和式（5.191）在进行傅里叶分析时，也可采用另外一种表达形式，令入射波电磁波 $\boldsymbol{A}_0 = A_0 \exp[\mathrm{i}(\boldsymbol{k}_0 \cdot \boldsymbol{x} - \omega_0 t)]$，散射波 ω_s 与入射波 ω_0 满足 $\omega_0 = \omega_s + \omega_{ek}$，相应的扰动对应（$k \pm k_0$，$\omega \pm \omega_0$）两处的平均值，即：

$$(\omega^2 - k^2 c^2 - \omega_{pe}^2) A_1 = \frac{4\pi e^2}{m_e} A_0 \frac{n_{e1}^+ + n_{e1}^-}{2} \tag{5.194}$$

$$(\omega^2 - \omega_{ek}^2) n_{e1} = \frac{k^2 n_{e0} e^2}{m_e^2 c^2} A_0 \frac{A_1^+ + A_1^-}{2} \tag{5.195}$$

式中：

$$n_{e1}^{\pm} = n_{e1}(k \pm k_0, \omega \pm \omega_0) \tag{5.196}$$

$$A_1^{\pm} = A_1(k \pm k_0, \omega \pm \omega_0) \tag{5.197}$$

$$\omega_{ek}^2 = 3k^2 v_{te}^2 + \omega_{pe}^2 \tag{5.198}$$

将式（5.194）代入式（5.195），消去扰动量 A_1，并忽略 $n_{e1}(k \pm 2k_0, \omega \pm 2\omega_0)$ 项，可得：

$$\omega^2 - \omega_{ek}^2 = \frac{k^2 \omega_{pe}^2 v_0^2}{4} \left(\frac{1}{D^+} + \frac{1}{D^-} \right) \tag{5.199}$$

式中：

$$D^{\pm} = (\omega \pm \omega_0)^2 - (k \pm k_0)^2 c^2 - \omega_{pe}^2 \tag{5.200}$$

对于背向或者侧向受激拉曼散射，可以忽略掉 D^+ 项，因为高频部分是很难共振的，因此：

$$(\omega^2 - \omega_{ek}^2)[(\omega - \omega_0)^2 - (k - k_0)^2 c^2 - \omega_{pe}^2] = \frac{k^2 \omega_{pe}^2 v_0^2}{4} \tag{5.201}$$

当散射电磁波 $\omega_s \ll \omega_{ek}$ 时，即入射电磁波大部分能量用于激发电子等离子体波时，可以令 $\omega = \omega_{ek} + \mathrm{i}\gamma$。显然，当散射波也发生共振时，增长因子 γ 达到最大，此时满足：

$$(\omega_{ek} - \omega_0)^2 - (k - k_0)^2 c^2 - \omega_{pe}^2 = 0 \tag{5.202}$$

将式（5.202）代入式（5.201），可得：

$$(\omega^2 - \omega_{ek}^2)[(\omega - \omega_0)^2 - (\omega_{ek} - \omega_0)^2] = \frac{k^2 \omega_{pe}^2 v_0^2}{4} \tag{5.203}$$

推导可得：

$$\gamma = \frac{k \omega_{pe} v_0}{4} \sqrt{\frac{1}{\omega_{ek}(\omega_0 - \omega_{ek})}} \tag{5.204}$$

相应的 k 由式（5.202）决定：

$$k=k_0+\frac{1}{c}\sqrt{(\omega_{ek}-\omega_0)^2-\omega_{pe}^2}\approx k_0+\frac{\omega_0}{c}\sqrt{1-\frac{2\omega_{pe}}{\omega_0}} \tag{5.205}$$

显然，对于受激拉曼散射：

$$\omega_0\geqslant 2\omega_{pe} \tag{5.206}$$

相应地：

$$n\leqslant\frac{1}{4}n_{cr}=\frac{\omega_{pe}^2 m_e}{16\pi e^2} \tag{5.207}$$

因此，受激拉曼散射只能发生在小于1/4临界密度处的等离子体，波数 k 在1/4临界密度处最小，$k=k_0$。当 $\omega_0\gg 2\omega_{pe}$时，k 达到最大值 $2k_0$，对应的 $n\ll\frac{1}{4}n_{cr}$。

相似地，也可以推导获得受激布里渊散射不稳定性的色散关系：

$$\omega^2-k^2c_s^2=\frac{k^2\omega_{pi}^2v_0^2}{4}\left(\frac{1}{D^+}+\frac{1}{D^-}\right) \tag{5.208}$$

相应的波数和增长因子公式为：

$$k=2k_0-\frac{2\omega_0}{c}\frac{c_s}{c} \tag{5.209}$$

$$\gamma=\frac{k\omega_{pi}v_0}{2\sqrt{2}}\sqrt{\frac{1}{\omega_0 k_0 c_s}} \tag{5.210}$$

习题 5

1. 对于冷等离子体体系，只考虑电子和离子，忽略离子运动，并假定离子是固定的，推导无磁场冷等离子体的双流不稳定性色散方程为：

$$\frac{\omega_{pi}^2}{\omega^2}+\frac{\omega_{pe}^2}{(\omega-\boldsymbol{k}\cdot\boldsymbol{v}_e)^2}=1$$

2. 从最基本的流体力学方程组出发，推导不稳定性的二阶本征微分方程：

$$(\gamma+\mathrm{i}kv_{x0})^2\left(\rho_0\frac{\mathrm{d}^2v_{z1}}{\mathrm{d}z^2}+\frac{\mathrm{d}\rho_0}{dz}\frac{\mathrm{d}v_{z1}}{\mathrm{d}z}-k^2\rho_0v_{z1}\right)-$$

$$\mathrm{i}k(\gamma+\mathrm{i}kv_{x0})\left(\rho_0\frac{\mathrm{d}^2v_{x0}}{\mathrm{d}z^2}+\frac{\mathrm{d}\rho_0}{\mathrm{d}z}\frac{\mathrm{d}v_{x0}}{\mathrm{d}z}\right)v_{z1}+k^2g\frac{\mathrm{d}\rho_0}{\mathrm{d}z}v_{z1}=0$$

3. 基于本征微分方程法推导经典RT不稳定性的色散关系及增长因子：

$$\gamma=\sqrt{A_Tkg}$$

4. 基于本征微分方程法推导经典亥姆霍兹不稳定性的色散关系及增长

因子：

$$\gamma=\frac{\sqrt{\rho_{10}\rho_{20}}}{\rho_{10}+\rho_{20}}(kv_{10}-kv_{20})$$

5. 推导受激拉曼散射的色散关系及增长因子：$\gamma=\frac{k\omega_{pe}v_0}{4}\sqrt{\frac{1}{\omega_{ek}(\omega_0-\omega_{ek})}}$，并分析其只能发生在小于 $n\leqslant\frac{1}{4}n_{cr}$ 密度处的原因。

第6章

动理论初步

等离子体的数学描述，主要包括单粒子、磁流体动理学和双流体。实际上，还常用粒子模拟来开展等离子体物理研究。根据所关心的物理问题的时间和空间尺度大小，可以采用不同的描述方法，对应的物理假设和简化与求解措施自然也不相同。当物理量的空间（时间）尺度小到电子-离子回旋半径（周期）时，需要考虑等离子体动理论效应，即粒子的微观运动对等离子体性质的影响。

6.1 动理学方程

早在20世纪三四十年代，Vlasov便意识到等离子体中的粒子间的相互作用与通常气体中的粒子碰撞具有本质的不同。他认为，主要用于描述两体碰撞的玻尔兹曼方程不适合描述等离子体间的作用过程，而应当采用考虑自洽电磁场作用的无碰撞玻尔兹曼方程。电磁场及其扰动是等离子粒子集体相互作用的最为主要的作用媒介和表现形式。麦克斯韦方程组中，包含了影响和控制电磁场扰动表现形式的等离子体的电荷密度分布和电流密度分布，二者均由等离子体粒子的速度分布函数获得。这表明，麦克斯韦方程组所推演的电磁场实际上包含了等离子体中大量带电粒子的分布和运动的贡献。由于已经对粒子速度做了积分，故这些电磁场与单个粒子的速度分布无关，而只与空间和时间坐标有关。它们代表着等离子体粒子体系的粒子分布和运动所对应的自洽电磁场。基于对等离子体体系中粒子间长程多体作用物理本质的认识，Vlasov提出了等离子体的集体相互作用或振荡的概念及相应的理论框架，即Vlasov - Maxwell方程组，也称Vlasov - Maxwell系统。

在动力论中，直接研究粒子速度分布函数$f(r,v,t)$的时空演化。f不仅是空间坐标的函数，还是粒子速度的函数，f的数值是位于空间点和速度点的相空间体积元中的单位体积元中粒子的数量，因此，将f对粒子的速度进行积分，就可以得到空间点处的粒子数密度。注意，动力论中的速度不再像流体力学中那样是物理量，而是一种与空间坐标具有同等地位的速度空间坐标。速度分布函数f可以是不同于麦克斯韦分布的各种类型的分布，如损失锥分布、束流和环束流分布、球壳状分布和马蹄形分布。因而，与流体理论相比，动理论可以处理和研究的问题类型大大扩展。当然，由于速度分布函数是六维空间中的变量，因而求解起来也格外困难和费时，通常需通过合理的近似或简化，并且只能在很小空间区域进行速度分布函数演化的计算。

6.2　玻尔兹曼方程

玻尔兹曼方程是一个描述非热力学平衡状态的热力学系统统计行为的偏微分方程，由路德维希·玻尔兹曼于1872年提出。关于此方程描述的系统，一个经典的例子是空间中具有温度梯度的流体。构成此流体的微粒通过随机而具有偏向性的流动，使得热量从较热的区域流向较冷的区域。

玻尔兹曼方程并不对流体中每个粒子的位置和动量做统计分析，而只考虑一群同时占据着空间中任意小区域，并且以位置矢量末端为中心的粒子。玻尔兹曼方程可用于确定物理量是如何变化的，例如流体在输运过程中的热能和动量。还可以由此推导出其他的流体特征性质，例如黏度、导热性，以及导电率(将材料中的载流子视为气体)。

玻尔兹曼方程是一个非线性积微分方程。方程中的未知函数是一个包含了粒子空间位置和动量的六维概率密度函数。此方程的解的存在性和唯一性问题仍然没有完全解决，但最近发表的一些结果还是能够让人看到解决此问题的希望。

统计力学不是考虑单个粒子的运动，而是引入粒子的分布函数$f(r,v,t)$来描述大量粒子组成的体系，分布函数$f(\boldsymbol{r},\boldsymbol{v},t)$的意义是：$f(\boldsymbol{r},\boldsymbol{v},t)\,\mathrm{d}r\mathrm{d}v$代表粒子空间位置在$\boldsymbol{r}-\boldsymbol{r}+\mathrm{d}\boldsymbol{r}$之间，速度在$\boldsymbol{v}-\boldsymbol{v}+\mathrm{d}\boldsymbol{v}$之间的粒子数目。显然有：

$$\int f(\boldsymbol{r},\boldsymbol{v},t)\,\mathrm{d}\boldsymbol{r}\mathrm{d}\boldsymbol{v}=N \tag{6.1}$$

式中，N是体系的总粒子数；$n(\boldsymbol{r},t)$为粒子束密度，即单位体积的粒子数。

分布函数$f(\boldsymbol{r},\boldsymbol{v},t)$随时间变化有两类因素：一是由粒子运动引起的，即由力学运动方程确定的粒子空间位置和速度的变化；二是由粒子间相互作用引起的。在t时刻、空间位置在$\boldsymbol{r}\sim\boldsymbol{r}+\mathrm{d}\boldsymbol{r}$之间，速度在$\boldsymbol{v}\sim\boldsymbol{v}+\mathrm{d}\boldsymbol{v}$之间的粒子数为$f(\boldsymbol{r},\boldsymbol{v},t)\,\mathrm{d}\boldsymbol{r}\mathrm{d}\boldsymbol{v}$,如图6.1所示。在统计物理学中，$(\boldsymbol{r},\boldsymbol{v})$构成的六维空间称为相

空间，$d\boldsymbol{r}d\boldsymbol{v}$ 称为相体积元。经过时间 δt 后，原来处于相体积元 $d\boldsymbol{r}d\boldsymbol{v}$ 范围内的粒子，因粒子运动和受外场作用而全部进入对应的相体积元 $d\boldsymbol{r}'d\boldsymbol{v}'$内，其粒子数并没有改变，即：

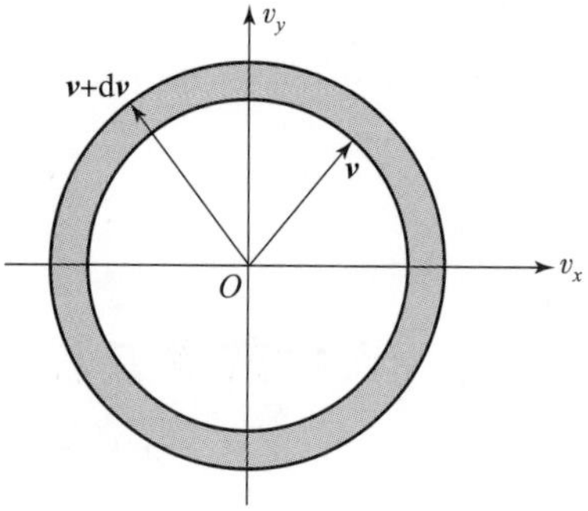

图 6.1　速度在 $\boldsymbol{v} \sim \boldsymbol{v}+d\boldsymbol{v}$ 之间的粒子二维示意图

$$\int f(\boldsymbol{r}',\boldsymbol{v}',t+\delta t)\,d\boldsymbol{r}'d\boldsymbol{v}' = f(\boldsymbol{r},\boldsymbol{v},t)\,d\boldsymbol{r}d\boldsymbol{v} \tag{6.2}$$

式中，$f(\boldsymbol{r}',\boldsymbol{v}',t+\delta t)\,d\boldsymbol{r}'d\boldsymbol{v}'$表示在 $t+\delta t$ 时刻、空间位置在 $\boldsymbol{r}' \sim \boldsymbol{r}'+d\boldsymbol{r}'$之间、速度在 $\boldsymbol{v}' \sim \boldsymbol{v}'+d\boldsymbol{v}'$之间体积元 $d\boldsymbol{r}'d\boldsymbol{v}'$内的粒子数，如图 6.2 所示。其中：

$$\boldsymbol{r}' = \boldsymbol{r}+\boldsymbol{v}\delta t,\ \boldsymbol{v}' = \boldsymbol{v}+\frac{\boldsymbol{F}}{m}\delta t \tag{6.3}$$

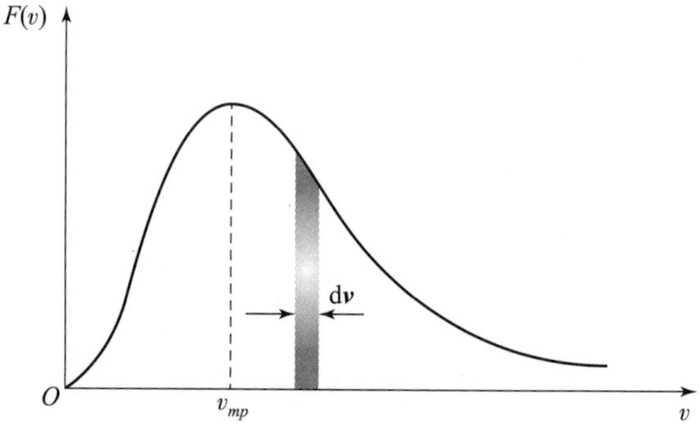

图 6.2　麦克斯韦速度分布，最概然速度 v_{mp}

在时间 $t \sim t+\delta t$ 内，因粒子间相互作用，使一些粒子进入相体积元 $d\boldsymbol{r}'d\boldsymbol{v}'$内，而另一些粒子离开相体积元 $d\boldsymbol{r}'d\boldsymbol{v}'$，两者相减为净进入相体积元 $d\boldsymbol{r}'d\boldsymbol{v}'$内的粒子束$\left(\frac{\delta f}{\delta t}\right)\delta t d\boldsymbol{r}'d\boldsymbol{v}'$。考虑粒子运动和碰撞引起的分布函数变化，则有：

$$f(\boldsymbol{r}',\boldsymbol{v}',t+\delta t)\,d\boldsymbol{r}'d\boldsymbol{v}' = f(\boldsymbol{r},\boldsymbol{v},t)\,d\boldsymbol{r}'d\boldsymbol{v} + \left(\frac{\delta f}{\delta t}\right)\delta t d\boldsymbol{r}'d\boldsymbol{v}' \tag{6.4}$$

$$\mathrm{d}\boldsymbol{r}'\mathrm{d}\boldsymbol{v}' = \frac{\delta(\boldsymbol{r}'\boldsymbol{v}')}{\delta(\boldsymbol{r}\boldsymbol{v})}\mathrm{d}\boldsymbol{r}\mathrm{d}\boldsymbol{v} = \mathrm{d}\boldsymbol{r}\mathrm{d}\boldsymbol{v} \tag{6.5}$$

即相空间体积元不变，因此：

$$f(\boldsymbol{r}', \boldsymbol{v}', t + \delta t) = f(\boldsymbol{r}, \boldsymbol{v}, t) + \left(\frac{\delta f}{\delta t}\right)\delta t \tag{6.6}$$

式中，对 δt 做泰勒展开，保留到一级最小量项，则得：

$$\frac{\delta f}{\delta t} + \boldsymbol{v} \cdot \frac{\delta f}{\delta \boldsymbol{r}} + \frac{\boldsymbol{F}}{m} \cdot \frac{\delta f}{\delta \boldsymbol{v}} = \frac{\delta f}{\delta t} \tag{6.7}$$

这就是 1872 年玻尔兹曼提出的关于粒子分布函数随时间演化的方程，称为玻尔兹曼方程，也就是用分布函数描述粒子运动的动力学方程。

6.3　朗道阻尼

在无碰撞条件下，波与粒子之间可能发生能量的交换，这在等离子体物理理论和实验研究中已经得到证明。朗道阻尼作为无碰撞等离子体的重要特征，在很多领域有着重要应用，例如星系形成动力学过程、恒星气体的不稳定性演化过程等，都会受到朗道阻尼的限制。

朗道阻尼（Landau Damping）是指粒子和波相互作用，使波的振幅减小的现象。在无碰撞的等离子体中传播的波，如果等离子体粒子的速度接近于波的相速度，由于共振作用，速度稍大于相速度的粒子，把多余的能量交给波，因而其平均速度减小到波的相速度；而速度稍小于相速度的粒子，从波中得到能量，平均速度增大到波的相速度。因此，当粒子的速度分布函数随速度的增大而减小时，从波中吸收能量的慢粒子较多，而把能量交给波的粒子较少，从而使波的振幅减小，称为朗道阻尼。

朗道阻尼是等离子体中由于波和粒子之间的共振导致的波阻尼，是一种无碰撞阻尼。假设在一个具有麦克斯韦速度分布的无碰撞等离子体中，速度略微大的粒子数目稍微少一点，其结果是得到能量的粒子比失去能量的粒子多，粒子的总能量增加，则波的总能量减少，这样就表现为波的一种阻尼效应。如果波和粒子的速度相差很远，比如电磁波以光速传播，远大于电子、离子的热运动速度，则不会有朗道阻尼。

在零阶近似下，假定一个具有 f 函数分布形式的等离子体，并且令 $\boldsymbol{B}_0 = 0$；

$\boldsymbol{E}_0=0$，在一阶近似下，有

$$f(\boldsymbol{r},\boldsymbol{v},t)=f(x)=f_0(\boldsymbol{v})+f_1(\boldsymbol{r},\boldsymbol{v},t) \tag{6.8}$$

现在由于 $\boldsymbol{v}$ 是独立变量并且未经线性化，所以假定离子质量大且固定不动，同时，假定波是 x 方向的平面波，满足：

$$\frac{\delta f_1}{\delta t}+\boldsymbol{v}\cdot\nabla f_1-\frac{e}{m}\boldsymbol{E}_1\cdot\frac{\delta f}{\delta \boldsymbol{v}}=0 \tag{6.9}$$

$$-\mathrm{i}\omega f_1+\mathrm{i}kv_x f_1=\frac{e}{m}E_x\cdot\frac{\delta f_0}{\delta v_x} \tag{6.10}$$

泊松方程给出：

$$\nabla\cdot\boldsymbol{E}_1=-e\iiint f_1\mathrm{d}^3v/\varepsilon_0 \tag{6.11}$$

如果用归一化函数来代替 f_0，则能提出因子 n_0，可得：

$$1=-\frac{\omega_p^2}{k}\int_{-\infty}^{\infty}\mathrm{d}v_z\int_{-\infty}^{\infty}\mathrm{d}v_y\int_{-\infty}^{\infty}\frac{\delta f(v_xv_yv_z)/\delta v_x}{\omega-kv_x}\mathrm{d}v_x \tag{6.12}$$

如果 f_0 是麦克斯韦分布或者其他某些能分解因子的分布，就能容易地求出对 v_z 和 v_x 的积分，留下的就是一维分布。由于讨论的是一维问题，所以可以去掉下标 x，可得：

$$1=\frac{\omega_p^2}{k^2}\int_{-\infty}^{\infty}\frac{\delta f_0/\delta v}{v-\omega/k}\mathrm{d}v \tag{6.13}$$

在这里，方程中的积分不能直接计算，因为在点 $v=\omega/k$ 处有奇点，人们也许认为不会涉及奇点，因为在实际上 ω 几乎从来不会是实数；波通常由于碰撞而稍微产生阻尼或者由于某些不稳定性机制而增长，由于速度 v 是一个实数，上述方程的分母绝对不会是0。朗道首先正确处理了这个方程，即使奇点在积分路径以外，它的存在也为等离子体波的色散关系引入了一个重要的修正。

考虑一个初始值问题，在这个问题中，给离子体一个正弦扰动，所以 k 是实数，如果扰动增长或衰变，ω 将是复数。方程中的积分必须处理成复 v 平面的周线积分。对于①$\mathrm{Im}(\omega)>0$ 的一种不稳定波，②$\mathrm{Im}(\omega)<0$ 的阻尼波，在正常情况，人们会用留数定理来计算沿实 v 轴的线积分，满足：

$$\int_{C_1}G\mathrm{d}v+\int_{C_2}G\mathrm{d}v=2\pi\mathrm{i}R(\omega/k) \tag{6.14}$$

式中，G 是被积函数；C_1 是沿实轴积分路程；C_2 是无穷大处的半圆；$R(\omega/k)$ 是(ω/k)处的留数。如果对 C_2的积分为零，就能求出沿实轴的积分，但不幸的是，对于包含因子 $\exp(-v^2/v_{th}^2)$ 的麦克斯韦分布来讲，这种情况不会出现，v 趋近于正、负无穷大时，这个因子变得很大，C_2的贡献就不能忽略。朗道证

明，当这个问题被正确地处理成初始值问题时，使用的正确周线是低于奇点通过的曲线 C_1，一般来说，这个积分必须要用数值计算。当 f_0 是麦克斯韦分布时，弗里德和康特已经给出了计算数表。

虽然这个问题的确切分析是复杂的，但是对于大相速度和弱阻尼情况，我们能得到近似的色散关系。在这种情况下，ω/k 的极点非常接近于复数速度 v 的实数轴。于是，由朗道描述的周线是一条沿 $\mathrm{Re}(v)$ 轴的直线，它在极点周围有一个小半圆，围绕极点进行积分，即可得到 $2\pi\mathrm{i}$ 乘以极点的半留数，于是有：

$$1 = \frac{\omega_p^2}{k^2}\left[P\int_{-\infty}^{\infty}\frac{\frac{\delta f_0}{\delta v}}{v-\frac{\omega}{k}}\mathrm{d}v + \mathrm{i}\pi\frac{\delta f_0}{\delta v}\right|_{v=\omega/k} \tag{6.15}$$

式中，P 就是柯西主值，为了计算这个值，沿实 v 轴积分，但是正好在遇到极点前停止，如果像我们假定的那样，相速度 $v=\omega/k$ 足够快，则周线的忽略部分将不带来较大的贡献，用分布积分计算得到：

$$\int_{-\infty}^{\infty}\frac{\delta f_0}{\delta v}\frac{\mathrm{d}v}{v-v_\phi} = \left[\frac{f_0}{v-v_\phi}\right]_{-\infty}^{\infty} - \left[\frac{-f_0\mathrm{d}v}{(v-v_\phi)^2}\right] = \int_{-\infty}^{\infty}\frac{f_0\mathrm{d}v}{(v-v_\phi)^2} \tag{6.16}$$

由于这个式子恰好是 $(v-v_\phi)^{-2}$ 对分布的平均，色散关系的实数部分为：

$$1 = \frac{\omega_p^2}{k^2}\overline{(v-v_\phi)^{-2}} \tag{6.17}$$

由于已经假定 $v_\phi \gg v$，可以展开 $(v-v_\phi)^{-2}$，得：

$$(v-v_\phi)^{-2} = v_\phi^{-2}\left(1-\frac{v}{v_\phi}\right)^{-2} \tag{6.18}$$

在取平均时，奇数项为0，于是有：

$$\overline{(v-v_\phi)^{-2}} = v_\phi^{-2}\left(1+\frac{3\overline{v^{-2}}}{v_\phi^2}\right) \tag{6.19}$$

现在，令 f_0 是麦克斯韦分布，并且计算 $\overline{v^2}$。这里的 v 是 v_x 的缩写，于是得到：

$$\frac{1}{2}m\overline{v_x^2} = \frac{1}{2}KT_e \tag{6.20}$$

只存在一个自由度，于是，色散关系可以写成：

$$1 = \frac{\omega_p^2 k^2}{k^2\omega^2}\left(1+3\frac{k^2}{\omega^2}\frac{KT_e}{m}\right) \tag{6.21}$$

$$\omega^2 = \omega_p^2 + \frac{\omega_p^2}{\omega^2}\frac{3KT_e}{m}k^2 \tag{6.22}$$

如果热修正不大，可以用 ω_p^2 代替第二项中的 ω^2，便得到：

$$\omega^2=\omega_p^2+\frac{3KT_e}{m}k^2 \tag{6.23}$$

根据之前的计算，在计算小项时，忽略对 ω 实数部分的修正项，并且令 $\omega^2=\omega_p^2$，这样做将有足够的准确性，上述方程变为：

$$1=\frac{\omega_p^2}{\omega^2}+\mathrm{i}\pi\frac{\omega_p^2}{k^2}\frac{\delta f_0}{\delta v}\bigg|_{v=v_\phi} \tag{6.24}$$

$$\omega\left(1-\mathrm{i}\pi\frac{\omega_p^2}{k^2}\left[\frac{\delta f_0}{\delta v}\right]_{v=v_\phi}\right)=\omega_p^2 \tag{6.25}$$

把虚数项当作小量，可以将上式取泰勒级数展开的平均方根，就可以得到：

$$\omega=\omega_p\left(1+\mathrm{i}\frac{\pi\omega_p^2}{2k^2}\left[\frac{\delta f_0}{\delta v}\right]_{v=v_\phi}\right) \tag{6.26}$$

如果 f_0 是一维麦克斯韦分布，可以得到：

$$\frac{\delta f_0}{\delta v}=(\pi v_{th}^2)^{-\frac{1}{2}}\left(\frac{-2v}{v_{th}^2}\right)\exp\left(\frac{-v^2}{v_{th}^2}\right)=-\left(\frac{-2v}{\sqrt{\pi}v_{th}^3}\right)\exp\left(\frac{-v^2}{v_{th}^2}\right) \tag{6.27}$$

在系数中，可以用 ω_p/k 来近似 v_ϕ，但是在指数中，必须保留方程中的热修正项，于是阻尼由下式给出：

$$\begin{aligned}\mathrm{Im}(\omega)&=-\frac{\pi}{2}\frac{\omega_p^3}{k^2}\frac{2\omega_p}{k\sqrt{\pi}}\frac{1}{v_{th}^3}\exp\left(\frac{-\omega^2}{k^2v_{th}^2}\right)\\&=-\sqrt{\pi}\omega_p\left(\frac{\omega_p}{kv_{th}}\right)^3\exp\left(\frac{-{\omega_p}^2}{k^2v_{th}^2}\right)\exp\left(-\frac{3}{2}\right)\end{aligned} \tag{6.28}$$

$$\mathrm{Im}\left(\frac{\omega}{\omega_p}\right)=-0.22\sqrt{\pi}\left(\frac{\omega_p}{kv_{th}}\right)^3\exp\left(-\frac{1}{2k^2\lambda_\mathrm{D}^2}\right) \tag{6.29}$$

由于 Im 是负的，因此存在等离子体波的无碰撞阻尼，它成为朗道阻尼，从方程中明显看到，对于小的 $k\lambda_D$，这个阻尼是非常小的量，但是当其等于 0 时，它就变得极其重要。这个效应和波引起的分布函数变形 f_1 有关系。

为了解形成朗道阻尼的原因，首先，注意到 $\mathrm{Im}(\omega)$ 是由 $v=v_\phi$ 处的极点引起的，这个效应与速度接近于相速度的那些粒子相联系，这些粒子叫作共振粒子，它们和波一起传播，并且感觉不到迅速波动的电场，因此它们能够有效地跟波相互交换能量。理解这种能量最容易的方式是将其想象成一个试图赶上海浪的运动员，如果冲浪板不动，当波通过时，它只是向上和向下振动，从平均效果来看，它并不获得任何能量。同样，一条远快于波的小舟也不能与波交换很多能量。然而，如果冲浪板和波有几乎相同的速度，它能被波赶上并且被推动向前，在这种情况下，冲浪板获得能量，因此，波必须损失能量并且被阻尼。另外，如果冲浪板比波稍快一些运动，当它向上坡运动时，它会推动波，于是波获得能量。在等离子体中，比波运动较快和较慢的电子都是存在的，并且麦克斯韦分布具有的慢电子比快电子要多，因此，从波获得能量的粒子多于给波能量的粒子，波受到阻尼，随着 $v=v_\phi$ 的粒子在波中俘获，在接近相速度时，$f(v)$ 变平，这个畸变就是我们所计算的 $f_1(v)$。

从上面的讨论中可以看出，如果 $f_0(v)$ 包含的快粒子比慢粒子多，波就能被激起，如果在 $v=v_\phi$ 处是正的，则 $\mathrm{Im}(\omega)$ 是正的，这样一种分布中，v_ϕ 处于斜率为正区域的波将是不稳定的，它以消耗粒子能量为代价而得到能量，它恰好是双流不稳定的有限温度模拟。当存在两个运动的冷（$kT=0$）电子流时，$f_0(v)$ 由两个 δ 函数所组成，它显然是不稳定的。事实上，我们从流体理论发现了这种不稳定性，当川流具有有限温度时，动力学理论告诉我们，两个川流必须具有这样的相对密度和温度，使得在它们之间有一个为正的区域，更为确切地说，不稳定的总分布函数必须有一个极小值。

实际上存在两种朗道阻尼：线性朗道阻尼和非线性朗道阻尼，两类都与耗散的碰撞机制无关。如果粒子在波势阱中被收集，也就是被俘获，粒子在俘获时的确能够获得能量或者损失能量，然而俘获并不在线性的理论范围内。从运动方程可以看到：

$$m\frac{\mathrm{d}^2x}{\mathrm{d}t^2}=qE(x) \tag{6.30}$$

如果通过代入 x 的精确值来计算 $E(x)$，则这个方式将是非线性的。线性理论的方法是对 x 用未扰动轨道。然而，当粒子被俘获时，这个近似是不正确的。当粒子遇到一个大到足以反射它的势垒时，它的速度和位置当然极大地受到了波的影响，而且不接近于它们的未扰动值。当波增长到大振幅时，发生了有俘获的无碰撞阻尼，于是发现，波并不单调衰变；更确切地说，在衰变期间，随着俘获粒子在势阱中往返跳动，振幅出现起伏，这是非线性朗道阻尼。

6.4　福克－普朗克方程

玻尔兹曼碰撞积分应用于等离子体时的主要缺点是，它一开始就假定碰撞是短程的二体碰撞。等离子体中的带电粒子是库仑长程相互作用，粒子间的碰撞大部分是小角度的散射，而且每个粒子同时与周围许多粒子相互作用，它的大角度偏转大部分是由小角度偏转积累的效应。朗道方程就是为此做了改进而导出的。另外，把 20 世纪初在处理布朗粒子运动时导出的碰撞积分应用于等离子体也是一种比较合适的做法，布朗粒子质量大，受到周围流体分子碰撞时，每个时刻速度的改变量都比较小，因此，可以把速度的变量作为小量，对布朗粒子分布函数做泰勒展开，这样碰撞项为微分形式，这种方法得到的动理学方程称为福克－普朗克方程。

假设速度为 v 的粒子由于碰撞，在 Δt 时间内速度获得增量为 $\Delta\boldsymbol{v}$ 的概率为 $\omega(\boldsymbol{v},\Delta\boldsymbol{v})$。$\omega(\boldsymbol{v},\Delta\boldsymbol{v})$ 称为转移概率，其中，$\boldsymbol{v}$、$\Delta\boldsymbol{v}$ 都是独立变量。这里假定 ω 不显含时间，表示过程中与粒子的历史无关，这种过程称为马尔科夫过程。由 $\omega(\boldsymbol{v},\Delta\boldsymbol{v})$ 的定义，可以得到粒子的分布函数：

$$f(\boldsymbol{r},\boldsymbol{v},t) = \int f(\boldsymbol{r},\boldsymbol{v}-\Delta\boldsymbol{v},t-\Delta t)\,\omega(\boldsymbol{v}-\Delta\boldsymbol{v},\Delta\boldsymbol{v})\,\mathrm{d}(\Delta\boldsymbol{v}) \tag{6.31}$$

将上式对 $\Delta\boldsymbol{v}$ 小量做展开，可得：

$$f(\boldsymbol{r},\boldsymbol{v},t) = \int \mathrm{d}(\Delta\boldsymbol{v})\left\{f(\boldsymbol{r},\boldsymbol{v},t-\Delta t)\,\omega(\boldsymbol{v},\Delta\boldsymbol{v}) - \Delta\boldsymbol{v}\cdot\left[\frac{\delta f}{\delta v}\omega + \frac{\delta\omega}{\delta v}f\right] + \cdots\right\} \tag{6.32}$$

因为所有可能增量 $\Delta\boldsymbol{v}$ 的总概率为 1，满足：

$$\int \omega(\boldsymbol{v},\Delta\boldsymbol{v})\,\mathrm{d}(\Delta\boldsymbol{v}) = 1 \tag{6.33}$$

因此可以得到：

$$\int f(\boldsymbol{r},\boldsymbol{v},t-\Delta t)\,\omega(\boldsymbol{v},\Delta\boldsymbol{v})\,\mathrm{d}(\Delta\boldsymbol{v}) = f(\boldsymbol{r},\boldsymbol{v},t-\Delta t) \tag{6.34}$$

碰撞产生的分布函数的 f 的变化率为：

$$\left(\frac{\delta f}{\delta t}\right)_c = \left[f(\boldsymbol{r},\boldsymbol{v},t) - f(\boldsymbol{r},v,t-\Delta t)\right]/\Delta t \tag{6.35}$$

保留到二阶小量项，可得：

$$\left(\frac{\delta f}{\delta t}\right)_c = -\frac{\delta}{\delta v}\cdot(f<\Delta\boldsymbol{v}>) + \frac{1}{2}\frac{\delta^2}{\delta\boldsymbol{v}\delta\boldsymbol{v}}:(f<\Delta\boldsymbol{v}\Delta\boldsymbol{v}>) \tag{6.36}$$

式中：

$$<\Delta\boldsymbol{v}> = \frac{1}{\Delta t}\int \omega(\boldsymbol{v},\Delta\boldsymbol{v})\,\Delta\boldsymbol{v}\,\mathrm{d}(\Delta\boldsymbol{v}) \tag{6.37}$$

$$<\Delta\boldsymbol{v}\Delta\boldsymbol{v}> = \frac{1}{\Delta t}\int \omega(\boldsymbol{v},\Delta\boldsymbol{v})\,\Delta\boldsymbol{v}\Delta\boldsymbol{v}\,\mathrm{d}(\Delta\boldsymbol{v}) \tag{6.38}$$

这就是福克－普朗克碰撞项，代入下面公式后，就可以得到福克－普朗克方程：

$$\frac{\delta f_a}{\delta t} + \boldsymbol{v}\cdot\frac{\delta f_a}{\delta\boldsymbol{r}} + \frac{\boldsymbol{F}_a}{m_a}\cdot\frac{\delta f_a}{\delta\boldsymbol{v}} = \left(\frac{\delta f_a}{\delta t}\right)_c \tag{6.39}$$

在福克－普朗克碰撞项中包含了动摩擦项和扩散项。其中，$<\Delta\boldsymbol{v}>$ 为动摩擦系数，它表示碰撞引起的速度慢化；$<\Delta\boldsymbol{v}\Delta\boldsymbol{v}>$为扩散系数，表示的是碰撞把初始单一方向的粒子在速度空间扩展开来。

福克－普朗克碰撞项是微分算子，因此，它对应的动理学方程是微分方程，所以玻尔兹曼微分积分方程更容易求解。要求解福克－普朗克方程，首先要计算动摩擦系数$<\Delta\boldsymbol{v}>$和扩散系数$<\Delta\boldsymbol{v}\Delta\boldsymbol{v}>$，这就需要知道适合等离子体的转移概率$\omega(\boldsymbol{v},\Delta\boldsymbol{v})$的表达式，到目前为止，已有多种表达式，但也都是在假定多体相互作用等价于一系列二体碰撞后，才能写出明显表达式。如果假定这种二体碰撞的模式，则和前面推导玻尔兹曼碰撞积分方法一样，这样可以得到转移概率函数$\omega(\boldsymbol{v},\Delta\boldsymbol{v})$，并求出相应的系数$<\Delta\boldsymbol{v}>$和$<\Delta\boldsymbol{v}\Delta\boldsymbol{v}>$。

福克－普朗克碰撞项中的动摩擦系数和扩散系数可以用罗生－布鲁斯（Rosen－Bluth）势表达。设速度为$\boldsymbol{v}_\alpha$、分布函数为$f_\alpha(\boldsymbol{v}_\alpha)$的α粒子与速度为$\boldsymbol{v}_\beta$、分布函数为$f_\beta(\boldsymbol{v}_\beta)$的β粒子相碰撞，第一个粒子被散射到立体角元$\mathrm{d}\Omega$内的概率为：

$$\sigma(u,\theta)\mathrm{d}\Omega=\sigma(u,\theta)\sin\theta\mathrm{d}\theta\mathrm{d}\varphi \tag{6.40}$$

式中，$\sigma(u,\theta)$为散射微分截面，$u=|\boldsymbol{v}_\alpha-\boldsymbol{v}_\beta|$。现在一个分布函数为$f_\alpha(\boldsymbol{v}_\alpha)$的粒子在单位时间内和一群速度在$\boldsymbol{v}_\beta\sim\boldsymbol{v}_\beta+\mathrm{d}\boldsymbol{v}_\beta$的$f_\beta(\boldsymbol{v}_\beta)$粒子相碰，被散射到立体角$\mathrm{d}\Omega$内的转移概率为：

$$\frac{1}{\Delta t}\omega(\boldsymbol{v}_\alpha,\Delta\boldsymbol{v}_\alpha)\mathrm{d}(\Delta\boldsymbol{v}_\alpha)=u\sigma(u,\theta)\mathrm{d}\Omega f_\beta(v_\beta)\mathrm{d}\boldsymbol{v}_\beta \tag{6.41}$$

式中，Δv_α是与散射角$\Omega\sim\Omega+\mathrm{d}\Omega$相对应的速度改变量。根据定义，福克－普朗克碰撞项的两个系数可以表示为：

$$\begin{cases}\langle\Delta\boldsymbol{v}_\alpha\rangle=\int\mathrm{d}\boldsymbol{v}_\beta f(\boldsymbol{v}_\beta)\int u\sigma(u,\theta)\Delta\boldsymbol{v}_\alpha\mathrm{d}\Omega\\ \langle\Delta\boldsymbol{v}_\alpha\Delta\boldsymbol{v}_\alpha\rangle=\int\mathrm{d}\boldsymbol{v}_\beta f(\boldsymbol{v}_\beta)\int u\sigma(u,\theta)\Delta\boldsymbol{v}_\alpha\Delta\boldsymbol{v}_\alpha\mathrm{d}\Omega\end{cases} \tag{6.42}$$

式中，$\Delta\boldsymbol{v}_\alpha$由二体碰撞运动学给出：

$$\Delta\boldsymbol{v}_\alpha=\mu\Delta\boldsymbol{u}/m_\alpha=\frac{m_\beta}{m_\alpha+m_\beta}\Delta\boldsymbol{u} \tag{6.43}$$

然后对$\mathrm{d}\Omega=\sin\theta\mathrm{d}\theta\mathrm{d}\varphi$积分，得：

$$\begin{cases}<\Delta\boldsymbol{v}_\alpha>=-\Gamma_\alpha\left(\frac{q_\beta}{q_\alpha}\right)^2\frac{m_\beta}{m_\alpha+m_\beta}\int\frac{\boldsymbol{u}}{u^3}f_\beta(\boldsymbol{v}_\beta)\mathrm{d}\boldsymbol{v}_\beta\\ <\Delta\boldsymbol{v}_\alpha\Delta\boldsymbol{v}_\alpha>=\Gamma_\alpha\left(\frac{q_\beta}{q_\alpha}\right)^2\int\left(\frac{u^2\boldsymbol{I}-\boldsymbol{u}\boldsymbol{u}}{u^3}\right)f_\beta(\boldsymbol{v}_\beta)\mathrm{d}\boldsymbol{v}_\beta\end{cases} \tag{6.44}$$

式中，$\Gamma_\alpha=\frac{q_\alpha^4}{4\pi\varepsilon_0 m_\alpha^2}\ln\Lambda$。

如果场粒子 β 有多种粒子，则动摩擦系数和扩散系数还应对所有 β 粒子求和。现在引入两个速度函数：

$$\begin{cases} H(\boldsymbol{v}_\alpha) = \sum_\beta \left(\dfrac{q_\beta}{q_\alpha}\right)^2 \dfrac{m_\beta}{m_\alpha + m_\beta} \displaystyle\int \dfrac{1}{u} f_\beta(\boldsymbol{v}_\beta)\, \mathrm{d}\boldsymbol{v}_\beta \\ G(\boldsymbol{v}_\alpha) = \sum_\beta \left(\dfrac{q_\beta}{q_\alpha}\right)^2 \displaystyle\int u f_\beta(\boldsymbol{v}_\beta)\, \mathrm{d}\boldsymbol{v}_\beta \end{cases} \tag{6.45}$$

因为 $\boldsymbol{u} = \boldsymbol{v}_\alpha - \boldsymbol{v}_\beta, u = |\boldsymbol{v}_\alpha - \boldsymbol{v}_\beta|$，有如下关系式：

$$\frac{\partial}{\partial v_\alpha}\left(\frac{1}{u}\right) = -\frac{\boldsymbol{u}}{u^3}, \frac{\partial^2 u}{\partial v_\alpha \partial v_\alpha} = \frac{u^2 \boldsymbol{I} - \boldsymbol{u}\boldsymbol{u}}{u^3} = \boldsymbol{U} \tag{6.46}$$

再考虑到 β 有多种粒子的情况，利用上面关系式，可化简为：

$$\begin{cases} \langle \Delta \boldsymbol{v}_\alpha \rangle = \Gamma_\alpha \dfrac{\partial H(\boldsymbol{v}_\alpha)}{\partial \boldsymbol{v}_\alpha} \\ \langle \Delta \boldsymbol{v}_\alpha \Delta \boldsymbol{v}_\alpha \rangle = \Gamma_\alpha \dfrac{\partial^2 G(\boldsymbol{v}_\alpha)}{\partial \boldsymbol{v}_\alpha \partial \boldsymbol{v}_\alpha} \end{cases} \tag{6.47}$$

定义的函数 $H(\boldsymbol{v}_\alpha)$，$G(\boldsymbol{v}_\alpha)$ 称为罗生布鲁斯势。和定义相类似，$H(\boldsymbol{v}_\alpha)$，$G(\boldsymbol{v}_\alpha)$ 也可化为满足速度空间的泊松方程，其求解方法与坐标空间的静电势相类似，故称为“势”，则得罗生布鲁斯势表达的福克－普朗克碰撞项：

$$\left(\frac{\partial f_\alpha}{\partial t}\right)_c = \Gamma_\alpha \left\{ -\frac{\partial}{\partial \boldsymbol{v}_\alpha} \cdot \left[f_\alpha(\boldsymbol{v}_\alpha) \frac{\partial H(\boldsymbol{v}_\alpha)}{\partial \boldsymbol{v}_\alpha} \right] + \frac{1}{2} \frac{\partial^2}{\partial \boldsymbol{v}_\alpha \partial \boldsymbol{v}_\alpha} : \left[f_\alpha(\boldsymbol{v}_\alpha) \frac{\partial^2 G(\boldsymbol{v}_\alpha)}{\partial \boldsymbol{v}_\alpha \partial \boldsymbol{v}_\alpha} \right] \right\} \tag{6.48}$$

上式为罗生布鲁斯势的碰撞项，将它代入后，即得罗生布鲁斯势表达的福克－普朗克方程。这是一组非线性的 4 阶偏微分方程，一般情况下，求解这组方程几乎是不可能的，但是如果分布函数具有某种对称性，则问题可以简化，可以求解。

可以证明，朗道碰撞项和罗生布鲁斯势表达的福克－普朗克碰撞项是完全等价的，只是朗道碰撞项在形式上更对称。

以上介绍了几种碰撞项，实际上用动理学方程求解运输问题时，无论用哪个碰撞项都可以，只不过对不同问题选择不同的碰撞项形式，可能会更方便些。

如果在动理学方程中忽略碰撞项，即

$$\frac{\partial f_a}{\partial t} + \boldsymbol{v} \cdot \frac{\partial f_a}{\partial \boldsymbol{r}} + \frac{\boldsymbol{F}_a}{m_a} \cdot \frac{\partial f_a}{\partial \boldsymbol{v}} = 0 \tag{6.49}$$

上式称弗拉索夫方程或无碰撞项玻尔兹曼方程。这个方程适用于讨论特征时间远小于平均碰撞时间或特征长度远小于平均自由程情况。但需要指出，这

里说的“无碰撞”是指略去二体库仑碰撞，并不是略去所有带电粒子产生的平均场。因此，方程中，

$$\boldsymbol{F}_{a} = q_{\alpha}(\boldsymbol{E} + \boldsymbol{v}_{a} \times \boldsymbol{B}) \tag{6.50}$$

式中，电磁场 $\boldsymbol{E}$，$\boldsymbol{B}$ 应包含外场和等离子体内部的平均场（自洽场），即：

$$\boldsymbol{E} = \boldsymbol{E}_{外} + \boldsymbol{E}_{粒子},\ \boldsymbol{B} = \boldsymbol{B}_{外} + \boldsymbol{B}_{粒子} \tag{6.51}$$

等离子体内部粒子产生的电磁场 $\boldsymbol{E}_{粒子}$，$\boldsymbol{B}_{粒子}$是由内部粒子电荷密度和电流密度决定的，即：

$$\rho_{粒子} = \sum_{\alpha} q_{\alpha} \int f_{a} \mathrm{d}\boldsymbol{v}_{a},\ \boldsymbol{j}_{粒子} = \sum_{\alpha} q_{\alpha} \int \boldsymbol{v}_{a} f_{a} \mathrm{d}\boldsymbol{v}_{a} \tag{6.52}$$

因此，式（6.50）中电磁场 $\boldsymbol{E}$、$\boldsymbol{B}$ 应满足麦克斯韦方程组：

$$\begin{cases} \nabla \cdot \boldsymbol{E} = \dfrac{1}{\varepsilon_0}\left(\rho_{外} + \sum_{\alpha} q_{\alpha} \int f_{a} \mathrm{d}\boldsymbol{v}_{a}\right) \\ \nabla \cdot \boldsymbol{B} = 0 \\ \nabla \times \boldsymbol{E} = -\dfrac{\partial \boldsymbol{B}}{\partial t} \\ \nabla \times \boldsymbol{B} = \mu_0 \varepsilon_0 \dfrac{\partial \boldsymbol{E}}{\partial t} + \mu_0\left(\boldsymbol{j}_{外} + \sum_{\alpha} q_{\alpha} \int \boldsymbol{v}_{a} f_{a} \mathrm{d}\boldsymbol{v}_{a}\right) \end{cases} \tag{6.53}$$

式中，$\boldsymbol{\rho}_{外}$和 $\boldsymbol{j}_{外}$为等离子体外部的电荷密度和电流密度，它们是激发外场的源。由上式可以看出，平均场依赖于粒子分布函数，同时，由动理学方程，粒子分布函数由平均场确定，最后它们之间达到自洽，因此平均场又称为自洽场。

习题 6

1. 基于 Vlasov – Maxwell 方程组，推导 MHD 的质量、动量和能量守恒方程。

2. 从 Vlasov – Posson 方程出发，分别使用 Vlasov 的积分主值方法和 Landau 围线积分方法，推导朗缪尔波的色散关系。

3. 在无碰撞等离子体中存在何种阻尼过程？是如何产生的？

4. 动理论中，电子朗缪尔波色散关系中的积分极点的物理意义是什么？

5. 为何需引入朗道围线才能正确处理上述积分极点问题？应该如何选取朗道围线？

6. 解释复变函数柯西积分定理、留数定理、解析延拓等是如何用于朗道阻尼推导过程的。

第7章

惯性约束聚变等离子体

聚变又称核聚变，是核能释放的一种形式，是指在一定条件下，质量小的原子核通过聚合生成新的质量更大的原子核的一种核反应过程。以单位质量计算，聚变释能比裂变释能大3~4倍。核裂变反应已被人类掌握，世界范围内基于裂变反应的核电站正在为人类提供大量的电能。氢弹的实验成功证明了在地球上可以实现大规模的核聚变释能。然而氢弹的聚变能释放是不可控的大爆炸过程，能否实现人工控制的聚变能释放——受控核聚变，是数十年来物理学家努力研究的目标。受控聚变的困难在于其比裂变反应要求的条件更为苛刻。聚变反应是由两个带电的轻原子核彼此接近到核力作用的范围并结合到一起形成较重的原子核。因为原子核都带有正电荷，结合前必须克服彼此间的静电库仑势垒，因此，反应粒子如果没有足够的动能，是不可能接近到结合在一起发生聚变反应的范围的。

经过研究，人们发现可以通过加热等离子体的方式实现受控聚变。将燃料加热到高温，使之变成高温等离子体，温度越高，其中粒子的热运动速度就越大。这些粒子在系统中不停地做无规则的热运动并相互碰撞，只要系统温度足够高，其中粒子热运动的速度就足够大，它们在碰撞时就有足够的动能来克服库仑势垒而达到发生聚变的范围。但仅仅将燃料加热到高温还是不能点燃聚变反应，因为绝大多数粒子在碰撞时同样会被散射掉而不能发生反应。由于散射截面比聚变截面大六个数量级，必须设法将高温等离子体在一定时间内保持在一定范围内。尽管粒子间因碰撞而散射，但因它们被约束在一起，只要系统温度不降低，它们的热运动速度就不会下降；只要约束时间足够长，就有可能发生足够多的聚变反应。

为了维持聚变反应系统，聚变燃烧释放的能量必须大于加热等离子体至热核反应温度所消耗的能量和维持等离子体的辐射损失。劳森判据正是基于反应释能和系统损失能量之间的能量平衡导出的受控聚变能量增益的最小判据。对于一个孤立的聚变系统：

$$E_f \geqslant E_{th} + E_r \tag{7.1}$$

式中，E_f 为单位体积的释能；E_{th} 为等离子体热能；E_r 为辐射损失。对于 D－T 反应，假设 $n_D = n_T = n/2$，则：

$$E_f = \frac{1}{4} n^2 (\sigma v) Q \tau \tag{7.2}$$

式中，σv 为麦克斯韦平均反应率参数；Q 为每次聚变反应释放的能量；τ 为等离子体约束时间。假设等离子体为理想气体，并且 $n_i = n_e = n$，则：

$$E_{th} = 3nkT \tag{7.3}$$

聚变通常发生在 20 ~ 100 keV 区域，而当温度 $T >$ 5 keV时，聚变释能即可超过辐射损失。若将辐射损失忽略，则等离子体的能量得失变为聚变反应能和热能间的平衡关系：

$$E_f \geqslant E_{th} \tag{7.4}$$

即：

$$\frac{1}{4} n^2 (\sigma v) Q \tau \geqslant 3nkT \tag{7.5}$$

$$n\tau \geqslant \frac{12kT}{(\sigma v) Q} \tag{7.6}$$

得到维持聚变反应的等离子体所需的密度和约束时间乘积的最小估值，即为劳森判据。

为约束等离子体满足维持聚变反应的劳森判据条件，通常采用两种方式：惯性约束和磁约束。惯性约束聚变是在极短的时间内，利用聚变燃料本身的惯性，产生极大的向心聚爆压力，将燃料压缩至极高的密度和极高的温度，在燃料解体前，大量的聚变反应已经发生并释放出大量的能量。磁约束聚变是将等离子体置于一定位形的磁场中，其中带电粒子会被磁力线约束，等离子体就相当于装在由磁场所组成的“瓷瓶”中。

7.1 激光惯性约束聚变的基本概念和点火方式

1960 年，激光器问世不久，苏联科学家 Basov 等人就提出利用激光产生高温等离子体的思想；1964 年，美国科学家 Dawson 发表了利用大能量激光产生高温等离子体的文章；1964 年 10 月 4 日，我国科学家王淦昌撰写了《利用大能量的光激射器产生中子的建议》一文，提出了利用激光打靶产生中子的设想。这些思想和研究是激光聚变概念的雏形。

1972 年，美国利弗莫尔国家实验室的 J. H. Nuckolls 等在《自然》杂志上发表文章，系统研究了利用激光器直接驱动 D－T 微球内爆来实现高压缩热核聚变的技术途径，并给出激光强度达到 10^{17} W/cm^2 条件下 1 kJ 能量实现点火的数值模拟结果。但是，更加细致的理论研究发现，Nuckolls 等人的理论计算对流体力学不稳定性的估计过于乐观，实验也表明，由于激光等离子体相互作用限制，激光强度只能限制在 10^{14}～10^{15} W/cm^2。考虑到流体力学不稳定性和激光等离子体相互作用的制约，激光能量 100 kJ 以下的内爆点火难以实现。另外，受限于当时的激光技术，激光辐照的均匀性也无法满足直接驱动内爆的要求。1975 年，J. D. Lindl 等人的理论计算表明，有可能采用间接驱动方式实现高增益的惯性约束聚变。

7.1.1 激光惯性约束聚变的基本概念和主要过程

激光惯性约束聚变可以归纳为四个阶段：强光辐照、向心压缩，点火和燃烧。所谓强光辐照，就是激光束（或 X 光）快速加热靶丸表面，形成一个等离子体烧蚀层；向心压缩是利用靶丸表面热物质向外喷发，从而反向压缩燃料；点火是通过向心聚爆过程，使氘氚核燃料达到高温、高密度状态；燃烧是热核燃烧在被压缩燃料内部蔓延，聚变放能大于驱动能量，获得能量增益。

激光惯性约束聚变有两种不同的驱动内爆方式：直接驱动和间接驱动。直接驱动就是激光束直接辐照靶球，压缩聚变燃料使其到达点火和自维持燃烧条件。直接驱动可以较高效率地利用激光能量，同时靶构形也简单，但是直接驱动对激光束辐照均匀性的要求很高。

当激光辐照内爆靶球时，很快在靶球的外表面产生等离子体；激光在等离子体中传播，主要通过逆轫致过程加热电子；电子能量输运产生烧蚀作用。在激光传播过程中，与等离子体相互作用会产生多种微观参量不稳定性（如受激拉曼散射（SRS）、受激布里渊散射（SBS）、双等离子体衰变（TPD）等），这些微观不稳定性造成激光能量损失，并产生超热电子。超热电子能量被烧蚀材料吸收，影响内爆压缩对称性；超热电子预热氘氚燃料，影响内爆效率。所以必须采取措施抑制这些微观参量不稳定性的发展。多束激光与等离子体相互作用过程，还会产生束间能量转移（CBET）等特有过程，且能量转化效率低。

间接驱动就是利用激光束照射高 Z 材料组成的黑腔，产生 X 射线，X 射线驱动靶丸内爆，实现聚变的方式。在间接驱动中，激光能量被黑腔内壁吸收，腔壁升温、电离，同时辐射出大量的 X 射线，利用这些 X 射线驱动内爆靶球，压缩聚变燃料，使其到达点火和自维持燃料条件。间接驱动有较好的辐照均匀性，但是需要研究激光 - X 光转换这一复杂的辐射流体力学过程，且能量转化效率低。

当一束强激光照射到黑腔内壁时，在初期非常短的时间内激光能量通过多光子过程被吸收，内壁物质电离产生自由电子。如果有足够大的动能，自由电子将通过碰撞过程加速物质的电离。一旦部分电离等离子体形成，后续的激光能量主要通过光子与电子相互作用过程（逆轫致吸收过程）被吸收。黑腔壁为高 Z 材料，吸收的激光能量大部分在电子热传导区转换为 X 光；这些 X 光在腔内传输，通过腔壁吸收和再发射，激光光斑处产生的非平衡 X 光被改造为充满整个黑腔的均匀软 X 光。黑腔内 X 光的温度与激光能量、激光波长、黑腔大小、腔壁材料、激光入射孔大小等有很复杂的关系。

除了直接驱动和间接驱动，国际上也在探索其他的驱动方式，例如最近我国科研人员提出混合驱动概念，也就是辐射和激光耦合驱动，先用 X 射线驱动靶丸，在 X 射线驱动源主脉冲阶段叠加激光脉冲，以达到改善内爆性能的目的。

7.1.2 激光惯性约束聚变的点火方式

聚变点火是指局部热核反应产生的能量能加热周围的部分冷燃料达到热核反应所需的温度，为持续反应创造条件。对于热核聚变点火和燃烧，有两个物理量非常重要：一是温度，二是密度。点火主要取决于温度，而燃烧主要取决于密度。就点火的技术途径而言，目前研究的比较多的是中心点火。除此以外，还有冲击波点火、快点火和体点火等技术途径。

中心点火，也即中心热斑点火，是在一次激光驱动作用下，既实现靶丸内爆压缩聚变燃料到高密度，又在靶丸中心小部分区域形成点火热斑（点火热斑质量占聚变燃料总质量的百分之几左右），也就是同时产生高密度和高温度的技术。美国的国家点火装置点火靶设计就是基于中心点火技术。在目前的中心点火技术方案中，聚变点火时刻靶丸系统由里至外由三部分组成：氘氚点火热斑、氘氚主燃料和烧蚀残余层，其中氘氚主燃料和烧蚀残余层又称为飞层。美国 NIF 装置中心点火时，中心热斑温度达到 5 keV，材料主要是氘氚气体，密度被压缩至 3 g/cm^3，而主燃料区域的温度相对较低，约为 1 keV，被称为冷层，材料以氘氚固体冰为主，密度被压缩至 100 g/cm^3 以上。中心热斑区域的氘氚达到聚变点火条件，发生热核反应，释放大量的 α 粒子和中子向外运动，燃烧外部燃料层。从热斑的能量平衡来说，增加热斑内能的因素有两个：一是飞层对热斑做功（飞层动能转化为热斑内能的过程），二是氘氚聚变反应释放出的带有 3.5 MeV 动能的 α 粒子在热斑中的能量沉积（氘氚聚变反应释放出的中子带有 14.1 MeV 动能，其自由程远远大于靶丸系统的空间尺度，能量沉积可以忽略）；导致热斑能量漏失的主要因素也有两个：一是热传导（主要是电子热传导），二是韧致辐射。

冲击波点火通过调整激光驱动源的脉冲形状来实现。基本思想是在驱动脉冲结束前加载一个高强度激光脉冲（点火脉冲），以产生一个强冲击波，并调节此冲击波加载时间，使之与从靶丸芯部返回的冲击波在壳内适当位置碰撞，以提高热斑压力。目前的研究认为，产生强冲击波的点火脉冲的强度需要 10^{16} W/cm^2 以上。理论研究表明，冲击波点火具有降低点火能量要求、高增益及稳定性好等优点。在美国的 OMEGA 装置上开展的综合性内爆实验表明，同样激光能量条件下，冲击波点火方式的中子产额是中心点火方式的 4 倍。但是目前对冲击波点火的研究是初步的，还有若干重要的问题需要进行进一步的系统研究。例如，满足冲击波点火要求的强冲击波产生问题，核心是激光等离子体相互作用，涉及 SRS、SBS、TPD、自聚焦和成丝、超热电子产生和输运等复杂过程。对于强度超过 10^{16} W/cm^2 的激光在等离子体中的传播，上述问题比目前中心点火研究中遇到的要更严重和更复杂。对于实际的点火实验内爆过程，必然存在不对称性，也就是说，内爆过程是非一维的，此时如何控制强冲击波与从靶丸芯部返回的冲击波的碰撞，并有效地提高热斑压力是冲击波点火研究需要回答的关键问题。

快点火是将燃料压缩与点火热斑形成分开的点火方式。压缩的方法与通常惯性约束聚变内爆压缩相同，但快点火的压缩追求的仅仅是高密度（例如300 g/cm^3左右），所以可以通过控制激光波形及优化内爆设计等使得氘氚在内爆压缩过程中升温较小，这样可以在较低激光驱动能量条件下将内爆靶球压缩到高密度。在压缩形成高密度氘氚后，采用超强激光束（激光强度约10^{19} W/cm^2，脉宽约20 ps）产生的相对论电子或质子在高密度氘氚等离子体的边缘形成点火热斑，聚变燃烧由边缘向整个氘氚区域蔓延，获得高能量增益。快点火概念提出以后，国际上在OMEGA、FIREX－Ⅰ、Vulcan和神光Ⅱ升级等激光装置上，开展了相关的实验，在内爆预压缩、强流电子束产生、输运和能量沉积等方面取得了一些研究成果。但是这些装置的拍瓦激光能量与点火所需的能量相差数十到上百倍，所得到的实验结果可能难以外推到真正的点火实验。对于快点火，关键是要有效地产生方向性好、能散低的相对论强流粒子束，强流粒子束在等离子体输运过程中还能够保持好的品质，并且在约束时间内与氘氚等离子体有充分的能量交换。近年来，关于快点火研究主要集中在如何通过靶设计和其他手段（如外加磁场）来提高和控制强流电子束的品质，以提高激光耦合到热斑的效率。快点火的热斑等离子体密度如果是300 g/cm^3，由于点火温度不可能降低，所以快点火要求的热斑压力大约是中心点火的3倍，也就是10 000亿大气压，实现如此高的能量密度是非常具有挑战性的。

体点火，顾名思义，是把氘氚燃料整体压缩到点火条件。在体点火靶设计中，一般利用重金属材料来降低压缩过程中韧致辐射带来的能量损耗。与局部点火方式相比，体点火在点火能量要求和能量增益方面并没有优势。但是如果有比较充足的能量，体点火靶的皮实性高。目前体点火靶研究主要集中在双壳层靶。双壳层靶的概念源于美国20世纪70年代高增益Apollo靶。采用双壳层靶，具有对激光脉冲整形简单、烧蚀不稳定性影响较小等优势；但是双壳层靶结构复杂，制靶难度大；同时，内外壳层碰撞交换能量、内壳层流体不稳定性导致的混合等问题复杂，对这些问题的研究还很不够。

7.2 激光惯性约束聚变的发展现状

2009 年 3 月，美国建成了以实现激光聚变热核点火为目标的大型激光装置——国家点火装置（National Ignition Facility，NIF）。2009 年 7 月至今，美国利用 NIF 装置开展了一系列靶物理实验和点火物理实验，获得了峰值温度约 330 eV 的辐射场、等离子体压力达到约 2 000 亿大气压、内爆中子产额约 10^{16}，并首次在实验室演示了显著的 α 粒子加热，氘氚聚变放能首次超过了氘氚燃料获得的能量等重要的物理成果，但未实现热核聚变点火。2021 年 8 月 8 日，NIF 装置向点火目标迈出了重要一步，成功获得了 1.3 兆焦耳（MJ）的聚变能量输出，聚变能输出达到输入能量的 67%，逼近聚变得失相当的临界条件，使得激光惯性约束聚变研究真正首次踏入聚变点火的“门槛”，被誉为聚变研究史上一个辉煌里程碑式成就。但即使如此，距离真正的聚变点火、聚变能利用还有很长的路要走。从 NIF 物理实验看，点火未能如期实现的主要原因来自三个方面：一是，内环激光与黑腔等离子体相互作用的影响严重，导致驱动对称性和驱动能量效率（内爆动能）没能同时满足要求；大量的内环激光能量损失，导致难以产生对称性的、满足强度要求的驱动源，或者是保证了驱动源的对称性，但无法充分利用激光能量（保证驱动源强度）。二是，靶丸压缩存在较大的低阶模不对称性。虽然经过优化调控，X 光照相显示热斑对称性能够达到要求，但是 NIF 点火物理实验中通过对不同角度的向下散射的中子（neutron down scattering）的诊断，发现壳层面密度仍然存在较大的不均匀性，不同角度面密度总有 20% 的差别。面密度的不均匀性意味着内爆压缩过程的不对称性，导致壳层动能到燃料内能的耦合效率大幅下降，使得热斑难以达到点火所需的压力。三是，内爆过程中存在超出预期的混合。在内爆过程中，存在两种类型的混合，即冷热氘氚的混合、烧蚀材料和聚变燃料的混合。冷热燃料的混合将导致热斑有效体积减小，而烧蚀材料和聚变材料的混合将导致轫致辐射增大、热斑温度降低，阻碍点火热斑的形成。目前认为，流体力学不稳定性是导致两类混合的主要原因。还有，要实现聚变点火和一定的能量增益，氘氚主燃料的密度要达到 1 000 g/cm^3，在如此高的密度下，氘氚原子核之间的距离已远小于波尔半径，等离子体处于强耦合状态。目前广泛使用的状态方程、辐射参数和输运参数的适用性需要深入研究。

虽然 NIF 装置物理实验未能如期实现点火，但物理实验获得的各单项指标已经基本达到靶设计的要求。根据2015年美国能源部国家核安全局（National Nuclear Security Administration，NNSA）公布的《高能量密度科学和惯性约束聚变评估报告》，美国仍然将致力于实现聚变点火目标。一方面基于NIF装置对各个环节进行精密调控，从点火靶物理设计提出改进措施；另一方面是加强激光直接驱动和Z箍缩技术途径的研究。

我国激光惯性约束聚变的研究与国际基本始于相同时间。1964年，王淦昌院士提出利用激光打靶产生中子的建议，拉开了我国激光聚变研究的序幕。1993年，为了进一步发挥国内优势，充分调动各方面的积极性，国家高技术“863计划”成立了惯性约束聚变技术主题专家组，逐步形成了以中国工程物理研究院和中国科学院为主、全国协作的激光聚变研究体系。经过近40年的探索和研究，我国已形成了较好的理论、实验、制靶和诊断研究能力，以及驱动器单元技术、总体技术和工程建造能力。我国先后在上海嘉定与四川绵阳建成了神光－Ⅰ、星光－Ⅰ/星光－Ⅱ、神光－Ⅱ/神光－Ⅱ升级、神光－Ⅲ原型和神光－Ⅲ主机装置；形成了比较完整的激光聚变理论和实验研究体系；开展了黑腔物理、内爆物理、辐射输运、激光等离子体相互作用、状态方程、辐射不透明度、流体力学不稳定性等一系列物理研究，获得了非常重要的研究成果，研制了以二维LARED集成程序为核心的激光聚变数值模拟程序体系，发展了有特色的实验诊断技术，培养和形成了一大批理论、实验、诊断、制靶和驱动器方面的科研骨干。我国激光惯性约束聚变研究正在以实现聚变点火为主要目标稳步推进。

惯性约束聚变等离子体物理与惯性约束聚变研究相生相伴。美国NIF装置投入物理研究，使得激光等离子体相互作用，进入一个新的参数空间。该装置上的物理实验表明，激光等离子体相互作用尚未被人们完全认识和理解。例如NIF装置物理实验表明，当驱动能量处于1~2 MJ范围内时，黑腔外诊断得到的激光背反射份额与激光功率几乎无关，这与目前的理论认识不一致。有两种可能：一是目前的激光等离子体相互作用理论存在问题，二是人们对黑腔等离子体状态发展和演化的数值模拟预测存在问题。另外，长期以来，激光等离子体相互作用研究主要关注单束激光等离子体相互作用，对甚多束激光等离子体相互作用研究不多。NIF实验表明，多束激光等离子体相互作用存在束间能量转移等新的物理现象。

相对论激光等离子体相互作用是在快点火、粒子加速等应用研究牵引和激光技术推动下快速发展的研究方向，是过去十余年最活跃的科学研究方向之一。相对论激光物质相互作用已经是惯性约束聚变等离子体物理的重要组成部分，其前沿热点是强激光驱动粒子源和辐射源研究，相关技术既可以发展成为先进诊断技术，提升基于大型装置的物理实验研究水平，又可以在实验室产生更极端的物质状态，丰富高温、高压、高密度极端物理的研究内涵。

激光特性（强度、波长、偏振等）、等离子体状态（密度、温度和它们的空间分布等）和相互作用是激光等离子体相互作用的三大要素。激光等离子体相互作用的影响直接依赖这三者。激光等离子体相互作用的理论研究，通常通过预先假定激光特征和等离子体状态，主要研究激光与等离子体相互作用的规律，发现新现象，探索新机制。而激光等离子体相互作用的实验研究，给出的是激光与等离子体相互作用后的综合结果。对于实际应用而言，原则上需要激光特征、等离子体状态和相互作用三者均清楚才能够对实验结果有正确、准确的认识，才能解决问题。要达到或接近这样的目标，还有很多研究工作要做。

强辐射和物质（等离子体）相互作用的研究，已经有相当长的历史，辐射在高温物质中的传输对于认识星球内部过程及解释各种观察到的天体现象是非常重要的。激光惯性约束聚变中，强辐射和等离子体相互作用非常重要，主要体现在烧蚀、内爆及流体流体力学稳定性等方面。间接驱动中，激光作用于黑腔，产生强辐射场（X 射线）烧蚀靶丸并驱动靶丸内爆，烧蚀过程决定了流体力学效率，即有多少激光能量能够转换为壳层（飞层）动能。辐射效应也会影响到流体力学的稳定性，烧蚀面处的辐射烧蚀效应会致稳该处的流体力学不稳定性。强辐射场作用于物质或者等离子体，会引起很多复杂的微观过程，例如辐射与原子、离子的相互作用，电子与原子、离子的碰撞，以及原子和离子之间的碰撞等，其中辐射和等离子体相互作用的微观过程主要包括光电吸收和复合辐射、谱线吸收和谱线辐射、逆韧致吸收和韧致辐射等过程。辐射和等离子体相互作用过程中，除了吸收－发射效应，还有汤姆森（Thomson）和康普顿（Compton）等散射效应。这些散射效应一般通过微分散射截面来描述。

数值模拟是研究辐射与物质相互作用的主要手段。目前国内外从事惯性约束聚变研究的单位大多开发了辐射流体力学程序，例如 LLNL 的 Lasnex（一维、二维和三维）、Hydra（三维）等；北京应用物理与计算数学研究所研制了以 LARED 系列为主的辐射流体力学程序，包括一维、二维和三维的辐射输运计算，采用了扩散近似、离散纵标法、蒙特卡洛法等。辐射输运模拟，特别是三维模拟，对计算机资源的要求非常高。辐射输运方程的准确求解，除了数值计算方法，还依赖于辐射参数，即如何准确求解发射和吸收系数。目前普遍采用离子模型、平均原子模型、细致组态（DCA）模型等。不同模型有可能导致辐射输运效应存在着明显的差异。合理的辐射参数建模是需要努力研究的方向。

随着激光装置输出能量和功率的提升，实验室中也逐步开展了强辐射和等离子体相互作用的研究。目前美国 NIF 上激光作用于黑腔，产生温度高达 320 eV 的强辐射场，在接近点火条件下，开展了大量关于强辐射和等离子体（物质）相互作用的很多工作。我国的科研人员也利用神光装置开展了很多辐射输运、辐射烧蚀、辐射不透明度参数及内爆综合过程等相关实验。

物质的结构和特性（状态方程等热力学性质，热导、电导和阻止本领等输运性质，辐射性质等）是惯性约束聚变等离子体研究的重要基石。除了理想经典等离子体的理论相对完善外，对于很宽状态范围的高能量密度物质的特性、物理机制和规律，人们的认识还很不系统和充分。例如，作为高能量密度物理的主要研究对之一，温稠密物质（warm dense matter）的结构非常复杂，具有较强甚至很强的耦合特性（带电粒子之间的相互作用势接近或大于其热动能）和部分简并特性（热能接近或大于费米能），当前尚未有理论方法能对其很好地刻画和描述。再如，非局域热动平衡（non - LTE）等离子体广泛地存在于宇宙之中，然而，不同的理论模型往往给出较大甚至很大差别的模拟结果，而且也非常缺少具有基准（benchmark）价值的实验测量。

高能量密度物质特性的实验研究与各种先进装置的发展密不可分。较早期主要在静高压及气炮装置上开展高压物性等实验研究，该类实验研究的物质状态区间范围非常有限。20 世纪 80 年代中后期，随着大型激光装置与 Z 箍缩等高能量装置的建立，人们可以在实验室产生高温待测样品。例如，采用强激光产生的强 X 光辐射直接加热的方式，制备均匀稳定的局域热动平衡（LTE）等离子体样品，并发展谱分辨的光谱测量技术，成为高温等离子体 X 光辐射不透明度实验研究的主要方法。这种方法可以获得较高温度（百万摄氏度）的样品，但密度一般较低（小于 1% 固体密度）。最近，人们在 Z 装置上开展了铁等离子体的 X 光辐射不透明度实验测量，将温度和密度分别提高至（1.9~2.3）百万摄氏度和（0.7~4.0）$\times 10^{22}$ cm^{-3}，测量结果显著高于目前多个理论计算结果（30%~400%）。

实验技术的迅速发展，对高能量密度物质特性的理论研究不断提出更多、更高的要求。近年来，人们积极探索和发展能够描述高能量密度物质结构、动理学、动力学过程的新理论方法。其中，从量子统计理论出发，对温稠密物质体系进行直接模拟的方法（例如，蒙特卡洛方法、分子动力学方法）备受关注。尤其是基于有限温度的密度泛函理论（LT - DFT）的量子分子动力学方法（Quantum Molecular Dynamics，QMD），被认为是最具发展前景的方法之一。当前，大多数基于量子分子动力学的温稠密物质模拟研究主要集中在较低温度（10 eV 量级）、中等密度（接近到数倍的固体密度）范围。如何拓展量子分子动力学在更高温度和更宽密度两方面的应用范围，是处于稠密状态的高能量密度物质数值模拟研究的一个重要方向。这既涉及计算方法和效率的问题，也涉及一些基本的理论方法问题。例如，当温度逐渐升高，尤其是进入热稠密等离子体阶段时，越来越多的电子处于高度激发的状态，而且原子相开始出现并逐渐占据主导地位，高温辐射场的影响也越来越重要。如何在密度泛函理论的框架内考虑大量高度激发电子间的交换关联，如何更精确地描述稠密物质中的原子相行为，如何考虑辐射场的影响，都是有待解决的理论问题。需要结合其他理论方法，如量子蒙特卡洛法、稠密等离子体中的原子物理方法，发展新的理论方法和模型。另外，QMD 等量子多体方法能够直接模拟的规模一般较小（数百个原子），并且主要限于中、低 Z 物质。当需要进行较大规模的模拟研究，如相分离等复杂相变、阻止本领等输运性质时，需要发展新的理论处理方法，拓展模拟规模和物质种类。还有，由于广泛的存在和重要的应用，以及高能量密度物质特性实验研究中观测到的显著非平衡现象，非局域热动平衡（non - LTE）等离子体的理论模拟也一直是人们高度关注的热点问题之一，需要发展新的理论方法，使之能够高精度预测不同温度、密度状态范围的高能量密度物质的动理学行为和特性。

7.3 国内外大科学装置简介

要开展惯性约束聚变等离子体物理研究，必须能够在实验室条件下创造出高能量密度等离子体状态。在实验室条件下创造等离子体状态的主要驱动装置有：大能量高功率激光装置、Z 箍束装置和强流粒子束装置。目前我国用于实验室产生高能量密度状态的驱动装置主要是激光装置。

7.3.1 神光 - Ⅱ激光装置

如图 7.1 和图 7.2 所示，神光 - Ⅱ激光装置由高功率激光物理联合实验室承担研制，包括八束驱动激光（简称“八路装置”）和一束物理实验诊断激光（简称“第九路”）两大部分。八路装置于 1994 年正式启动建设，2000 年建成投入物理研究。自投入物理实验研究以来，神光 - Ⅱ装置一直保持优质、高效、稳定的运行状态，为惯性约束聚变等离子体物理和高能量密度物理研究提供了可靠的实验平台，成为具有国际影响力的高功率激光实验装置。

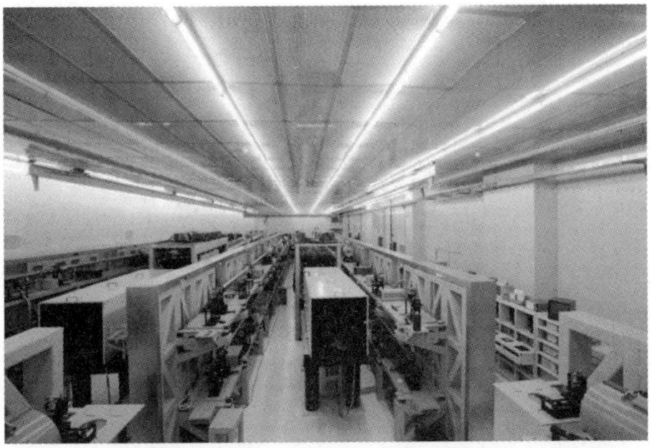

图 7.1 神光－Ⅱ装置八路激光大厅

图 7.2 神光－Ⅱ装置靶场

八路装置主要由前端振荡器分系统、预放大器分系统、主放大器分系统、终端靶场分系统、光路自动准直和激光参数测量分系统、环境和保障分系统等组成，它们涉及激光、光学、精密机械、自动控制等诸多学科。在对神光－Ⅱ装置研制的过程中，研制人员解决了一系列高难度的关键技术问题，自主创新实现了多项重要单元技术和总体创新集成。八路装置的主要技术指标包括：输出基频激光的总能量为 6 kJ，脉冲宽度为 1 ns，信噪比 $\geqslant 10^6$，基频激光到倍频和三倍频激光的转换效率为 50%。其中一个关键的综合性指标是南北两束各四路三倍频激光以 45° 角分别注入两个直径为 380 μm 的小孔，注入的总能量不小于 2 kJ。同时，要求装置每年提供的正式运行打靶发射不少于 300 发次，平均运行成功率不低于 70%。

7.3.2 神光－Ⅲ原型激光装置

如图 7.3 和图 7.4 所示，神光－Ⅲ原型装置（TIL）由中国工程物理研究院激光聚变研究中心研制，用于惯性约束聚变物理实验研究，可提供总能量 1 万焦耳的紫外辐照光源。装置于 2007 年通过国家验收。

图 7.3 神光－Ⅲ原型装置激光大厅

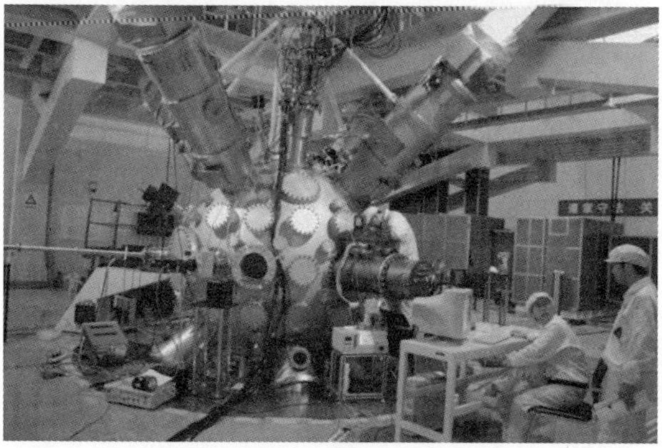

图 7.4 神光－Ⅲ原型装置靶场系统

神光－Ⅲ原型装置是我国首台以“方形光束＋组合口径＋多程放大”为基本技术特点的第二代高功率固体激光装置，突破了驱动器总体设计、高功率激光四程放大、全光纤固化前端集成、等离子体电光开关、4×2 组合式大口径片状放大器和能源、高精度精密同步、高强度高效率三倍频转换等关键技术。装置包含 8 束激光，形成 4×2 阵列，主要由前端、预放、主放、靶场、激光参数诊断及计算机集中控制等系统组成，主要技术指标见表 7.1。

表7.1　神光－Ⅲ原型装置主要技术指标

激光束数/束	8
光束口径/(mm×mm)	290×290（零强度束宽）
激光波长/μm	0.351
输出能量	1.2 kJ/束（1 ns条件下） 1.8 kJ/束（3 ns条件下）
脉冲波形/ns	1.0~3.0（平顶形脉冲，并具有一定的整形能力）
光束发散角/μrad	70（包含95%激光能量）
打靶方式	8束对打、8束并打
打靶精度/μm	30（RMS）
能量分散度/%	10（RMS）

神光－Ⅲ原型装置的成功研制标志着我国成为继美、法后世界上第三个系统掌握了第二代高功率激光驱动器总体技术的国家，成为继美国之后世界上第二个具备独立研究、建设新一代高功率激光驱动器能力的国家。经过性能提升，装置的脉冲波形整形能力和焦斑整形能力得到大幅度提高，具备时标光输出能力、长脉宽整形脉冲实验能力、纳秒级背光源实验能力、四倍频探针光实验能力等多项物理实验功能，形成运行稳定、功能完备的万焦耳物理实验平台，是目前我国规模最大的服役装置，也是“十一五”“十二五”乃至“十三五”初期的ICF主力运行装置。

7.3.3　神光－Ⅲ激光装置

如图7.5和图7.6所示，神光－Ⅲ主机装置（SG－Ⅲ）由中国工程物理研究院激光聚变研究中心研制，已于2015年建成，是国际上可投入物理实验的第二大装置的激光装置，可为惯性约束聚变物理实验提供近20万焦耳、60 TW的紫外辐照光源，并为物理诊断提供高置信度的时标光和VISAR光源，以及高光束质量、精确同步的LPI作用束和Thomson探针光。

神光－Ⅲ主机装置采用“大口径方光束＋4×2组合口径放大器＋多程放大构型”的总体技术路线，主要由前端、预放、主放、靶场、光束控制与参数测量、计算机集中控制等系统组成。前端系统采用“基于光学方法实现

图 7.5　神光 - Ⅲ主机装置激光大厅

图 7.6　神光 - Ⅲ主机装置靶场系统

脉冲精确整形以及长、短脉冲零抖动输出”的全光纤、全固化技术路线，预放系统采用“混合泵浦 + 多级两程放大”的技术路线，主放系统采用基于“光束 90°旋转 + 电光开关”的隔离方式、“远场注入”与“近场输出”的注入输出设计、“多程变口径保形传输 + 系统像传递”的线性传输设计、“滤波小孔匹配优化 + B 积分控制”的非线性传输设计、“组合式口径 + 强泵浦相结合”的片放大器设计及“预电离电路 + 电容器接地”的能源方案，靶场系统采用“Ⅰ类 + Ⅱ类”晶体级联的高效率高稳定宽带频率转换技术、“以靶点为光束引导基点 +48 束时空编码引导”的甚多束快速引导与靶瞄准定位技术。

神光 - Ⅲ主机装置由 48 束激光组成，分成 6 个束组，每个束组包含 8 束激光，放大系统按照 4 ×2 阵列排布，每个束组的 8 路激光共用一个 4 ×2 阵列，48 束激光经过空间编组输出到各自的终端光学组件，并最终达到靶点。装置可以产生脉冲空间和时间轮廓精确的紫外激光，主要技术指标见表 7.2。

表 7.2　神光 - Ⅲ主机装置主要技术指标

激光束数/束	48
光束口径/(mm × mm)	360 × 360（零强度束宽）
激光波长/μm	0.351
输出能量	3.75 kJ/束（3 ns 条件下）
脉冲波形/ns	1.0 ~ 5.0 矩形脉冲（具有一定的整形能力）
光束发散角/μrad	50（包含 95% 激光能量）
打靶精度/μm	30（RMS）
能量分散度/%	8（RMS）

7.3.4　天光一号 KrF 准分子激光装置

除了神光系列钕玻璃固体激光，我国在准分子激光装置研制方面投入了一定的力量。中国原子能科学研究院建立了天光一号 KrF 准分子激光装置，如图 7.7 和图 7.8 所示。该系统是一个 6 束角多路传输的高功率 KrF 准分子激光系统，采用主振荡器和功率放大器（MOPA）结构，系统主要包括 KrF 种子光源、一级放电泵浦 KrF 准分子激光放大器（三腔前级放大器）、两级电子束双向泵浦 KrF 激光放大器（预放大器和主放大器）、光学角多路传输系统、激光开关、同步和高压触发系统、自动控制和数据获取系统、电子束和激光束诊断系统及真空靶室等系统。6 束激光输出到靶能量为 100 J、脉冲宽度为 28 ns，靶上聚焦功率密度达到 10^{12} W/cm^2。该装置采用光束平滑、像传递技术，光束均匀性优良（< 2%）。

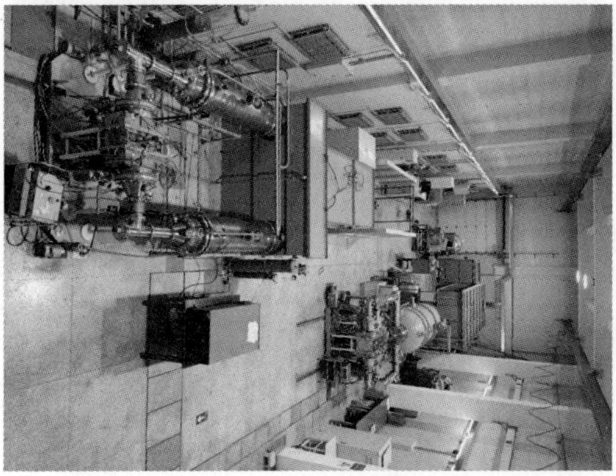

图 7.7　天光一号预放大器和主放大器

图 7.8　天光一号靶场

如图 7.9 所示，天光装置的前端采用双腔结构，即震荡腔和放大腔。产生波长为 248 nm、脉冲宽度为 20 ns、能量为 150 mJ 的脉冲激光束，为整个系统提供种子光束。种子光束经分束器分束，1 束激光分为 3 束，进入三腔前级放大器，每束由几十毫焦放大至几百毫焦。

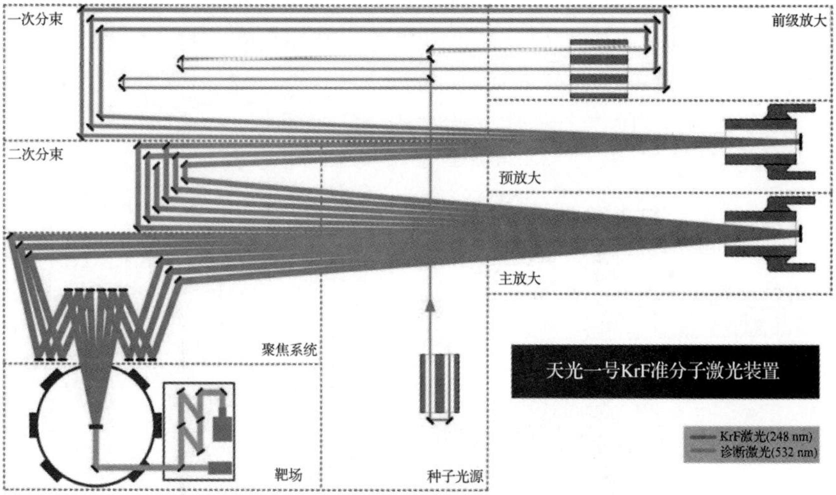

图 7.9　天光一号光路布局图

通过光路控制编码后，将 3 个光束排成一序列，相继通过 ϕ120 mm 口径、用大面积电子束双向激励的双程 KrF 激光预放大器，每一束激光能量由几十毫焦放大到数焦耳量级。然后对每一束激光再次进行分束，这样共有 6 束激光相继再经过 ϕ270 mm 口径、用更大面积电子束双向激励的双程 KrF 激光主放大器，每一束激光能量由数焦耳放大到 30 J 左右。

此时的 6 束激光在时间和空间上仍然是分离的 6 个激光脉冲，从主放大器输出的 6 束激光经过消除时间差（消延时）、光学像传递与聚焦系统，最后聚焦在靶面位置。在靶面上激光能量为百焦耳量级，焦斑有效直径为 500 μm 左右。

利用 KrF 准分子激光具宽（3 THz）频带等特性，系统采用无阶梯诱导空间非相干技术（EF - ISI）和像传递技术，使激光非常均匀地辐照靶面，在靶上获得的辐照不均匀性小于 2%。

7.3.5 美国国家点火装置（NIF）

如图 7.10 和图 7.11 所示，美国国家点火装置（NIF）（即激光聚变装置）由位于美国加利福尼亚州劳伦斯 - 利弗莫尔国家实验室研制。该计划自 1994 年开工以来延期了很多次，于 1997 年工程正式开始建设。该计划建造和运行花费超过 35 亿美元，容纳 NIF 装置的建筑物长 215 m、宽 120 m，相当于 3 个足球场。国家点火装置是目前世界上建成的最大的激光装置，有将近 40 000 个光学元件，精确地引导、反射、放大和聚焦 192 束激光到一个约黄豆大小的核聚变目标上。NIF 于 2009 年 3 月开始运行。一束约为 10^{-9} J 的微弱激光脉冲通过光纤传输到 48 个前置放大器，这些前置放大器将脉冲的能量增加了 100 亿倍，达到几焦耳。然后，48 束激光被分成 4 束，每束注入 192 束主激光放大器。

图 7.10 NIF 装置激光大厅

图 7.11 NIF 装置靶场

每束光通过两个大型玻璃放大器系统，首先通过功率放大器，然后进入主放大器。在主放大器中，一个特殊的光开关捕捉光，迫使光来回移动 4 次，而特殊的变形镜和其他设备确保光束的高质量、均匀和光滑。最终光束的总能量已经从 10^{-9} J 增加到 40×10^{6} J。192 束光束进入靶场两侧的两个十层楼高的开关场，在那里它们被分割成 2×2 的四组阵列。在进入真空靶室之前，激光脉冲从红外线倍频转换成紫外光并聚焦在目标上。NIF 的 192 束激光束从光源到真空靶室中心，光程约 1 500 m。

第8章

磁约束聚变等离子体

磁约束聚变是指用特殊形态的磁场把由氘、氚等轻原子核和自由电子组成的、处于热核反应状态的超高温等离子体约束在有限的体积内，使它受控制地发生大量的原子核聚变反应，释放出能量。

8.1 磁约束聚变原理

在燃烧煤、石油、天然气时，会用一个容器来保温，让燃料在一定的温度下反应，释放出能量。但是在聚变反应中，为了能让原子核越过势垒，相互之间发生碰撞，要给原子核相当高的动能。一种方法是用粒子加速器来提高原子核速度，让其碰撞。实验证实，这种方法可以发生聚变反应，但是反应释放出的能量远小于加速原子核所消耗的能量，也就是所谓的得不偿失。还有一种方法是提高核燃料的温度，物质温度越高，意味着其微观粒子的无规则速度越大。我们需要把燃料加热到 1×10^8℃以上，这样原子核才有足够大的动能相互碰撞，才可能发生聚变反应。但是在 1×10^8℃的条件下，任何固态物质都会在极短的时间内汽化。

找一个合适的容器是20世纪五六十年代的科学家们思考的问题。等离子体态，也就是物质的原子核和核外电子是分离的，电子是自由的，不再受某一特定的原子核的束缚。也就是等离子体中的粒子都是自由的带电粒子。于是科学家就想到了磁场，因为带电粒子在磁场中会绕磁力线做回旋运动，通过在容器内建立磁场来约束等离子体，使其不与容器壁接触，这样可以使核燃料持续燃烧一段时间。

最开始选用的磁场就是最简单的螺线管，可以将核燃料约束一段时间，但是螺线管两端是开口的，核燃料可以从两端逃出容器或者与容器壁相接触，这样会很快地将容器壁烧蚀，影响约束效果。为了解决这个问题，将螺线管弯曲，将两端连接起来，构成闭合螺线管，这样就解决了两端的逃逸问题。

但是等离子体态的核燃料在这样的环形磁场中还是无法很好地约束，仍然会碰到容器壁上。由于等离子体态的核燃料完全电离，导电性能非常好，所以人们设想如果等离子体在环向上有电流，电流又会产生沿闭合螺线管绕线方向的磁场，这时或许就会约束得更好。

那么如何让等离子体产生环向电流呢？原理也很简单，就是把闭合螺线管和变压器结合起来，将闭合螺线管整体当作变压器的副线圈，这样当变压器的主线圈中的电流变化时，在副线圈已经电离的等离子体中就会产生环向电流。同时，由于等离子体还有电阻，当产生环向电流时，等离子体本身还可以产生焦耳热，可以加热等离子体。这样就构成了基本的托卡马克结构。托卡马克的发明是聚变研究领域的一大进步，为当时的研究指明了方向。

在闭合螺线管内，核燃料形状为轮胎形。在只有环向场的条件下（上面提到的闭合螺线管），两个极向场线圈调节其受力，使其维持平衡。此外，变压器中间的铁芯的作用是让两个线圈更好地进行磁耦合，但是由于“轮胎”中心空间有限，而且当磁通足够强的时候，有没有铁芯差别已经不大，所以现在大部分托卡马克已经不要铁芯了，但是欧姆线圈仍然保留，用来加热等离子体和驱动等离子体电流。后来圆形的轮胎截面又演化成 D 行或豆形，发现在这些条件下等离子体的约束效果更好。

8.2　磁约束等离子体物理的重要科学技术问题

经过核聚变界科学家们半个多世纪的不懈努力，磁约束等离子体物理与受控热核聚变的研究获得了巨大的进展。20 世纪 50 年代末聚变研究从美国、英国和苏联开始，并在 70 年代迅速扩展到世界多国。通过多种类型的磁约束聚变装置（如托卡马克、磁镜、仿星器、箍缩类装置等），人们开展了大量高温等离子体基础问题的研究，探索着各种利用磁约束聚变装置在高温高密度等离子体参数下长时间运行的方法，从而大大地推进了磁约束等离子体物理科学的发展。

到了 20 世纪 80 年代，托卡马克实验研究取得了重大突破。1982 年，在德国 ASDEX 装置上首次发现高约束放电模式（即 H 模式）。1984 年，JET 装置上的等离子体电流达到 3.7 MA，并能够维持数秒。1986 年，普林斯顿的 TFTR

装置利用16 MW大功率氘中性束注入，获得了中心离子温度2亿摄氏度的等离子体，同时产生了10 kW的聚变功率，其中子产额超过1 016 $cm^{-3}\cdot s^{-1}$。这些显著进展，使得人们开始尝试获取氘－氚（D－T）聚变能。1991年11月，在JET上首次成功地进行了氘－氚放电实验，美国的TFTR装置也于1993年10月实现了氘－氚聚变反应。1997年，JET利用25 MW辅助加热手段，获得了聚变功率16.1 MW、聚变能21.7 MJ的世界最高纪录，由于当时密度太低，能量尚不能得失相当，能量增益因子Q小于1。同年12月，日本在JT－60U上利用氘－氘放电实验，折算到氘－氚反应，等效能量增益因子Q达到了1，即能量得失相当。紧接着，日本JT－60U装置获得了最高的、聚变反应堆级的等离子体参数：峰值离子温度T_i约为45 keV，电子温度T_e约为10 keV，等离子体密度n约为$10^{20}m^{-3}$，聚变三乘积nT_τ约为1.5×10^{21} $keV\cdot s\cdot m^{-3}$（τ为等离子体的能量约束时间），等效Q值大于1.25（即有正能量输出）。这些里程碑式的突破性成果证实了在以托卡马克为代表的磁约束核聚变装置中实现聚变反应堆堆芯等离子体参数的可行性，使得磁约束聚变界在20世纪80年代末开始进行聚变实验堆的设计和工程预研。经过世界各国科技工作者和政府长时间的努力合作，国际热核聚变实验堆（ITER）计划终于在2006年正式开实行。在7个参加方（欧盟、中国、印度、日本、韩国、俄罗斯和美国）政府的协作下，数百名科学家和工程师共同参与了这项史无前例的国际合作计划。

ITER装置是一个能产生大规模核聚变反应的超导托卡马克。其装置中心是高温氘氚等离子体环，超导磁体将产生5.3 T的环向强磁场，并激励15 MA的等离子体电流；核聚变反应功率达50万千瓦，持续时间达400～3 000 s。这将是人类第一次在地球上获得持续的、有大量核聚变反应的高温等离子体，产生接近电站规模的受控聚变能。

ITER的科学目标是实现在400 s的时间内能量增益大于10，在3 000 s的时间内能量增益大于5，并验证示范堆所需的能量增益大于30的条件，以及上述条件下聚变实验堆的科学和工程可行性问题。ITER要研究及解决的关键科学问题是：燃烧等离子体物理、先进托卡马克稳定运行和可靠控制、每秒1 020中子通量下的等离子体与材料的相互作用、长脉冲条件下的物理及对未来示范堆燃烧等离子体性能的科学预测。ITER的建设、运行和实验研究是人类发展聚变能的必要一步，有可能将直接决定聚变示范电站（DEMO）的设计和建设，并推进实现商用聚变发电的进程。

随着ITER计划的启动，国际聚变界的普遍共识是：由于已在过去的十多年中对ITER七大部件做了大量的研发，成功建设ITER已无工程上的障碍，但是能否顺利实现ITER的科学目标依然有一定的风险和不确定性。为了成功运行 ITER 和确定未来聚变示范堆的发展路线，过去几年在美国能源部和欧盟科技署的主持下，美国和欧盟聚变界分别开展了大规模的科学研讨，对国际聚变的现状、成功建设和运行 ITER 所需的物理技术基础与差距，以及未来聚变示范堆（DEMO）的发展战略进行了分析，分别提出了目前成功运行 ITER 的风险、差距和前沿科学技术问题。欧美对未来建堆所涉及的科学和技术问题都做了详尽的分析，仅是表述不同。欧盟历时一年半的大规模研讨和论证，提出了 7 个方面的聚变研究前沿方向和科学技术问题。深入理解这 7 个方面并提供可靠的解决方法，是成功运行 ITER，实现其科学目标，进而成功建设 DEMO 的关键。

（1）燃烧等离子体物理

燃烧等离子体是指在聚变功率增益 Q 为 5 以上，氦粒子的自加热占主要成分条件下的物理问题，它是未来 ITER $Q=10$ 的物理基础。目前尚无任何装置可以从事 D－T 运行下 $Q=5$ 的等离子体实验，但可以对这一物理问题进行相关的理论和实验验证。

（2）先进托卡马克稳定运行和可靠控制

先进托卡马克位形是指在大拉长偏滤器、高约束条件下的等离子体位形。这一位形的精确、可靠控制和运行，包括对等离子体破裂、边界局域模等磁流体不稳定性的有效控制，是 ITER 安全运行的基本保证。目前国际上有很多装置可以用于开展这一问题研究。

（3）ITER/DEMO 条件下的等离子体与材料的相互作用

本项科学和技术问题是通过一系列的科学和技术的集成，提供在反应堆（每平方米 20 MW 高热负荷和大于 400 s）条件下，氘氚等离子体与材料相互作用、杂质控制及氚在材料中驻留行为与除氚技术的解决方法等问题的研究。

（4）稳态条件下的关键物理机制和技术

主要针对 ITER $Q=5$（放电时间大于 3 000 s）和未来示范堆稳态运行（特指在反应堆条件下的长时间运行）的科学技术问题，包含 ITER 计划以外的科学问题，如高效的稳态电流驱动、加热、约束和控制等。这是托卡马克能否实现稳态发电的最为重要的科学技术问题之一。

（5）聚变等离子体性能的科学预测

基于大型托卡马克理论与数值模拟，对 ITER 燃烧等离子体的性能进行预测和分析，在有充分实验验证基础条件下，形成完善的对未来反应堆等离子体性能的理论分析和科学预测。

（6）反应堆核环境条件下的材料和部件

研发在 14 MeV 中子轰击下的聚变材料是未来聚变堆的难点之一，特别是反应堆内部整体部件，如偏滤器、氚增殖包层的功能、寿命和可靠性是未来聚变堆的关键，必须提供可靠的解决方法。

（7）示范堆的集成设计

聚变示范堆用于演示未来聚变电站的工程可行性和商业可行性，本设计不但要集成 ITER 的科学技术成果，同时要对未来聚变电站的发展提供可靠的科学技术基础。

未来 10 年，国际聚变界将围绕上述 7 个方面进行大量的科学探索，为未来 ITER 物理实验和 DEMO 设计奠定坚实基础。

8.3 国内外大科学装置简介

8.3.1 中国环流器二号 A（HL－2A）

如图 8.1 所示，中国环流器二号 A（HL－2A）是核工业西南物理研究院利用德国 ASDEX 装置主机三大部件配套改建而成的。其于 1999 年正式动工建设，2002 年 11 月中旬获得初始等离子体。HL－2A 装置的使命是研究具有偏滤器位形的托卡马克物理，包括高参数等离子体的不稳定性、输运和约束，探索等离子体加热、边缘能量和粒子流控制机理，发展各种大功率加热技术、加料技术和等离子体控制技术等，通过对核聚变前沿物理课题的深入研究和相关工程技术发展，全面提高我国核聚变科学技术水平，为中国下一步研究与发展打好坚实的基础。

图 8.1　中国环流器二号 A（HL－2A）

表 8.1 列出了 HL－2A 装置的主要参数。与 HL－1M 和当时的国内其他装置不同，该装置具有由相应的线圈和靶板组成的偏滤器，可以运行在双零或单零偏滤器位形。这对开展高约束模（H 模）物理和边缘物理研究及提高等离子体参数是非常关键的。

表 8.1　HL－2A 装置主要参数

大半径/m	1.65	安全因子	3.3～3.5
小半径/m	0.4	等离子体电流平顶时间/s	5.0
等离子体电流/kA	480	低杂波电流驱动功率/MW	2
中心磁场/T	2.8	电子回旋加热功率/MW	3
等离子体密度/m^{-3}	8×10^{19}	中性束注入功率/MW	2～3

HL－2A 装置大功率加热系统包括电子回旋加热、低杂波和中性束注入系统。电子回旋共振系统用 6 个回旋管作为微波源，最大功率为 3 MW，频率为 68 GHz、140 GHz。中性粒子束系统的注入功率为 3 MW，中性粒子能量为 30～50 keV。

超声分子束注入（SMBI）是中国的一项应用于聚变研究的重要原创技术，自 1992 年在中国环流器一号（HL－1）装置上成功开发以来，在 HL－2A 装置上得到了改进和发展，技术指标大为提高。经拉瓦尔（Laval）口喷出的准直的脉冲超声射流的粒子流量达到 $5\times1\ 021\ s^{-1}$以上，加料效率为 35%～55%。为了进一步提高透入深度和加料效率，在 HL－2A 装置的实验中发展了液氮温度下的超声分子束注入，大大提高了注入深度和加料效率，提高了放电品质，改善了等离子体约束性能。

HL－2A 装置自运行以来，取得了很多新的研究成果。除了在电子回旋加热实验中获得了 4.9 keV 的电子温度，在中性束加热条件下得到了 2.5 keV 的离子温度等高参数外，成功实现高约束模（H 模）放电，能量约束时间达到 150 ms，等离子体总储能大于 78 kJ，如图 8.2 所示。在 H 模物理研究中，观测到在 L－H 转换过程中存在两种不同的极限环振荡（分别称为原（Y）型和进（J）型）和完整的动态演化过程，这为 L－H 模转换的理论和实验研究提供了新的思路。首次观测到测地声模和低频带状流的三维结构；利用超声分子束调制技术发现了自发的粒子内部输运垒，为等离子体输运研究提出了新的课题，在湍流、带状流和输运研究中，观测到在强加热 L 模放电中高频湍流能量向低频带状流传输，为理解功率阈值提供了新的思路。

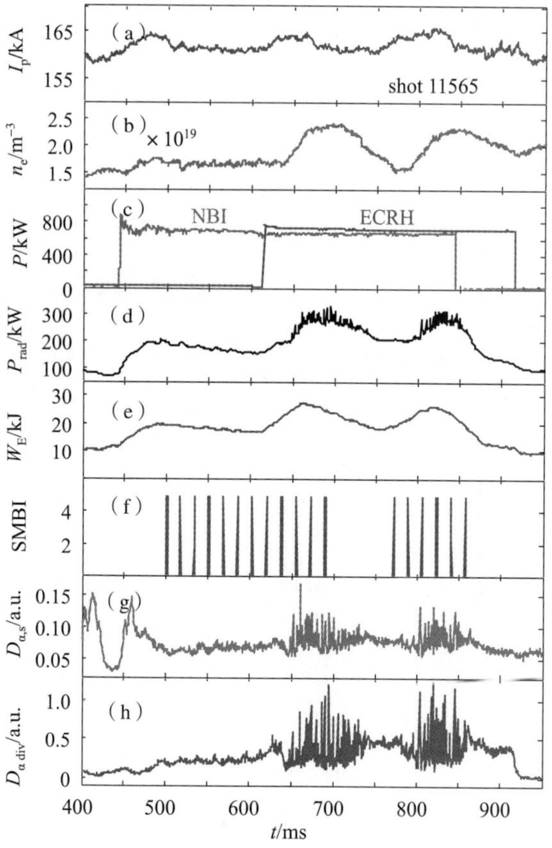

图 8.2　HL－2A H 模典型放电波形

HL－2A 装置近年来产生的突出成果为：利用三台阶结构探针阵列，测量结果显示了测地声模带状流的电位扰动和密度扰动的三维结构、径向传播特征及其背景湍流，有助于更好地理解测地声模带状流的形成机制。同时，证明了低频带状流的三维结构、形成机制及与背景湍流的作用。由于湍流是造成等离子体输运的主要原因，研究带状流与湍流的相互作用对于理解等离子体约束和输运行为是很重要的。利用弹丸注入、超声分子束注入、强辅助加热等多种实现高约束的运行方式，采用新方法和先进诊断深入研究自发的粒子内部输运垒和用超声分子束注入激发非局域输运。深入开展强辅助加热条件下，高能粒子激发的鱼骨模、阿尔芬本征模等不稳定性与磁流体不稳定性及等离子体湍流相互作用的研究。运用电子回旋波加热方式主动控制撕裂膜，改善等离子体约束。在 HL－2A 上开展的一系列前沿性实验研究对中国聚变事业做出了创新性的贡献。

8.3.2　中国环流器二号 M（HL－2M）

HL－2M（中国环流器二号 M）托卡马克是 HL－2A 的升级装置，如图 8.3 所示。HL－2M 装置建造的目的是瞄准与 ITER 物理相关的内容，研究近堆芯等离子体物理及发展聚变堆关键工程技术，为下一步建造聚变堆奠定科学技术基础。研究内容主要包括：

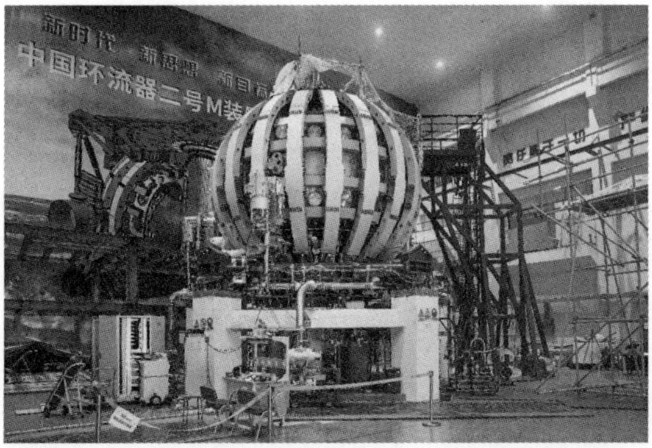

图 8.3　HL－2M 装置结构图及标准雪花偏滤器位形

①利用装置等离子体参数高的优势，瞄准 ITER 物理研究内容，在高参数（高比压、高约束和高密度等）运行下开展等离子体约束与输运、高能量粒子物理、MHD 不稳定性及放电破裂控制、等离子体－壁相互作用等领域的研究。

②利用等离子体位形易变的特点，对目前国际上尚未解决的一系列问题进行研究，包括在实现常规偏滤器位形的基础上，实现多种先进偏滤器位形，如不同雪花偏滤器位形和腿部长度变化的 Tripod 偏滤器位形，为研究边缘等离子体和偏滤器物理提供一个良好的测试平台。

③发展电流驱动和等离子体加热手段，利用大功率加热和电流驱动，大幅度提高等离子体温度，研究近堆芯等离子体物理。

④发展聚变工程技术如先进加料、对先进的聚变堆诊断技术进行研究、第一壁材料和结构材料等，为未来聚变堆的建造打下坚实的基础。

表 8.2 是 HL－2M 装置的主要运行参数。装置磁体由 20 个环向场线圈、中心螺线管线圈和 16 个极向场线圈（PFC）组成；环形真空室截面呈 D 形，配置上、下两个偏滤器；真空室内部安装有随机磁场线圈（RMP）、原位低温泵、第一壁等；周边设计有总功率达 29 MW 的各种等离子体加热和电流驱动设备，以及 40 余套诊断系统。

HL－2M 装置将具备更高的装置参数及更强的二级加热功率，尤其是中性束注入加热。结合 HL-2M 装置先进偏滤器位形，未来可以开展高参数运行下边缘及偏滤器等离子体物理研究。充分发挥和利用装置平台灵活、可近性好的特点，结合 ITER 工程建造、即将开展的物理实验研究及国际聚变能研究发展的最新成果，在该装置上开展与聚变能研究相关的物理实验，培养人才。

表 8.2　HL-2M 装置主要参数

等离子体电流 I_p/MA	>2.5（3）
等离子体大半径 R/m	1.78
等离子体小半径 a/m	0.65
环向磁场（R=1.78 m）B_t/T	2.2（3）
环径比 R/a	2.8
拉长比 κ_LCFS	1.8-2.0
三角变形 δ_LCFS	>0.5
磁通变化量$\Delta\Phi$/(V·s)	>14

8.3.3　东方超环（EAST）

在 HT-7 成功运行的基础上，"九五"国家重大科学工程——大型非圆截面全超导托卡马克核聚变实验装置 EAST（Experimental Advanced Superconducting Tokamak）由中科院等离子体物理所于 2000 年 10 月开工建设。EAST 装置主要用于对建造稳态、先进的托卡马克核聚变堆的前沿性物理问题开展探索性实验研究。其于 2006 年 3 月完成建造，并于 2006 年 9 月首次获得等离子体，如图 8.4 所示。

图 8.4　全超导托卡马克核聚变实验装置 EAST

EAST 装置的目标是：研究托卡马克长脉冲稳态运行的聚变堆物理和工程技术，构筑今后建造全超导托卡马克反应堆的工程技术基础。瞄准核聚变能研究前沿，开展稳态、安全、高效运行的先进托卡马克聚变反应堆基础物理和工程问题的国内外联合实验研究，为核聚变工程实验堆的设计建造提供科学依据，推动等离子体物理学科及其他相关学科和技术的发展。

EAST 的科学研究分 3 个阶段实施：第一阶段（3～5 年），长脉冲实验平台的建设；第二阶段（约 5 年），实现其科学目标，为 ITER 先进运行模式奠定基础；第三阶段（约 5 年），长脉冲近堆芯条件下的实验研究。

EAST 装置主机部分高为 11 m、直径为 8 m，质量为 400 t，由超高真空室、纵场线圈、极向场线圈、内外冷屏、外真空杜瓦、支撑系统六大部件组成。EAST 装置真空室的形状为 D 形（非圆截面）。同国际上其他托卡马克装置相比，其独有的非圆截面、全超导及主动冷却内部结构三大特性使其更有利于实现稳态长脉冲高参数运行。EAST 位形与 ITER 的相似且更加灵活。EAST 装置主要设计指标见表 8.3。

表 8.3　EAST 装置主要设计指标

指标名称	技术指标
等离子体大半径 R/m	1.90
等离子体小半径 a/m	0.45
等离子体电流 I_p/MA	1
脉冲长度 t/s	1 000
低杂波 LHCD/MW	3.5～4
离子回旋波 ICRF/MW	3～3.5
电子温度 T_e/（$\times 10^4$℃）	10 000
环向磁场强度 B_t/T	3.5
电子密度 N_e/m^{-3}	$(1\sim5)\times10^{19}$

在 EAST 近年来的实验中，取得了多项重要成果，主要包括：获得了稳定重复的 1 MA 等离子体放电，实现了 EAST 的第一个科学目标，这也是目前国际超导装置上所达到的最高参数，为开展高参数、高约束的等离子体物理研究创造了条件，标志着 EAST 已进入了开展高参数等离子体物理实验的阶段。

8.3.4 美国 TFTR 托卡马克装置

如图 8.5 所示，TFTR 是美国于 1982 年建成并投入运行的大型托卡马克装置，在完成计划后于 1997 年关闭。该装置造价 3.14 亿美元。TFTR 装置的主要参数：大半径 3.1 m，小半径 0.96 m，磁场强度 6 T，总加热功率 50 MW，等离子体电流 3 MA。

图 8.5 美国 TFTR 托卡马克装置

TFTR 的物理目标是探索并理解托卡马克聚变堆氘氚（D－T）芯部等离子体基本特性。就燃料密度、温度和聚变功率密度而言，TFTR 芯部 D－T 等离子体性能和预测的 D－T 聚变堆等离子体性能接近，有助于研究与 D－T 聚变堆等离子体芯部相关的等离子体输运、磁流体（MHD）不稳定性和 α 粒子物理问题。

TFTR 的主要研究成果：获得了类似于聚变堆规模的 D－T 等离子体的约束、加热及 α 粒子物理的特有信息，以及在实验环境中氚处理和 D－T 中子活化的经验；验证装置在 D－T 条件下的运行和检验诊断设备。D－T 等离子体的峰值聚变功率达到 10.7 MW，中心聚变功率密度为 2.8 MW·m^{-3}（与 ITER 设计的 500 MW 聚变功率相应的 1.7 MW·m^{-3}聚变功率密度相近）。TFTR 在 D－T 运行的三年期间，D－T 等离子体物理相关研究取得了重大的进展。在 TFTR 的圆形限制器位形中，在高温、高极向 $\beta(\beta_p)$ 和大的氚含量条件下实现了 D－T 加料的 H 模等离子体。同时，在 TFTR 装置上获得了反向剪切、高内感和内部输运垒的先进托卡马克运行模式，这种模式能在与 ITER 设计接近的条件下研究 α 粒子效应。验证了 D－T 条件下利用射频加热等离子体，从而产生输运垒，并利用 α 粒子直接加热聚变离子的未来聚变堆的基本加热过程。

8.3.5　欧洲联合环（JET）

如图8.6所示，欧洲联合环（JET）装置是整个欧洲聚变规划的旗舰装置，建于20世纪80年代。其目标是用于研究 D-T 燃料聚变物理，并可以通过遥控技术来完成装置的维护和修复工作。八臂式的铁芯变压器、D 形环向场线圈、真空容器及大体积强电流等离子体是 JET 装置与当时其他大型托卡马克有别的独特之处。JET 装置的主要参数见表8.4。

图8.6　JET 装置全貌

表8.4　JET 装置的主要参数

等离子体电流/MA	7
大半径/m	2.96
小半径（水平）/m	1.25
拉长度	1.68
等离子体环径比 R_0/a	2.37
环向磁场/T	4
输入功率 P_{in}	36
脉冲平顶时间/s	10～60

JET 是欧洲原子能联合会核聚变研究规划中最大的单项计划。它的主要目标涉及四个主要方面的工作：

①研究接近聚变堆参数下的等离子体磁流体（MHD）和微观不稳定性过程及其定标关系。

②接近反应堆状态下的等离子体与第一壁相互作用，以及边缘杂质输运的分析和控制。

③验证使 JET 等离子体达到聚变反应温度的有效的辅助加热技术和物理，重点是各种波段的射频加热和中性束注入加热。

④对 D－T 反应产物——α 粒子的产生、约束及随之而来的 α 粒子与等离子体相互作用产生的阿尔芬本征模，以及 α 粒子加热效应等进行研究。

JET 还要掌握运行聚变堆必需的两个关键技术：放射性氚的处理工艺技术和随之而来的放射性装置的远距离遥控处理维修技术。

无论是从科学技术还是从科学管理方面讲，JET 装置无疑是成功的。JET 装置的科学技术成果和管理经验都值得世人敬佩，这是一项集欧盟顶级的科学家、工业技术人员和有创新意识的管理团队共同完成的大科学项目，对 ITER 装置的设计和建造有很大的帮助。

近年来，JET 采取和 ITER 同样的第一壁材料结构，即第一壁用铍，偏滤器用钨，以便能在此条件下评价以前获得的各种运行模式的可靠性，从而为 ITER 未来科学实验提供参考和借鉴。实验结果表明，在全金属壁条件下，燃料再循环大大降低，放电过程中积累的灰尘大大减少，钨杂质并没有对等离子体性能造成严重破坏，这些无疑都是极为重要的结论，增加了人们对未来 ITER 钨偏滤器运行的信心。

8.3.6 日本超导大螺旋装置 LHD

1997 年，日本建成磁约束聚变研究装置——大型螺旋器 LHD（Large Helical Device），耗资约 507 亿日元（约合 33.8 亿人民币），如图 8.7 所示。LHD 装置虽然分类为螺旋途径，但与托卡马克装置一样，均称作环形磁场约束装置，在这一点上，两者约束等离子体的基本原理相同。由于螺旋途径不需要生成和维持等离子体电流，所以可从本质上满足作为实用堆必须具备的稳态运行条件。因此，该装置的高参数稳态实验将对 ITER 今后的研究发挥积极的作用。LHD 是目前世界上最大的超导仿形器实验装置，它的参数见表 8.5。通过产生无电流等离子体等手段来探讨堆芯等离子体领域重要的物理及工程研究。它们包括：

图 8.7　大型螺旋器实验装置 LHD

表 8.5　LHD 装置主要参数

高度（含孔部）/m	9.1
直径/m	13.5
等离子体大半径/m	3.9
等离子体平均小半径/m	0.6
等离子体体积/m^3	30
磁场强度/T	3 ~ 4
磁场储能/GJ	1 ~ 2

①产生高温、高密度、长时间等离子体，广泛开展可外推至堆芯等离子体的等离子体输运的研究。

②实现堆芯等离子体平均 β 值 5% 以上的高 β 值等离子体，进行相关的物理研究。

③设置偏滤器，开展长脉冲等离子体与材料相互作用实验，获取稳态运行所需的基础数据。

④研究高能粒子在螺旋磁场中的活动，开展以堆芯等离子体中 α 粒子为对象的模拟实验。

⑤开展高功率辅助加热研究，加深对环形等离子体的综合理解。

自 1998 年以来，LHD 装置实验发展了一系列稳态聚变工程技术，如加热、诊断和等离子体控制系统，以及大型超导磁体稳态运行技术。同时，已经在无破裂等离子体状态下实现了超过 1 亿摄氏度的电子温度和 8 000 万摄氏度的离子温度，等离子体内能达到 1.4 MJ，约束时间达到 0.36 s，在环向磁场为 0.425 T 时，等离子体平均 β 值达到 5%。最高等离子体密度超过 $1\times10^{15}\ cm^{-3}$。特别是验证利用微波的方式，成功维持 3 900 s 温度超过 1 keV 的等离子体，最大注入等离子体的能量达到 1.6 GJ，初步验证了磁约束环形等离子体可以实现稳态高参数运行。

第9章

强场激光等离子体

强场激光等离子体物理主要研究超短超强激光与物质相互作用驱动产生等离子体和各种强流粒子源的方法、规律和机制，是在超短超强激光技术推动下发展起来的等离子体物理学分支，是一个孕育着重要科学发现和潜在应用的新研究领域。超短超强激光被认为是人类已知的最亮光源，可提供前所未有的极端物理条件。利用超强激光光源及其产生的高能射线束，可以开展强场物理、高能量密度物理、高能物理、激光核物理、极端条件材料科学、实验室天体物理、强场相对论物理、量子电动力学、阿秒科学等前沿研究，也有望推进小型化高能粒子加速器、放射医学、精密测量术和分子成像术等高技术领域的发展。

自1960年第一台激光器诞生以来，人类就开始对激光技术及应用进行了不断的探索和发展。从自由形式输出的微秒激光脉冲，到调 Q 技术下的纳秒激光脉冲，再到锁模技术下的皮秒激光脉冲，在这个过程中，激光器输出功率获得了很大的提高，激光功率密度达到了 $10^{14} \sim 10^{15}$ W/cm^2，此时激光与原子的相互作用进入非线性领域，同时，激光等离子体相互作用得到广泛研究。强场激光等离子体物理研究早期主要为理论研究，实验研究随着1985年啁啾脉冲放大（Chirped Pulse Amplification，CPA）技术的发明才得以开始。CPA 技术对光学领域产生了革命性的影响。在30多年的时间里，应用 CPA 技术的台式激光系统将激光峰值功率提升了 $10^6 \sim 10^7$ 倍。目前脉宽为几十飞秒（1 fs = 10^{-15} s）的超短超强激光脉冲功率可达10拍瓦（1 PW = 10^{15} W），激光的聚焦功率密度（简称激光强度）已经能够达到 10^{22} W/cm^2。如此高强度的激光脉冲与物质相互作用时，“场致电离”将在小于一个激光周期的时间内将电子从原子中剥离，形成等离子体。激光与物质相互作用进入了等离子体区域，同时，由于激光场的传播与光强相关，相对论非线性光学领域应运而生。

目前用于强场激光等离子体物理的激光装置主要有两类：一类是脉宽小于100 fs，峰值功率大于1太瓦（1 TW = 10^{12} W）的超短超强激光脉冲，一般基于钛宝石介质和 CPA 或光学参量啁啾脉冲（OPCPA）放大技术，这类装置一般规模较小，被称为台式激光器，但基于目前的技术，如果把激光功率提高到10 PW以上，装置规模也将变得庞大。另一类为基于钕玻璃介质的皮秒量级激光，其功率也能达到TW甚至PW，但由于其脉冲较长，所需的总能量更大，所以装置规模也相应增大。一般来说，飞秒激光的能量较低，可以实现高重频运行，突出特点在超高功率密度上；皮秒激光的能量更大，相应的往往是单次脉冲运行，突出特点在大能量上。另外，氟化氪激光由于其短波长、能量大的特点，在强激光等离子体相互作用方面也有其独特的性质。近年来，随着X射线自由电子激光的发展，强场激光等离子体物理研究正在迈进更高、更强的新参数领域。

以激光聚变为牵引目标的激光等离子体相互作用研究，其激光强度通常为$10^{14}\sim10^{15}$ W/cm^2。对于冲击波驱动中心点火方案，由于需要一个更强的激波，其峰值激光强度要求更高，对于强场激光等离子体相互作用，激光强度一般大于10^{16} W/cm^2。我们根据激光等离子体相互作用的特点，给出几个典型的激光强度。当电子在激光波长尺度内获得的加速能量与电子静止能量可比时，激光强度达到相对论强度，约为10^{18} W/cm^2，这是目前强场激光等离子体研究的重点。当激光强度达到$10^{23}\sim10^{24}$ W/cm^{2}时，我们称这样的激光为超强相对论激光，此时有两个重要的特点：一是质子在激光场中的运动接近光速，可以研究质子相对论效应带来的新现象、新物理；二是电子在激光场中运动时，其辐射的能量和从激光场中获得的能量可比，因此也称其为辐射主导区，在这一参数区域，等离子体中的某些量子电动力学（QED）效应如辐射阻尼、正负电子对产生等变得重要。当高能核子相互碰撞或激光产生的高能电子、离子、伽马射线与核碰撞时，会发生核裂变、核聚变、产生介子和中子等，对应的研究领域称为激光等离子体核物理。当强度更高时，电子在康普顿波长尺度内获得的能量和电子静止能量可比时，激光强度达到施温格极限，即10^{29} W/cm^2，强激光将使真空极化，并在真空中发生光光散射、正负电子对产生等物理现象。如同时利用XFEL、高能电子、伽马射线等，在10^{23} W/cm^{2}强度下就可研究真空QED效应。在这里以激光强度为10^{21} W/cm^{2}为例来说明超短超强激光产生的极端条件，这一强度相当于地球接收到的太阳总辐射能量聚焦到头发丝粗细的尺度上的强度，其电场可达约10^{12} V/cm，为氢原子库仑场强的170倍，产生的超强磁场可达10^9 Gs，能量密度达到3×10^{10} J/cm^3（相当于20吨TNT/cm^3），其巨大光压接近10^{12}大气压。电子动能约为10 MeV，远超电子静止能量（0.5 MeV），此时相对论效应占主导。

目前国内外的研究重点仍为相对论强激光与等离子体相互作用，这是受目前实验室可获得的激光脉冲参数所限。在相对论效应下，超强激光可以在低于γn_c（n_c为一般强度的激光作用时的等离子体临界密度）的等离子体中传播，这里电子运动的相对论因子γ与激光强度I有关。与激光强度I有关。相对论激光等离子体物理的主要特点是：等离子体中存在强场（电场强度$E>$GV/cm，磁场超过亿高斯）；激光产生的光压（也称有质动力）远大于热压，有质动力可以产生“打洞”（hole boring）效应等。相对论激光等离子体物理对未来科学领域各研究方向具有重大影响，其发展几乎涉及与高能量密度物理相关的所有学科，例如与惯性约束聚变、天体物理、材料物理、加速器物理、诊断物理等紧密相关。随着10 PW级甚至更高功率激光装置的建成，辐射主导区、QED效应等的研究逐步成为热点。

强场等离子体物理使得相互作用从非相对论到相对论，从微扰理论到非微扰理论，从线性理论到非线性理论，从多周期到少周期甚至单周期，从电动力学理论到量子电动力学理论，需要大量的理论研究和实验探索。利用输出能量和脉宽不同的激光装置，可以产生参数范围广泛的高能量密度状态；通过对激光脉宽、能量、焦斑尺寸等参数的控制，可以方便地优化实验条件。近年来，基于相对论强激光技术的高能量密度物理研究是发展最快的科学领域之一。相对论强激光是高能量密度物理的重要研究手段，其高动量密度也以光压的形式表现出了极大的重要性，如在离子光压加速方面，强激光在纳米厚度薄膜靶反射时，光子动量的改变使得纳米靶获得反冲力，从而驱动了离子的加速。但强激光角动量效应一直被忽视，最近的研究发现，可以利用相对论强激光照射特殊设计的结构靶（光扇）来研究角动量效应。研究发现，结构靶在强激光的照射下高速旋转，同时，反射具有强扭力和超高轨道角动量密度的相对论拉盖尔-高斯光，这是第一次研究相对论激光的角动量效应，高角动量密度物理可带来全新的研究视角和潜在应用，使得关于涡旋相对论激光的全新应用成为可能。相对论激光等离子体物理对未来科学领域各研究方向具有重大影响，其发展几乎涉及与高能量密度物理相关的所有学科，例如与惯性约束聚变、天体物理、材料物理、加速器物理、诊断物理等紧密相关。随着强场等离子体物理研究的深入，这一领域已取得的进展包括：激光驱动电子加速能量达到7.8 GeV，能量和我国传统加速器可比；质子加速能量接近100 MeV，并已应用于质子成像等；惯性聚变快点火物理得到广泛研究；相对论高次谐波可实现keV光子能量的辐射；强激光驱动产生强THz辐射；激光核物理实验研究已有一批初步结果；强激光的量子电动力学（QED）效应、角动量效应等前沿领域有不少探索研究。

9.1 强场激光驱动粒子加速

激光驱动的粒子加速，包括电子加速、离子加速等，是强场激光等离子体物理领域发展最快的方向。传统的粒子加速器受限于加速器内微波共振腔的崩溃电场，每米能加速的电子能量有限（<100 MeV/m），因此都是庞然大物。使用环形的加速器虽然能节省空间，但向心加速度会使带电粒子发出辐射而损失能量。因此，这种基于微波技术的加速器，已接近技术和经济可行性的极限。以产生 X 光或医学应用为目的的加速器，也同样因为费用的问题而难以普及。法国和瑞士边界的欧洲核子研究中心（CERN）的大型强子对撞机（LHC），其周长达 27 km。LHC 能够把两束质子加速到 7 TeV 的能量。超短脉冲超强激光的发展为紧凑而高效的粒子加速这一问题的解决提供了一个全新的思路，如等离子体中尾波场的加速梯度峰值可以在 100 GV/m 以上，比传统大型加速器的加速梯度大 3 个量级以上，这一加速机制使得建造台式化加速器成为可能，并大幅度降低费用。

9.1.1 激光驱动电子加速

1979 年，Tajima 和 Dawson 提出了激光尾场加速电子的概念。基于超短超强激光与等离子体相互作用，激光尾波场可以获得高于传统加速器上千倍的加速度。在目前激光强度下，电子在厘米量级长度内有可能加速到几百 MeV 到

GeV 量级能量。法国 LOA 实验室 Malka 小组在 2002 年发表在“Science”杂志上的实验结果表明，得到了准直性很好的高能电子束，电子束能量大于 100 MeV，电量大于 1 nC，相应的加速梯度约为 100 GeV/m。但电子束能谱随能量随指数下降，也就是说，处于 10 MeV 以下的电子占大多数，高能端部分电子尽管能量超过 100 MeV，但是数量很少。2004 年，法国 LOA 实验室、英国帝国理工大学和美国劳伦斯·伯克利国家实验室 3 个实验小组几乎同一时间报道了光尾波场加速中实现电子的自注入并产生准单能电子束，电子束能量约100 MeV。以 Malka 的实验为例，电子束的能量发散降到了 10%，电子数也达到了 10^9 个，角度的发散也比先前的实验结果小得多，这种结果达到了传统微波线性加速器的水平。2006 年，激光加速电子的能量得到进一步提高，Leemans等用 40 TW 的超短激光脉冲在 3.3 cm 长的等离子体中获得了能量高达1 GeV的高品质电子束。2019 年，Leemans 等人采用峰值功率为 1 PW 的激光脉冲作用在 20 cm长的低密度（$3.4\times10^{17}\ \mathrm{cm}^{-3}$）等离子体放电波导中，获得了迄今为止能量最高的电子束，能量已达到 7.8 GeV，电荷量为 5 pC，RMS 发散角为 0.2 mrad。2020 年，德国电子同步加速器研究所开发的激光等离子体加速器首次连续稳定运行超过 30 h，并持续产生电子束，打破激光电子加速持续时长的世界纪录，如图 9.1 所示。单就能量而言，激光电子加速已超过国内传统加速器的最高能量。相比传统加速器，单个电子束的电荷量和发射度类似，峰值电流强度远大于传统加速器，但能散度仍远不如传统加速器。

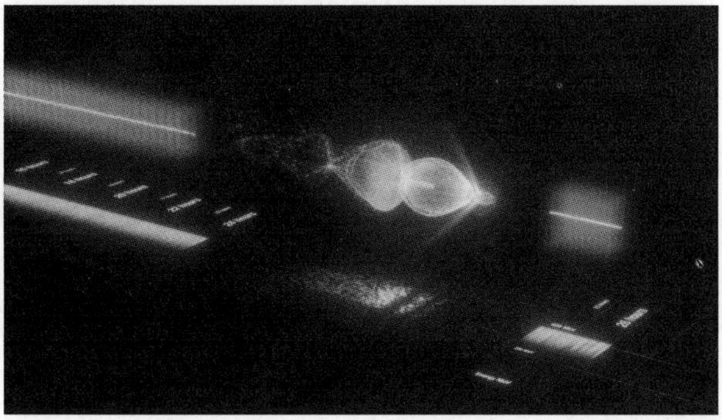

图 9.1　德国电子同步加速器研究所激光等离子体加速器示意图

（DESY，Science Communication Lab）

目前激光驱动电子加速的物理机制研究已经取得了很多进展，但从理论到实验、从实验到应用中间仍然存在很多问题亟待研究。目前，激光驱动电子加速的研究重点主要包括继续提高电子束的能量，使得单级加速到 10 GeV 量级；改善电子束的品质，特别是能散度、发射度，以用于生产 X 射线自由电子激光（XFEL）；获得特殊需要的高能电子束，如大电荷量的高能电子束；发展多级加速技术等。激光驱动电子加速相对于传统加速器还不够成熟，但随着对物理过程的认识变得清晰和技术问题的解决，有望逐渐找到更多方面的应用。由于激光加速产生的电子束在时空尺寸上远小于传统的高能电子束，在相同的电荷量条件下，由于空间电荷力的作用，激光高能电子束要实现传统电子束的能散度有很大难度。在继续改善激光加速电子束品质的同时，利用激光产生高能电子的特点，如超短脉宽、超强峰值电流，进行应用开拓研究十分必要。

在国内，中科院上海光机所、中科院物理所等较早开始了激光驱动电子加速的理论研究，中国工程物理研究院、物理所、上海光机所等先后进行了电子加速的实验研究，特别是上海光机所首先实现了电子束的级联加速，并利用烧蚀性毛细管获得了当时国际上最高的电子束能量。目前上海交通大学、清华大学、中国原子能科学研究院、国防科技大学等也在进行激光驱动电子加速的实验和理论研究，并且取得了不错的结果，如上海交通大学已经利用百 TW 激光，在厘米尺度内实现 1.2 GeV 的准单能电子加速。

未来建议深入研究强激光驱动的电子加速，目前利用 1 PW 激光已可实现 7.8 GeV 的电子加速，利用数 PW 激光有望进一步提高电子能量到 10 GeV 以上，并进一步提高加速的电子品质。为增大失相长度，从而提高电子能量，等离子体密度需要进一步降低，因此，激光加速长度将超过 10 cm。PW 激光在等离子体通道中的长距离传输将是研究的重点。目前研究表明，利用双色激光等可提高电子束品质，这方面的研究值得深入开展。积极探索利用高品质电子进行 X 射线自由电子激光、逆康普顿散射、回旋辐射等研究，目前国内已有课题开展基于激光驱动高能电子的自由电子激光研究，也有利用激光驱动电子束产生逆康普顿散射、回旋辐射的初步研究，但总体上这方面的研究尚处于起步阶段。由于产生高亮度辐射是高能电子束的重要应用，这方面的研究需要加强。激光产生的高能电子束有着脉宽短、峰值电流大等特点。此外，基于激光与薄膜固体靶作用直接加速机制可以产生大电量的几十 MeV 量级高能电子，利用大电荷量高能电子产生伽马射线、正电子源、中子源等，具有重要应用背景，有可能在核废料处理、超快核探测等方面带来革命性的影响。

9.1.2 激光驱动离子加速

激光加速粒子的另一重要方面则是质子和离子加速。激光驱动质子加速也是近年来研究的热点。如图 9.2 所示，激光离子加速通常利用固体密度的薄膜靶或者接近临界密度的欠稠密等离子体，其加速梯度通常比激光尾波电子加速中的加速梯度还要大。因此，和激光电子加速一样，激光质子（离子）加速有可能实现小型台式化高能加速器。

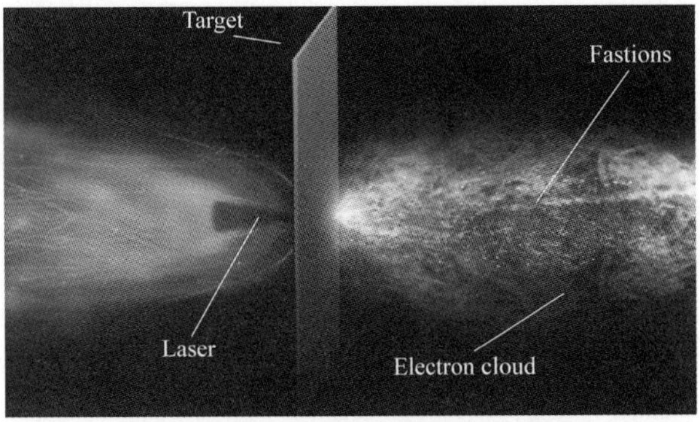

图 9.2　激光驱动质子加速机制示意图

（Macchi A，等. Reviews of Modern Physics，2013，85（2）：751）

由于质子（离子）的质量比电子的要大得多，在目前激光功率还不够大的时候，质子加速相对比较难，实验进展也相对较为缓慢。2000 年，美国劳伦斯·利弗莫尔国家实验室利用 PW 激光束获得了最高能量为 57 MeV 的高能质子，使得激光加速质子这一研究领域开始得到国际上的广泛关注；2011 年，利用锥结构靶，洛斯·阿拉莫斯国家实验室在实验中利用 80 J 的激光能量获得 67.5 MeV 的质子，最近更有德国实验小组报道获得了 85 MeV 的最高能量。但实验中质子能量发散度很大。高能离子在实际应用时需要其能量为单能或准单能分布，例如，用于医学肿瘤治疗的质子束的能谱宽度要求为 1%，以此来保证在对肿瘤进行治疗的同时不伤害到邻近的其他组织器官。而由于实验条件的限制，这种靶后加速机制获得的离子虽然具有发散度小、束流高、能量大的优点，但其能散度 100%，从而限制了它的应用。因此，实现高能离子的单能性是非常重要的，这个问题在 2006 年得到突破性进展，美国和德国研究小组同时在实验室实现了靶后加速离子的单能性，实验中采用双层靶和微结构靶结构，获得了准单能的离子束。

经过 20 余年的研究，在目前的激光强度下，实验上只获得了近百 MeV 能量的质子束，远小于激光加速电子束的能量。在百 TW 级以下的激光条件下，质子加速机制以靶法向鞘层加速（TNSA）为主。这一机制可稳定地产生大量高能质子，但很难产生准单能的质子束，虽然有几个实验通过采用新型靶结构获得了准单能质子束，但其质子能量只有几 MeV，能散度也超过 10%。同时，在这种加速机制中，大部分激光能量首先用于加热电子，只有很少的能量通过静电场传递给离子。虽然这种加速机制加速梯度高，但是加速长度却很短，通常为波长量级。TNSA 机制也很难定标到更高的质子能量。TNSA 机制产生的宽能谱质子束有时也能成为优点，当用质子束做成像研究时，不同能量的质子束到达样品的时间不同，同时，不同能量的质子束由于布拉格峰的存在而成像在不同的 RCF 上，由此宽能谱质子束可用于时间演化过程的研究。

在更高激光功率及高脉冲对比度条件下，光压加速成为重要的加速机制。光压加速已有大量的理论研究和初步的实验验证，利用光压加速机制有望实现 GeV 量级的高能质子束，能量转换效率大大提高。当圆偏振激光脉冲与固体靶相互作用时，光压直接向前推开质量较小的电子，与离子分离后，会产生一个静电场。由于没有热电子的扰动，光压驱动形成的静电场会非常稳定，从而可以加速离子。由于激光作用在高密度等离子体靶上，电子和离子通过静电场的牵制运动状态只发生在靶前趋肤深度范围内，因此，宏观上来看，是激光作用的靶面持续向未被扰动的靶内运动，类似一束激光在等离子体靶上的打孔现象，即为光压加速的打孔阶段。当激光和等离子体靶的参数选择合适时（强光、薄靶），激光光压直接推动整个靶内所有电子，致使光压加速的打孔阶段时间非常短，靶内所有离子在静电分离场的作用下快速被加速到较高的能量，在光压的驱动下，等离子体靶内电子和离子通过静电分离场的维系而被整体加速。激光脉冲通过光压作用在靶内电子上，就像船上的帆，拉动靶内离子一起运动，因此人们形象地称此为光压加速的光帆阶段。圆偏振激光脉冲由于光压作用凸显，其驱动加速离子能量高，性能好，可应用领域广泛，尤其是能量转换效率极高，从目前的理论研究结果来看，是非常有前途的一种加速机制。虽然存在不稳定性等破坏影响，但其理论机制比较清楚，在不稳定性破坏影响之前，离子还是可以较好地得到一定程度的加速。由于这种加速机制的巨大潜力和优势，国内外许多研究小组均对其表现出了浓厚的兴趣并开展了相关实验方面的研究，如实验上实现圆偏振激光驱动的加速，验证光压加速机制占主导，并获得了能谱较窄的离子束。这种加速机制的缺点是其对参数条件，如激光强度、脉冲对比度、靶的厚度等要求比较严格，就目前的实验条件来说，很难达到要求，希望在不久的将来，随着激光水平和制靶技术的提高，光压离子加速条件较容易达到，从而满足各个领域的需求。另外，需要注意的是，单纯的光压加速薄膜靶理论上可以获得能量为几个 GeV 的质子，但是由于这种加速机制在加速后期加速梯度越来越小，被加速离子获得能量与 $x^{1/3}$（$t^{1/3}$）成正比，因此很难将离子加速到几十甚至几百 GeV 量级。据估计，即使忽略前面所提到的多维不稳定性对加速效果的破坏影响，并且假定圆偏振激光脉冲能够严格控制，加速到 TeV 量级的质子需要加速的距离为千米量级。因此，为了获得更高能量的离子，需要更加稳定有效的、可实现长距离加速的机制。要获得高能量的离子，加速场需要以接近光速运动，除了光压加速机制外，激光驱动形成的尾场结构能够很好地满足这个条件。激光强度进一步得到提高后，其驱动的空泡结构环境适合高效稳定的质子加速，有望进一步提高质子能量到百 GeV 甚至 TeV。此加速机制目前最大难点是克服横向散焦的问题，但已有一些有效解决措施提出，如采用等离子体通道或使用涡旋激光驱动。目前激光驱动质子加速的研究重点包括，利用靶法向鞘层加速机制高效产生 10 ~ 200 MeV 量级的质子束，并用于质子快点火、质子成像、质子束癌症治疗等方面的研究；进行光压加速机制的实验研究，获得 GeV 量级的高能质子束；进行尾场加速机制等探索研究，为未来实现激光驱动 TeV 量级质子加速打下基础。

我国也一直从事激光驱动质子加速的研究，在理论方面，特别是在光压加速的理论研究方面，国内学者取得了杰出的成绩。上海光机所、北京大学、工程物理研究院、物理所、国防科技大学等都做出了很好的工作。上海光机所是国内光压驱动离子加速的最早提出者，北京大学也提出了稳相加速理论。在实验研究方面，工程物理研究院、中国原子能科学研究院、物理所、上海光机所等先后取得了很好的结果。目前国内激光装置上实验获得的最高质子能量大约在 30 MeV，与国际最高水平尚有差距。质子成像等应用研究还处于起步阶段。

未来建议继续深入研究强激光驱动的离子加速，实现 200 MeV 量级质子源的产生。目前激光驱动的质子加速能量仍未突破 100 MeV，这主要是因为激光强度还不够高，质子在激光场中的运动还达不到相对论速度，因此激光加速的效率较低。随着 10 PW 激光的建设，利用光压加速机制，在一定的优化条件下（如纳米结构靶），或通过级联加速方案，有望达到 200 MeV。激光驱动低能质子由于其在超强束流强度等方面的优势，在核物理研究、癌症治疗、质子成像等方面具有一定的优势，激光驱动质子束的应用研究是未来一段时间的重要发展方向。特别是低能质子束对电磁场比较敏感，因此可用于超快电磁过程的探测。随着 10 PW 乃至更高功率激光的建设，我国应及时布局 GeV 量级质子加速的实验研究。当激光强度达到 10^{22} W/cm^2 以上时，光压加速和尾场加速成为质子加速的重要机制，为实验研究光压加速机制，需要在激光对比度、超高斯光束产生、高强度圆偏转光产生、纳米靶制作等方面及时布局；为研究尾场质子加速，需要加强高压气体喷嘴等方面的研究，以产生近临界密度的气体。同时，积极开展激光驱动 GeV 级质子源应用的早期研究，比如研究其在介观物质探测等方面的应用。

9.2 强场激光驱动的辐射源

激光粒子加速的逐步实现将促进高能物理研究的发展，进一步将光脉冲的强度推进到更高，并且脉宽更小或者波长更短，即产生超短超强激光场。超短光脉冲具有超高的时间分辨能力，可用于探测许多超快物理过程。例如阿秒（10^{-18} s）尺度的脉冲是探测分子、原子中电子运动的最有力工具，不但可以用于分析生物、化学过程，还使观测电子跃迁、辐射等基本物理过程成为可能。此外，波长小至纳米（nm）量级的高亮度 X 射线具有极强的穿透能力，能探知到常规工具无法触及的精细结构，在物质动力学、高能量密度物理、生物化学过程和医学方面有着广泛的应用。

在光学技术上，单个光周期已经是脉宽能达到的极限，可见光波段无法达到亚飞秒、阿秒水平，而且单周期的脉冲光强也远低于相对论强度。原子物理的方法是采用 10^{14}~10^{16} W/cm^2 强度的激光与原子（气体）相互作用，通过原子中电子在激光场作用下电离、加速，最后复合，辐射出高次谐波，时域上表现为阿秒脉冲链。这种方法已经取得了一系列很大的进展，而且也具有极好的前景。需要提到的是，上述方法产生的脉冲强度并不高，驱动激光的强度受到电离阈值限制。此外，能量转换效率也不高，一般为 10^{-7}~10^{-6}。实际应用一般需要单个的阿秒脉冲，目前主要有两种方案：一是使用载波包络相位稳定的单周期脉冲，国际上只有少数几个实验室能达到如此条件；二是采用偏振门的方法，这需要对光路进行非常精确的控制。随着强激光与等离子体相互作用的研究的深入，人们发现，以等离子体为介质，光场不再受到器件损伤阈值、原子电离阈值等的限制，驱动脉冲及产生的光场均可达到极高的强度。同时，等离子体的响应时间也可以达到阿秒甚至仄秒（10^{-21} s）量级，因此，它提供了产生极端光场条件的有效途径。如强激光等离子体相互作用可产生高亮度超短 X 射线和 γ 射线源，如图 9.3 所示。强场激光等离子体相互作用过程中，可通过多种机制辐射 X 射线和 γ 射线。强场激光通过光电离和等离子体中的碰撞电离将原子电离到高剥离态，处于激发态的高剥离态离子自发辐射可产生 X 射线，如单能的 K－α 线；激光加速产生的高能电子在高 Z 靶中传输时，通过韧致辐射机制可产生很强的 γ 射线；强激光与高能电子束作用，可通过逆康普顿散射机制产生很强的 γ 射线；空泡机制加速电子时，高能电子在空泡的横向电场作用中可产生 Betatron 辐射；激光加速产生高品质高能电子，在波荡器中可产生相干的 X 射线自由电子激光；当激光强度达到 10^{23} W/cm^2 时，强激光等离子体相互作用，进入辐射主导区，强激光可高效转化为 γ 射线，能量转换效率可超过 1%，甚至 10%。利用超短超强激光产生 X 光甚至 γ 光的另一种主要办法是相对论高次谐波。相对论激光与固体表面相互作用，可产生很强的高次谐波，高频高次谐波有可能在时域上合成 X 射线波段的强阿秒脉冲。

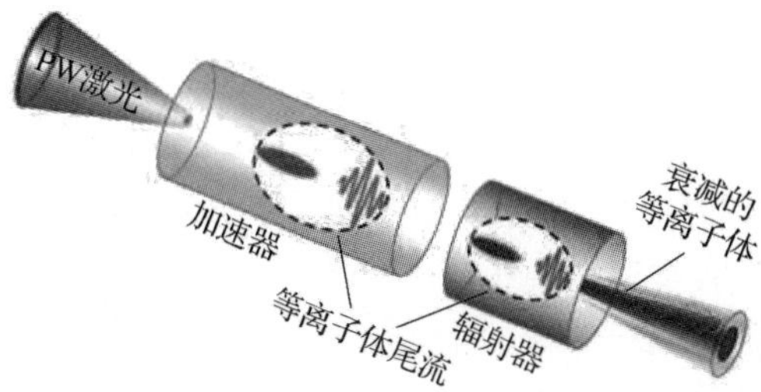

(a)

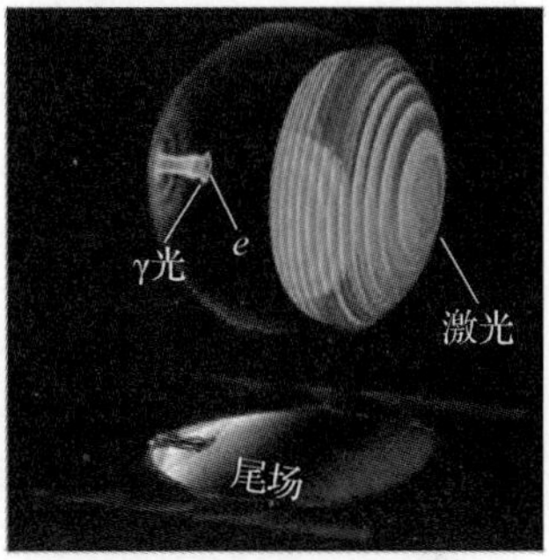

(b)

图 9.3　激光等离子体尾波场加速产生高能伽马射线示意图

（Zhu Xinglong，等 . Science Advances，2020，6（22）：7240）

20 世纪 90 年代，Bulanov 和 Lichters 等分别发现，相对论强激光入射在靶上时，有质动力将驱动靶面来回振荡，其速度接近光速。入射脉冲被振荡的等离子体界面反射，通过多普勒效应产生高次谐波，在时域上体现为阿秒脉冲链。这一机制被称为相对论振荡镜模型（Relativistic Oscillating Mirror，ROM）。由于这是一种等离子体方法，激光强度并不受到电离阈值的限制，从而可产生超强的高次谐波与阿秒脉冲。2009 年，Dromey 等采用 10^{20} W/cm^2 的激光脉冲作用在固体靶上，获得了能量高达 1 keV 的高次谐波，单频转换效率大于 10^{-6}，初步验证了 ROM 机制，也证实了高次谐波的强度与阶次的衰减关系为 $\omega^{-8/3}$。该机制中的驱动光强可以远高于相对论临界值，产生的高次谐波与阿秒脉冲的强度也能与驱动光强相比，谐波次数达到了数千次，能量转换效率比原子物理方法高出几个数量级。这个全新的基于等离子体的方法完全突破了原子电离阈值的限制，将脉冲强度提高了 4 个量级以上（相对于原子物理方法），成为产生超强阿秒脉冲的新兴重要方法。但是 ROM 机制同样面临与原子物理方法类似的难点，即如何从脉冲链中分离出单个的阿秒脉冲。Naumova 等人将少周期线偏振激光聚焦到靶上，聚焦光斑为数个波长，利用靶面不同时刻的强烈扭曲将阿秒脉冲反射到各个方向进行分离，首次在理论上给出了产生单个阿秒脉冲的可能，但由于很强的非线性，被反射阿秒脉冲的方向是高度随机的，实际应用比较困难。Baeva 等参考原子物理途径中的偏振门方法，控制入射脉冲在半个周期内为线偏振，也得到了单个的阿秒脉冲，然而对超强激光进行如此精密的调控存在较大的难度。ROM 机制一般认为圆偏振激光无法产生高次谐波和阿秒脉冲，因为其有质动力中不包含高频振荡项，不能驱动靶面快速振荡。而上海光机所在此方面有创新发现，当两束圆偏振激光同时作用在薄膜靶上时，靶内电子与激光场相互作用可辐射高次谐波；当圆偏振激光的脉宽可以与等离子体响应时间相比时，同样能激发出强烈的靶面振荡，而且单个脉冲仅激发一次振荡，这提供了产生单个的超强阿秒脉冲的途径；在光压驱动离子加速过程中，由于薄膜靶以近光速运动，可被看作飞速运动的镜子（飞镜），光压整体加速中，薄膜靶速度逐渐增大的效应可以使反射光被整体加上强啁啾。将啁啾脉冲进行色散补偿压缩后，得到了中心波长为 0.2 μm 的单周期激光，聚焦后的峰值强度比初始散射光增大了将近 5 个量级，超过 10^{24} W/cm^2，而驱动光的强度仅为 10^{21} W/cm^2 量级。另外，近一两年来，由于携带轨道角动量的涡旋光在量子信息纠缠态研究、原子跃迁研究中非常重要，如何产生高阶涡旋光更是热门课题。尤其是如何产生相对论强度的高阶涡旋光更是当前国际上的前沿课题，上海光机所在此方面率先进行了研究。

相对论激光和固体作用，可以很容易地将电子能量加速到几倍 mc^2（$1mc^2 = 511$ keV）以上。这时可以通过两种途径产生正负电子对。一是电子通过轫致辐射产生伽马光子，再产生正负电子对。另一种是高能电子在高 Z 物质中，通过虚光子交换直接产生正负电子对。目前实验上已经可以通过激光驱动产生大量的正负电子对。

相比传统伽马射线，强场激光产生的伽马射线具有一些独特的性质：①由于强场激光是在时间上是超快的，其产生的伽马射线源通常也超快，一般小于皮秒量级；②强场激光具有极高的强度，其产生的伽马射线源也可有很高的亮度；③超快超强激光装置相对于传统的加速器规模大大减小，原则上可实现可机动的实验平台；④若激光强度达到辐射主导区，由于激光总能量和强度的增加，在转换效率、伽马光子能量、总光子数等几个方面都将有极大的突破，激光转换为伽马射线的效率非常高，可达 10% 以上。

9.3 国内外大科学装置简介

国际上正在大力发展基于超强激光光源的多学科研究平台。例如，2006 年欧盟十余个国家等联合提出了 Extreme Light Infrastructure（ELI）（极端强光研究设施）计划，被纳入欧盟未来大科学装置发展路线图，2012 年以来陆续启动实施，总投资达到8.5 亿欧元。核心是发展多套10 PW 级的超短超强激光系统，以开创激光与物质相互作用研究的新时代。近年以 ELI 计划为基础，国际上形成了 IZEST 组织，目标是形成一个利用最先进的超强激光开展基础物理研究的国际合作平台。我国上海光机所、北京大学、上海交通大学等单位部分参加了 IZEST 框架下的合作研究。美国劳伦斯·伯克利国家实验室正在实行 BELLA 计划，其内容是建立 PW 级重复频率的超短超强激光系统，开展激光等离子体加速电子研究，目标是产生小型化（米量级）的 10 GeV 量级的高性能电子束用于材料科学等前沿应用研究，并为未来发展基于 1 TeV 电子束级联（100 级）激光等离子体加速器的正负电子对撞机计划提供研究基础。基于激光加速器的 TeV 量级电子对撞机的长度只有 1 km，远小于基于射频加速器的 TeV 量级电子对撞机数十千米的长度，这样的小型化和较低成本的电子对撞机将为极端条件下物质科学研究提供全新机遇。由德国赫姆霍茨协会 Dresden - Rossendorf 研究中心建立的 ELBE 装置，除了电子加速器束线以外，同时设立了超短超强激光、自由电子激光器（FEL）、X 射线和中子束线等综合性的束线平台。其中超短超强激光部分目前是一台150 TW/30 fs 钛宝石激光器，主要是进行电子、离子加速及其应用研究。在未来，该激光系统的一个核心任务是升级到 PW 量级激光系统，以提供更高峰值功率和更大的激光能量。英国卢瑟福实验室中央激光装置（CLF）作为一个多套激光束线的综合平台，为英国和其他欧盟国家的研究人员提供高功率玻璃和钛宝石激光束线及几个较小规模的激光器，以开展材料科学和原子物理科学等方面的研究。而作为其核心装置的 Vulcan 激光装置，计划在 6 年内投入 2 500 万英镑，未来将其输出脉冲峰值功率由 PW 量级升级到 10 PW 量级。法国也在实施类似的 Appollon 激光装置，预期目标是研制10 PW 级超短超强激光并开展前沿科学实验研究。

目前，已建成上百套数十太瓦至拍瓦量级的激光装置，主要分布在美国、欧洲、东亚等国家。已建成的 10 PW 激光装置主要包括：欧洲 ELI - NP 的 10.5 PW 激光装置（240 J/23 fs，1 min/发次），如图 9.4 所示；上海光机所和上海科技大学共建的上海超强超短激光实验装置（SULF）（300 J/23.3 fs，12.9 PW，3 min/发），如图 9.5 所示。国际上正在着手或者计划建设100 PW 量级的激光装置。欧洲 ELI 计划建造 10 套 20 PW 激光，通过相干合成最终输出 200 PW。美国罗切斯特大学的激光能量实验室的 OMEGA EP 装置具有 1 kJ/1 ps/1 PW 的激光输出能力，同步提出了百拍瓦级超强激光的发展构想。俄罗斯规划用于极端光学研究的艾瓦中心（XCELS）拟建激光装置包含 12 束功率为 15 PW、脉冲宽度为 25 fs 的超强激光，利用相干合成技术来输出激光，最终输出超过 100 PW。日本大阪大学激光工程研究所规划利用光学参量啁啾脉冲放大技术建设一套 50 PW 激光装置（GEKKO - EXA）。2018 年，上海光机所已启动了 100 PW 激光装置（SEL）建设，用作上海自由电子激光线站的一部分。该装置主要基于光学参量啁啾脉冲放大技术，有望在国际上建成第一台百拍瓦级超高功率激光装置。

图 9.4　ELI - NP 的 10 PW 激光装置图

图 9.5　上海超强超短激光实验装置（SULF）装置图

此外，中科院上海光机所（自建 200 TW、自建拍瓦量级）、中科院物理所（商用 30 TW、自建 1 PW）、上海交通大学（商用 200 TW）、北京大学（商用 200 TW）、清华大学（自建 30 TW）、中国工程物理研究院（自建了 750 TW 飞秒、皮秒和纳秒三束同步激光）、中国原子能科学研究院（自建 100 TW）等单位已建成超短超强激光装置，并开展产生激光加速粒子、激光驱动的辐射源及其应用研究。

针对国际上该领域的发展状况，我国一方面应该持续强化支持已有的基于超短超强激光的高能量密度物理研究平台，推动物理研究成果的产出，同时，要抓住目前我国在激光峰值功率方面处于国际领先的重要机遇，率先建成几个具有世界最高激光峰值功率（激光聚焦强度超过 10^{23} W/cm^2）的超强激光光源科学实验装置，成为真正面向用户的大科学装置。装置建设的第一阶段目标是实现 10 PW 峰值功率 30 fs 级激光脉冲输出能力，最高重复频率为 3 min/发，最高激光聚焦强度超过 10^{22} W/cm^2，目前已建成；第二阶段目标是实现 100 PW 峰值功率飞秒激光脉冲输出能力，目前正在研制中。基于超强激光光源提供的超高能量密度、超强电磁场和超快时间尺度，以及其产生的高能电子、离子、中子与 X 和 γ 射线束，开拓基础科学前沿与战略高技术应用领域，建成国际一流的综合性科学研究中心与共享服务平台。因此，可建立以下 4 条次级辐射束：激光等离子体加速产生 1～10 GeV 高能电子束；激光等离子体相互作用产生高亮度质子束；激光等离子体相互作用产生高能 X 射线束；阿秒科学与分子成像研究束线。

由于超短超强激光技术的持续发展，以及其在多方面的重要应用，参考国际上的发展态势，特别是欧洲的 ELI 计划，建议尽早布局我国的 CELI +（Chines Extreme Light Infrastructure plus）计划。ELI – NP（Nuclear Physics）是欧洲正在建设的三个 ELI 装置中投资最大的，总投资 3.5 亿欧元，其中欧盟出资 83%。ELI – NP 的主要装置包括两个 10 PW 激光和一个伽马射线束源。伽马射线束的设计指标为光子数 10^{13} γ/s，谱宽 0.1%，光子能量可达 19 MeV。产生方法为激光和 700 MeV 电子束的非相干康普顿散射。10 PW 激光的设计参数为 250 J/25 fs，0.01 Hz，聚焦强度 10^{23}～10^{24} W/cm^2。将激光功率降低到 1 PW 时，重复频率为 1 Hz；100 TW 时，重复频率为 10 Hz。T. Tajima 认为 ELI – NP 将大大改变利用带电粒子研究高能物理的传统方法，转而使用光子。ELI – NP 的研究内容包括高亮度伽马射线源，利用高功率激光进行核物理研究，利用高亮度伽马射线进行核物理及应用研究，联合使用激光和伽马射线进行基础物理研究等。我们国家应联合激光、加速器、核物理、激光物理等方面的专家尽快建设类似实验装置。

目前 10 PW 级的超强激光技术已逐步完善，为获得更高的激光功率（比如 100 PW 或更高），并利用更高激光功率进行前沿科学研究，建议建立先进超短超强激光技术及前沿激光物理研究中心，以领先国际同行，为人类探索未知世界做出贡献。超短超强激光与目前现有的一些大装置具有互补性，如果能联合进行实验，将大大拓展现有的研究能力，建议认真考虑超短超强激光装置与高能加速器装置、聚变点火装置、强磁场装置、自由电子激光装置等的联合。

9.4 未来学科发展展望

国际上正在积极推进超短超强激光的发展和重大应用的开拓：2006 年欧盟十余个国家和地区共同提出的 ELI 计划，目标是发展前所未有超高强度的超短超强激光，创造强相对论性极端物理条件，开创激光与物质相互作用研究与应用的新时代，ELI 计划提出四大科学挑战：激光电子加速（面向 100 GeV）；研究真空结构（面向施温格场）；阿秒科学（突破 1～10 keV 相干 X 射线）；光核物理学（利用光子研究核）。例如，利用拍瓦激光可以开展小型化（米量级）10 GeV 量级的激光等离子体电子加速研究，为未来发展基于 1 TeV 激光加速器的电子－正电子对撞机计划提供研究基础。

超高强度超短脉冲激光技术仍处在迅猛发展时期，其总的发展方向仍是超短脉冲、超高功率、超短波长，这三者是相互关联的。超短超强激光技术有望继续突破。在功率方面，200 PW 级的激光已在规划当中，EW 级激光已有多个方案。需要指出的是，当超短超强激光的功率达到 10 PW 级以上时，按目前可预见的技术，激光装置的规模已较为庞大，如果采用多路方案实现更高的总功率，超短超强激光装置将成为大型科学实验装置。由于强场激光等离子体物理在科学前沿、重大应用等方面的极端重要性，及时布局建设这样的大科学装置非常必要。软 X 射线波段激光的脉宽目前已可小于 100 as，产生阿秒甚至仄秒量级的超短脉冲的方案正在探索中，这些方案大多基于强场激光等离子体相互作用。

未来 5～10 年，国内外即将建成 10 PW 级甚至更高功率的激光聚焦，之后有望获得 10^{23} W/cm^2 以上的激光强度。这将带来两方面的重要影响：一是质子在激光场中的运动接近或达到相对论运动，这时的激光等离子体相互作用被称为超相对论等离子体物理。在这样的激光强度下，激光加速质子的研究将取得飞速发展。这时激光加速质子的机制主要为纳米薄膜靶的光压加速和近临界密度的等离子体尾场加速。另一个重要影响是，强激光与等离子体相互作用时，电子运动引起的辐射不可忽略，并将占主导作用。由于其辐射光子的能量可达 MeV 以上，并且激光转换为 γ 光子的效率可达 1% 甚至 10% 以上，这将提供极强的 γ 射线源。同时，辐射反作用将极大地影响电子运动，从而影响激光等离子体相互作用过程，带来新的物理现象，如辐射反作用对等离子体的约束，也将有许多的潜在应用。

同时，随着激光技术的飞速发展，高能量密度物理也将不断进入新的极端物理条件。例如，当归一化的激光振幅达到 $a=1\ 836$ 时，需要考虑质子在激光场中振荡产生的相对论效应，这时激光对质子加速等将做全新考虑。当激光强度达到施温格临界电场，也即激光强度达到 2×10^{29} W/cm^2 时，强激光的量子电动力学效应将凸现出来。激光在真空中就能产生正负电子对，这被称为真空沸腾。另外，像光光散射、真空极化等量子电动力学效应的研究，将得以展开。

一些全新的设想也在探索之中，比如如果可以产生超短超强 X 射线激光，它与晶体相互作用，可在晶体中激发加速梯度更强的尾场，可在几厘米长度内将电子加速到 TeV 量级；强激光也有可能用于反质子的产生、暗物质的探测等。

第 10 章

其他等离子体

10.1 基础等离子体物理

10.1.1 学科简介与特点

基础等离子体物理，以探索新现象、研究新问题、提供新方法、产生新技术等为目标，国际上在这些领域研究一直非常活跃，研究的方向也不断拓宽，与其他学科的交叉也越来越密切和深入。等离子体中存在丰富的物理过程，如等离子体宏观和微观波动过程、等离子体与波相互作用、等离子体与固态表面相互作用、等离子体化学、丰富的不稳定性和非线性现象、纷繁多样的边界层物理至今仍是人们感兴趣的基本问题。同时，其他研究需求和新发现在基础等离子体方面也催生了一系列的新概念，促进了新理论和实验方法的发展。与其他领域交叉融合，产生了一些新的等离子体状态，一些状态处于极端的条件下，如超冷等离子体、微等离子体、量子等离子体、温稠密物质等，呈现出独特的物理性质，对这些等离子体状态相关物理的研究极有可能导致新的发现和理论上的重要突破。

基础等离子体科学的建立可追溯到 20 世纪 20—30 年代对短波在地球离子层的长距离传输和前半导体时代的大功率电子管的研究，此后阿尔芬发展的有电磁性质的流体波理论奠定了空间等离子体物理的基础。50 和 60 年代开始的磁约束和激光惯性聚变研究迅速成为等离子体学科发展最大的推动力，等离子体动力学理论得到快速发展，与基础等离子体科学相互促进和发展，基础等离子体中各种波动过程和边界层物理的研究成果与方法已直接应用于聚变的研究。与此同时，空间科学也不断取得突破：地面仪器对近地空间如极光和离子层的测量，卫星对地球磁层、太阳表面的观察和90年代发射的哈勃空间望远镜等对星云的观测等不断对基础等离子体学科提出新的要求和课题。空间观察属于远距离或者是局部的对宏观等离子体进行的微观测量，缺乏对参量的控制，难以开展过程的可靠分析，基础等离子体学科相应地发展了对空间现象进行可控实验模拟的方法，并在不断地成长。

基础等离子体领域研究非常活跃，所涉及的领域也很广，一般每隔几年会出现一些新的研究课题。基础等离子体物理发展的核心动力来源于对新现象、新概念的探索和对复杂体系的深入探究。通常其发展的动力主要来自两个方面：一方面，是对新现象的探索和对全新物理概念的追求，如微等离子体、量子等离子体、复杂等离子体、超冷等离子体、温稠密物质（Warm Dense Matter，WDM）状态等，很多概念来源于极端条件和/或等离子体在其他特殊领域的应用所出现的新现象，一般超越传统等离子体的概念，通常跨域不同的物质状态与原子物理、量子物理、热力学等其他领域交叉，需要发展新理论、新方法，并通过与实验结果的对比来校正物理模型和理论方法，这方面大多是探索性的工作，经过一段时期会形成新的研究方向。另一方面，是对现有现象和传统问题的深入探究，如湍流输运、磁场重联、鞘层结构等，不同的是，基础等离子体通常利用简单的设备，在简化内在关联因素、参数可控的条件下对这些问题开展深入的研究，可更加直接和明确地揭示和验证重要的物理过程，这方面研究与聚变、空间等离子体等其他领域结合比较紧密，其研究结果对其他领域的工作具有指导意义；等离子体领域的其他研究需求也为基础等离子体的发挥提供广阔的选题空间，例如非中性等离子体表现出的一些奇异特性，允许对等离子体中诸多现象开展精确的研究，如相关性和湍流等；输运过程和系统内在的热动力学；强相关等离子体中一系列结构相变；反物质等离子体等。尘埃等离子体（dusty plasma）中波与不稳定性、强耦合库仑晶体和相变相关都是热点研究课题。而最近发展的微等离子体、微弧等离子体，由于等离子体尺度很小，等离子体鞘起着重要作用，电中性逐渐不再适用，在极端情况下，量子效应非常重要。对这些等离子体状态的相关理论和实验研究极有可能导致科学技术上的重要突破，并促进其他学科研究的拓展，丰富学科的内涵。

基础等离子体研究一般规模较小，实验设备相对简单，不需要特别大的投入，特别适用于大学科研小组开展此类研究。事实上，国际上从事基础等离子体研究的力量主要来自大学，国际上最著名的基础等离子体研究中心和联盟成员也主要分布在一些研究型大学。该领域的科研活动启动快、前瞻性强，对人才培养起到至关重要的作用，学生和年轻科技人才从工作计划开始到项目实施、从数值计算到研究成果整理发布可以多方位得到锻炼，这是其他重大研究计划很难做到的。国际上，特别是美国，基础等离子体物理研究为其他领域培养了大批杰出人才。也正因为基础等离子体的研究对其他领域的支撑和推动，以及在人才培养方面的重要作用，美国能源部在聚变研究计划中，专门设置了特别经费用于支持大学开展基础等离子体的研究。

10.1.2 学科现状与发展

国际上的基础等离子体研究从早期的独立发展，到现在形成了几个令人瞩目的中心，比如，美国加州大学洛杉矶分校（UCLA）以研究阿尔芬波的 Large Plasma Device（LAPD）装置为平台，成立了基础等离子体科学中心；以实验等离子体模拟空间现象的，重点在磁场重联和磁自组织现象的美国 CMSO 中心(Center for Magnetic Self Organization)；研究广泛，涉及聚变、空间、尘埃等科学的美国 Center For Integrated Plasma Studies 中心等。

如图 10.1 所示，美国 UCLA 大学的 LAPD 从最初的 9 m 长发展为目前的 25 m 长、内径 1 m 的大型等离子体实验平台，并在实际上逐渐成为美国国家基础等离子体科学装置（Basic Plasma Science Facility at UCLA）。该平台充分利用硬件的特点，开展在小装置上无法进行的前沿物理，如阿尔芬波、磁通量绳(flux ropes）随时间的演化等实验，形成了非常有特色的研究。LAPD 的管理开放，美国国内外的任何科研人员均可提出实验建议和想法，申请实验时间。LAPD 的这种运行模式可以更好地进行团队合作，发挥参与人员的特长，以及更加充分地利用平台的资源。LAPD 这种开放管理不仅促进了高水平科学成果的产出，也促进了装置技术水平和研究能力的不断提升。

如图 10.2 所示，美国的 CMSO（Center for Magnetized Self Organization）是由美国普林斯顿大学、麻省理工、威斯康星、洛斯阿拉莫斯国家实验室等有共同兴趣的实验室组成的一个中心。该中心研究的核心问题是空间科学中关心的磁场重联、磁场的产生、吸积盘中的角动量输运等课题。该机构除了定期组织会议交流，在很多等离子体学术会议中，如美国物理学会的等离子体年会等经常组织专题交流，相互间的联系非常紧密。该组织不断壮大，目前吸引了日本、欧洲等国家的机构参与，正在向一个国际性的机构发展。CMSO 的研究没有局限在基础实验上，同时也有计算模拟、理论、空间等分支。随着研究的深入，CMSO 装置的参数条件不能满足空间模拟的要求。由于 CMSO 的影响力和取得的丰硕成果，一个新的有更高参数和目标的重联装置（FLARE）目前正

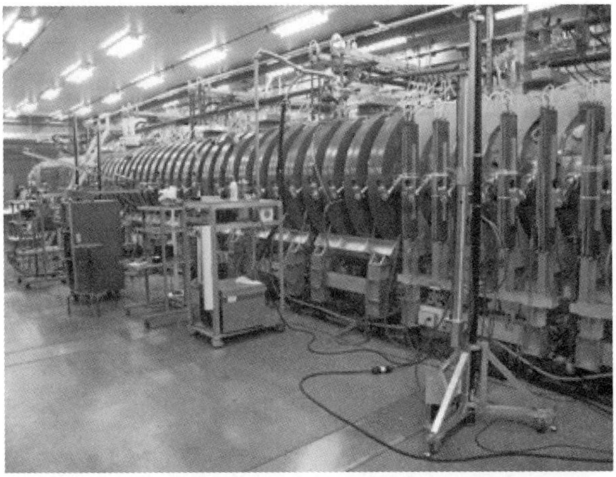

图 10.1 美国基础等离子体实验平台 LAPD 装置

在普林斯顿大学筹建。该组织的建立和运行给未来基础等离子体科学研究的方式提供了一种新模式。

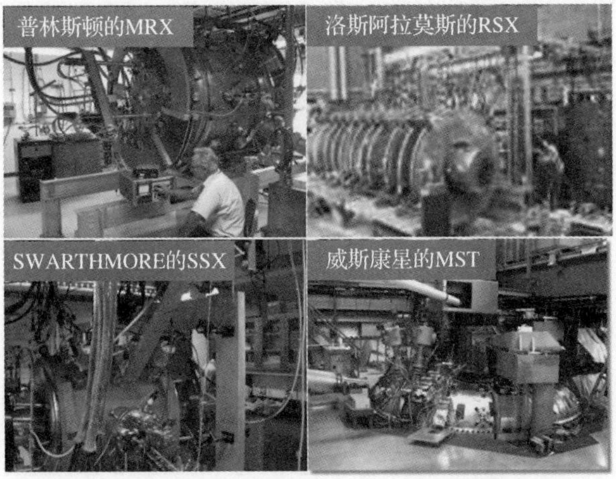

图 10.2 加盟 CMSO 的 4 个装置图

基础等离子体一直是等离子体学科中非常活跃的研究领域，目前和将来仍然维持这种状况。国际上从事基础等离子体研究的人员相当多，欧、美、俄、日、印度等国有大批人员参与，并持之以恒，成果丰硕，一方面，为等离子体物理的其他分支领域输送了大量的人才，另一方面，其研究成果和方法直接促进了其他学科领域的发展，这与这些国家对基础研究的重视程度和投入力度密切相关。我国在该领域的研究相对薄弱，这与过去一二十年中的政策导向和投入严重不足等因素有关。我国有一批不小的从事聚变、空间等离子体研究的队伍，从事的研究具有非常明确的任务导向，由于研究内容的需要，其中仅极少数涉及了等离子体中的基础相关的内容。而在低温等离子体研究领域，大部分偏重于利用成熟的等离子体源开展应用技术的研究，小部分人员从事低温等离子体产生的研究，涉及部分基础等离子体问题。无论是聚变、空间还是在低温等离子体研究领域，涉及与基础等离子体相关的研究内容绝大部分是比较传统的、已有的一些问题，缺乏专门的研究人员从事基础等离子体新现象和新观念的探索。

随着国家经济快速发展，科研经费的持续投入，使得一些大学有能力建设一批小型实验装置。另外，等离子体学科一些重大项目的实施和一批海外杰出人才的回归，极大地推动了等离子体基础学科的发展。例如，苏州大学与美国普林斯顿大学合作，建立起了螺旋波等离子体基础物理和与材料相互作用实验研究平台；北京大学的螺旋波等离子体装置、浙江大学的线性装置、中国科学技术大学新建的 KMAX 磁镜位形装置和反场环形箍缩装置 KTX 等，以及“十二五”国家重大基础科学设施“空间环境地面模拟装置”中的空间等离子体实验系统（Space Plasma Research Facility，SPRF）等，这些设施的投入运行为我国基础等离子体的研究提供了最基本的条件。

国内基础等离子体的研究目前主要分布在高校，与科研院所有良好的合作和学术交流，各个高校团队逐步形成了自己有特色、有深度的研究内容，并开始在国际上有一定的影响力。比如近期大连理工大学在对射频鞘层特性的研究中首次实验验证了在低气压无碰撞的情况下，电子与振动的鞘层可产生共振，形成高能的电子束，该发现将对射频等离子体在工业上的应用如芯片的刻蚀提供强有力的指导作用。尽管我国在基础等离子体研究方面在近年来获得了显著的进步，但整体上离国际水平、离支撑我国科学技术和社会经济发展的要求还有一定的差距，还没有独立提出过新概念、新理论和新方法；也没有产生过依托基础等离子体研究而发展起来的原创性技术，是一个仍需要大力扶持的领域。

由于等离子体的参数范围跨度非常大，从空间稀薄到星体内部稠密等离子体、从高温聚变到低温应用等离子体，其密度和温度的跨度分别超过 28 个数量级和 8 个数量级，基础等离子体的研究课题几乎涵盖了各个方面，其研究内容与等离子体的其他领域密不可分，并与其他学科有众多交叉。在过去的十年中，等离子体基础在科学前沿取得了非常大的进展，也导致了许多新的发现。但人们对等离子体基本过程的认识还非常有限，新的现象和概念还有待探究，新的技术和应用也还有待开拓，我国最近一二十年投入的积累及人才队伍的成长，有可能使得我国在基础等离子体的一些重要方向上，在未来 5 ~ 10 年取得国际前沿的成果，并在一些重要的技术发展和应用方面取得突破。

10.1.3　未来发展展望

国内基础等离子体学科已有一定的规模，近年的发展较为迅速。然而总体而言，与国际上的基础等离子体研究还有相当的差距，主要表现在：开展的课题少、涉及面窄，对基础等离子体中重要领域研究还不够深入；国内已有的用于基础等离子体学科研究的实验装置、调控等离子体状态和诊断的手段还非常有限，装置间分工和特色还不是非常明确，存在一定的重复和交叉，装置科学目标和定位还有待进一步的优化；国际上基础等离子体学科非常注意和其他学科的交叉，同时本身的发展也不断突破，形成新的科技增长点，而我国在这方面的能力还很薄弱；国外的基础等离子体学科开展得较早，研究内容丰富，在发展过程中形成了几个中心，发挥合作的优势，我国的大部分基础等离子体实验装置尚未能形成有效的开放性研究平台。

然而随着我国的经济发展和国内国际学术交流的增加，国家对基础等离子体研究的投入不断加大，一批大学规模的实验装置已经或者即将建成并投入运行，极大地改善了基础等离子体研究的条件和能力。同时，国家在磁约束、惯性约束聚变和空间研究领域的投入巨大，以及社会经济、国防发展对等离子体应用技术的迫切需求，这些因素给我国的基础等离子体的发展创造一个良好的发展环境和机遇，吸引了越来越多的高校参与到基础等离子体的研究中，有效推动了人才培养的力度，使得近几年国内基础等离子体学科已有一定的规模，近年的发展较为迅速。

基础等离子体研究需要与重大需求和科学前沿有机结合，到 2020 年左右初步形成学科体系的建设；结合磁约束、惯性约束聚变和空间研究的需求，提出一些重大的学科问题，建设和完善一批重要的、开放性的研究平台，结合人才培养和深入的科学研究，争取在 2035 年左右在一些重大基础物理问题上取得突破，人才队伍规模和能力整体上达到国际水平；再通过十多年的努力，进一步拓宽研究范围和加强与其他领域的交叉融合，在新思想、新概念、新方法、新技术上取得一些重要的原创性成果，到 2050 年，等离子体物理学科全面进入国际先进行列，一些方向处于引领地位。要实现上述目标，在未来的几年，我国在基础等离子体研究方面首先需要解决以下瓶颈问题：

首先，实验条件需要得到显著改善，研究能力要得到本质性的提高。随着一批装置投入运行，实验研究持续开展，对等离子体的认识逐步深入，对诊断不断提出新的要求，必将促进新诊断技术的发展和诊断水平的提高。同时，对等离子体性能主动调控的需求，将促进对等离子体控制技术和新实验方法的发展。这些研究能力的提高，特别是对等离子体状态调控能力的发展，将为新现象和物理的发现奠定基础。

其次，理论和数值模拟需要得到快速的发展，目前国内一部分高校在这一方面具有良好的基础，并开始做出一些前沿性的工作。随着实验水平和诊断能力的提高，理论、模拟和实验观察（包括聚变、空间物理方面一些共性的基础等离子体问题）的结合，必将促进理论和数值模拟整体水平的提高和研究队伍的成长，极有可能在一些方面取得重要的进展。

最后，促进与其他学科的交叉融合。基础等离子体本身的发展会不断取得突破，形成新的科技增长点。另外，基础等离子体和其他学科的交叉融合将会扩大学科本身的内涵和等离子体技术的应用面，并有可能产生新的理论和变革性技术。

虽然基础等离子体没有非常明确的目标牵引，但其研究内容覆盖高温、低温及空间等离子体的各个方面，与其他子领域密不可分，并与其他学科也有众多交叉。该领域的自由探索模式和对新概念、新现象的追求是创新工作的源泉之一，并为其他领域的持续发展提供强大的后盾。此外，该领域的研究工作与高校中的人才培养紧密配合，作为等离子体学科的整体协同发展，需要在未来的布局中重点支持。根据我国已有的基础条件和重大研究计划的需求，结合学科的前沿发展，需要关注的主要研究方向有：

①等离子体中各种模式之间的非线性相互作用研究是基础等离子体物理的重要方面。作为连续介质的等离子体，具有“无穷多”的自由度、多种时空尺度及由此引起的大量的运动模式。这些模式的相互作用主导着等离子体物理的各种非线性过程，特别是一些重要的物理现象与过程，如等离子体湍流与反常输运、环形磁约束等离子体的自发转动、等离子体中快粒子模式与其他模式的相互作用、等离子体磁流体模式之间的相互作用、激光等离子体不同模式之间的非线性相互作用、等离子体与电磁场之间的能量转换（特别是等离子体中的加热和加速过程）等。这些过程无论是对磁约束还是惯性约束聚变、空间和天体等离子体及等离子体在其他领域的应用，都具有关键性的意义。未来十年里，这些研究工作应注重以下几个方面：等离子体连续介质性质；等离子体湍流过程；等离子体多尺度模式之间的相互作用；等离子体中的加热与加速过程等。

②由于带电粒子长程的相互作用，等离子体具有非常丰富的波动现象。作为等离子体中最重要和基本的波之一，阿尔芬波广泛存在于宇宙之中，可参与各种等离子体过程，如磁重联、粒子加热、吸积盘中喷射流（JET）的形成等。在聚变装置托卡马克中，也可能以惯性和动理两种形式存在于边缘和芯部

区域，与高能粒子相互作用直接影响未来聚变等离子体的约束和稳定性等。阿尔芬波模的激发和传播、相关的非线性过程及阿尔芬波与粒子的相互作用仍将是未来十年的热点和前沿问题，国内等离子体界应该高度关注并积极参与这些问题的研究。螺旋波是一种在与磁场平行的等离子体柱中传播的哨声波模式，使用螺旋波产生等离子体的效率比电容和电感式放电要高很多。螺旋波等离子体产生的机制一直以来有争论，螺旋波等离子体高电离率的物理机制也没有统一的认识，螺旋波等离子体放电的射频功率吸收机制仍然是一个开放而神秘的问题，这些都是未来十年需要重点关注的问题。除了上述这些基本物理问题外，需要特别关注螺旋波等离子体源技术和应用的发展，以螺旋波做等离子体源的推进器具有无电极、高效率等优点，在经济、国防等方面有非常重要的潜在的应用价值。

③等离子体中的磁重联过程研究是解释实验室、空间、天体等离子体中很多重要物理现象如锯齿崩塌、托卡马克等离子体大破裂、地球空间磁暴、磁层亚暴、日耀斑与日冕物质抛射乃至一些星体演化现象的关键，是基础等离子体物理研究的重要方面。我国在磁重联的理论研究、卫星数据分析、实验探索等方面都取得了很多进展。今后应注重以下几个方向：实验室等离子体中磁重联过程与快粒子模式之间的耦合研究；三维磁重联的关键拓扑与物理问题研究；磁重联过程中的粒子加速与加热研究；磁重联过程中的波动问题研究；剪切流及外部驱动（包括边界条件）对磁重联过程的影响等。

④鞘层是等离子体边界的一个最基本结构，鞘层物理是等离子体与材料相互作用及尘埃等离子体研究的基础，对解决聚变边界层物理和材料问题、多种等离子体源问题及一些工业应用问题等具有关键性的作用。尘埃是星云的重要构成物质，同时也是星体形成的最初的核心；在磁约束聚变装置中，由等离子体与材料相互产生的尘埃将对未来聚变反应堆的安全运行产生不可忽略的影响，尘埃迁移过程及从装置的移除、与周边粒子作用过程，以及登月仪器吸附的带电尘埃的移除等，都是目前鞘层和尘埃等离子体的研究重点。

⑤特殊条件下产生新的等离子体、出现新现象，对这些等离子体状态相关物理的研究促进了与其他领域的交叉融合，极有可能导致新的发现和理论上的重要突破。例如，激光冷却技术催生了一个新的等离子体形态——超冷等离子体，已成为研究中等耦合强度等离子体物理的一个重要对象和与原子物理的新的交叉研究热点。惯性约束聚变的燃料在压缩过程中是一种介于凝聚态和等离子体之间的状态——温稠密物质状态，它的参数范围跨越强耦合 - 弱耦合及经典 - 量子两个界限。非中性等离子体表现出一些奇异特性，允许对等离子体中诸多现象开展精确的研究，如相关性和湍流等、输运过程和系统内在的热动力

学、强相关等离子体中一系列结构相变、反物质等离子体等。要使我国在等离子体发展前沿方向上占有一席之地，需要在适当的时机开始布局，鼓励科研人员勇于探索并给予一定的支持。

10.2 空间等离子体物理

10.2.1 学科简介与特点

空间等离子体物理在研究、探索空间环境的空间、航天科学技术与研究等离子体性质的等离子体物理的学科交叉和相互推动的过程中不断发展。外层空间为等离子体物理研究提供了天然的“等离子体实验室”，而等离子体物理的发展又为空间、航天科学技术提供了理论模型、数值方法和探测手段。

空间等离子体物理现象虽然是在与实验室等离子体不同的参数范围内，但又是相互类似的基本等离子体物理过程。所以，从等离子体物理的角度出发来研究空间现象，探讨其物理机制、把握其物理本质，对于空间环境、空间天气过程研究有着重要的意义。一方面，在卫星及地面观测的基础上，配合实验室物理模拟；另一方面，对空间等离子体中的各种基本物理过程进行数据分析、理论探讨、数值模拟，则是等离子体物理学的一个重要领域。

空间等离子体物理的研究可以追溯到19世纪。早在1839年，著名的德国数学家、物理学家高斯（Carl Friedrich Gauss）就认为地球大气存在着一个导电层（电离层），影响了地球磁场的变化。1899年，美籍塞尔维亚物理学家特斯拉（Nikola Tesla）利用电离层进行远距离无线电能量传输的尝试，在地面和电离层之间发送极低频率波。20世纪40年代，瑞典物理学家阿尔芬（Hannes Alfvén）提出了磁流体（Magnetohydrodynamics，MHD）理论，系统性地奠定了等离子体物理学的理论基础。这一理论首先被应用于空间物理领域，包括提出磁暴（magnetic storms）、极光（auroras）的理论模型，特别是做出关于Alfvén波的理论预言等。带电粒子在弱磁场区“捕获”现象的研究始于20世纪初伯克兰（Kristian Birkeland，著名挪威空间物理学家）的实验观察和他的老师彭加莱（Henri Poincaré，著名法国数学家、物理学家）的理论计算工作；而后斯特默（Carl Størmer，挪威数学物理学家）完成了地磁偶极场捕获粒子轨道计算，得到了第一“绝热不变量”（磁矩），并预见了“捕获粒子带”的存在。地球辐射带的发现推动了对磁化等离子体中捕获粒子行为的研究，并发展成为今天磁约束聚变等离子体物理中“自举电流”“新经典效应”“高能量粒子模”等关键物理问题研究的理论基础。

1957年，第一颗人造卫星发射成功，开始了空间科学的新时代；空间等离子体的卫星科学探测研究更进一步地推动了空间科学与航天技术的发展。20世纪七八十年代，对空间等离子体的卫星探测进入了大发展的时期。1978年，载有波、高能量粒子、电磁场及等离子体参数探测仪器的国际日－地探测卫星ISEE（International Sun－Earth Explorer）1和2子母双星发射成功；根据卫星探测数据，美国空间物理学家在1979年提出了磁层亚暴（magnetosphere substorms）的“近地中性线模型”（Near－Earth Neutral Line（NENL）model）：太阳风能量通过向阳面磁层顶磁重联过程注入地球磁层，这些沉积的能量达到一定的阈值时，会在磁尾区“地方时”（标志赤道平面极向角度坐标）大约为午夜、高度（标志径向极坐标）大约为15R_e（地球半径）处形成一条“磁中性线”（即零磁场线）；所谓撕裂模不稳定性在这条线上发生，直接触发磁层亚暴，引起极光现象。这一模型将空间科学计划、卫星数据分析、等离子体基础理论紧密结合起来，成为空间等离子体物理研究的主要模式。

回顾60多年来的发展过程，空间等离子体物理研究一直侧重于两个方面：重大战略需求与重大科学问题；而作为空间等离子体物理发展主要支撑的卫星计划则紧密围绕着重大战略需求的关键科学问题。这也应是我国未来空间等离子体物理学科发展的主线。

空间环境研究与空间天气预报是人类开发空间、强国争夺“制天权”的焦点。其主要研究目标是认识不同空间区域的空间环境，特别是灾害性空间天气的特性及其对人类航天活动的影响，为探索、利用外层空间，发展空间技术提供科学保障。而灾害性空间天气事件的主要特征是其突发性和能量高强度、大规模释放的破坏性。这类日地空间等离子体爆发现象的物理机制是今后相当长的一段时间内空间等离子体物理研究的重点。空间等离子体物理与实验室等离子体物理直接的交叉、合作、相互推动会更加深入，所研究的问题也会更聚焦在与重大战略需求和空间安全相关的基础等离子体物理领域。

总之，空间等离子体物理学的研究工作必须紧密围绕重大战略需求与重大科学问题，研究的重点是重大战略需求的关键科学问题，特别是引起空间环境显著变化的突发性空间天气现象的物理机制。最近十几年，通过国际合作，我国在磁层等离子体物理研究方面取得了显著的进展，在很多方面（如空间等离子体无碰撞磁重联的理论、模拟及卫星数据分析研究）达到了国际先进水平，并形成了高等院校、研究院所、航天科技紧密结合的学科布局，是今后应继续发展的主要方向。同时，今后还需要给予重点支持的是更接近地球的电离层空间和辐射带空间的等离子体物理过程的研究。我国的电离层物理研究有很好的基础，但是最近十几年的发展不尽如人意。电离层等离子体是不同于一般等离子体，特别是不同于一般的无碰撞空间等离子体的特殊等离子体状态，对电离层等离子体的研究不仅有非常重要的实用价值，而且有重要的科学意义。而辐射带物理研究在我国只是刚刚起步，需要从全局考虑，首先在高等学校进行学科布局、培养人才，以形成全国性的研究队伍。

10.2.2 学科现状与发展

未来 5 ~ 10 年推动空间等离子体物理发展的关键学科问题会进一步聚焦在与重大战略需求及空间安全问题相关的基础等离子体物理领域，特别是与极端空间环境和灾害性空间天气过程紧密联系的等离子体物理过程。尤其需要在卫星探测技术方面（包括科学探测仪器载荷、空间等离子体的诊断方法与技术手段等）取得显著进展，达到国际先进水平。

总的研究思路是：紧密围绕重大战略需求与重大科学问题，将科学卫星空间探测计划、地面实验室模拟和等离子体物理其他领域的研究进一步结合起来，开展广泛深入的国际合作，在空间物理基础理论和探测技术、空间天气过程主要物理机制与预报研究、空间数据库建设与数据分析方法发展等方面取得重要的突破性进展，为我国从空间大国迈向空间强国的努力做出贡献，也推动等离子体物理学科的整体发展。

今后 5 ~ 10 年的主要发展目标是基于卫星观测、地面实验室物理模拟和理论与数值模拟研究，深入开展与极端空间环境和灾害性空间天气过程紧密联系的空间等离子体物理现象与机制；主要研究方向是研究波 - 粒子相互作用，等离子体湍流、激波等非线性过程，磁重联等非线性和爆发性空间等离子体物理过程。

波 - 粒子相互作用是等离子体中的基本物理过程。作为一个波现象的天然实验室，空间等离子体中的波 - 粒子相互作用对很多重要的空间等离子体物理过程起着主导作用。特别是带电粒子的加速/加热机制研究，不仅是空间天气/空间环境研究的关键问题，而且是等离子体中高能量粒子物理研究的核心问题。如日冕等离子体加热机制、辐射带高能带电粒子的加速机制等，都是典型的既具有重要的科学意义的基础等离子体物理问题，也具有重要实际应用意义的关键空间天气/空间环境问题。在目前正在实行的，以及计划中的各种日地空间科学卫星观测计划中，波 - 粒子相互作用都占有非常重要的地位。国家重大基础科学设施“空间环境地面模拟装置”的空间等离子体环境模拟研究也以波 - 粒子相互作用为重点。空间观测和地面实验的进展必将带动在空间等离子体中带电粒子的加速/加热机制的研究，并取得突破性的进展。

等离子体湍流（特别是磁流体湍流）的实验室研究需要大尺度、低碰撞的真空室及高精度的诊断，所以地面实验研究存在很多困难。因此，空间是等离子体湍流研究的最好的“实验室”：不仅观测到了各种大尺度的磁流体湍流，还观测到了各种小尺度的双流体/动理学湍流，如图 10.3 所示，空间等离子体黑洞喷流就伴随着复杂的磁流体湍流过程。Cluster 卫星计划积累了大量的数据，MMS 卫星计划的实施会提供更多电子回旋半径尺度上的数据。这些数据可以提供等离子体湍流的空间 K 谱分布的直接测量结果，将空间等离子体湍流研究推向深入。

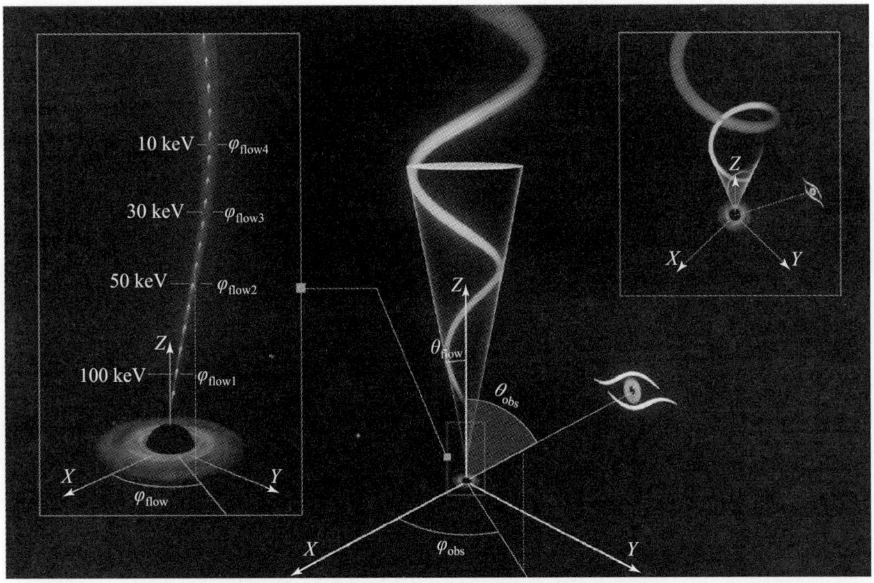

图 10.3　空间等离子体黑洞喷流机制示意图

等离子体激波/间断面现象存在于不同星体等离子体/磁场系统间的激波/间断面边界，使得空间等离子体成为一个最好的激波（及各种间断面）和各种典型非线性现象的“天然实验室”。特别是无碰撞激波现象的研究为我们理解激波的物理本质和等离子体区别于普通流体的特殊性质提供一个典型的例证。日地空间等离子体的研究，特别是激波/间断面的观测为空间等离子体激波/间断面的理论模型提供了基础。基于这一理论模型建立了日球层（heliosphere）边界的模型。Voyager Ⅰ/Ⅱ 飞临日球层边缘得到的观测结果，证实了日球层终端激波的存在。但是最令人意想不到是，没有在预想的空间发现日球层的“舷激波”（bow shock）。这必然引起未来对空间等离子体激波研究的新的注意。

磁重联与爆发性过程主要源于自由能在准稳态过程中的长期积累后发生的短时间释放。因为空间等离子体的大尺度均匀性，这种自由能的积累一般发生在不同星体的等离子体/磁场系统的分界面上。如果是不同星体系统的磁分界面，那么就是所谓的磁重联过程。半个世纪以来，特别是最近 20 年，无碰撞磁重联研究成为空间等离子体物理的一个热点。未来的空间等离子体磁重联研究会进一步向磁重联的三维性质和电子惯性区动力学过程这两个方向发展。今后 10 年里，将有一批新的地面实验室物理模拟装置建成（如哈工大的“空间环境地面模拟装置”、普林斯顿大学的 FLARE 装置等），以及新的科学探测卫星计划实施（如“磁层多尺度”卫星计划（MMS）等），会在三维磁重联和电子惯性区研究方面取得突破性的新进展。

展望未来，空间等离子体物理学仍会围绕着重大战略需求和重大科学问题，以卫星观测数据为依据，结合地面实验室模拟及理论分析与数值模拟，对典型空间观测现象开展研究。人类对空间的探索正在向着更深、更远的方向发展：对日地空间物理过程研究日益深入、对空间的探索也正走出太阳系（最先到达太阳系边缘的 Voyager Ⅰ卫星用了 35 年时间，2008 年发射的 IBEX 只用了不到 2 年）。可以预期，今后 10 年、20 年人类对外层空间的认识将会有飞跃式的发展，这必将大大促进空间等离子体物理学科的进展，从而对整个等离子体物理学研究起到极大的推动作用。

10.3 低温等离子体物理

10.3.1 学科简介与特点

低温等离子体是通过电场、电磁场、光，以及高速运动物体与气体摩擦而使气体电离包含电子、正离子、负离子、激发态的原子或分子、基态的原子或分子及光子并表现出集体行为的准中性气体，为物质的第四态。其带电粒子的温度较低，如电子的温度一般在几电子伏特至几十电子伏特之间。根据带电粒子的温度不同，可以把低温等离子体分为非平衡等离子体和热平衡等离子体，前者也称冷等离子体，其表观温度接近或略高于环境温度，电子温度远高于离子温度；而后者也称热等离子体，其表观温度通常达几千摄氏度及以上，电子温度与离子温度接近相同。非热平衡等离子体主要是由在大气压下介质阻挡放电、电晕放电、射频放电、冷射流放电、微空心阴极放电、滑动弧放电等方式，以及在低气压下直流辉光放电、中频放电、射频放电、微波放电、电弧放电等方式产生的。热平衡等离子体通常在大气压附近以电弧、射频感应耦合放电等方式产生。由于非平衡等离子体中含有大量高能量的电子（最高达几十电子伏）、离子、活性粒子，发出的高强度多谱线光（尤其是紫外光）及热等离子体在整体上具有温度高（最高可达 10^4℃以上）、活性粒子浓度高与能流密度高等特点，使它们成为具有各自独特的应用优势的技术手段，具有其他技术的不可替代性。

在应用目标驱动下，低温等离子体的研究更加深入，投入的人力和物力更大，推动了等离子体科学和技术更加快速发展，并形成众多交叉学科。在实际中，往往先初步使用或实验可行，为了完善提高及大规模推广使用而开展等离子体科学与技术研究。例如，随着大规模集成电路芯片的特征线宽由微米降到纳米级，对其制造手段——等离子体刻蚀提出了更高要求，如刻蚀速率、刻蚀偏差、刻蚀剖面、深宽比、选择比、均匀性、残留物、聚合物、等离子体诱导损伤、颗粒污染等。为了满足纳米级芯片的制造需要，促使人们进一步开展对低气压非平衡等离子体特别是射频容性耦合（CCP）的放电机制、不稳定性、控制、边界效应及它与基片材料表面相互作用规律的研究，发展了双频 CCP，实现了离子能量和密度的独立调控，并采取相应的技术及工程措施，实现了等离子体的精确调控，成功地使纳米级芯片工业化量产；又如，等离子体美容及手术刀技术的出现与使用，为了更加安全可靠，促使人们对大气压非平衡等离子体放电方式及机理研究逐步深入，如理论定性分析了电子、离子与活性粒子等产生机制，各粒子浓度诊断分析新方法的应用，各粒子与生物组织在原子分子层面的相互作用，以及对等离子体影响的研究等，形成了等离子体医学学科，随着该学科的发展和不断呈现应用，该技术被认为是最有发展前景的新医疗技术之一；再如，等离子体危险废物的安全处置、大型燃煤锅炉点火器、纳米材料合成等具有良好的经济性和环保性，为了实现工业化应用，推动着人们对热等离子体产生、机理、不稳定性、边缘效应、诊断及控制的研究，并发展可靠长寿命等离子体炬，促使人们对等离子体条件下化学反应和过程开展研究，产生了等离子体化学学科；又如，空天飞行器用等离子体推进器比燃料推进器具有高比冲等优点，有广阔的应用前景，为了满足长寿命、高可靠要求，发展了微波、磁层和霍尔等离子体及离子推进器并进行实验研究，建立了运行参数与等离子体参数的关系、推力与等离子体放电参数关系，深入研究了等离子体特性及对电极的腐蚀等问题。这类需求目标明确的等离子体研究一般以企业牵头，相关科研院所及高校参与方式开展，但也存在企业为了经济利益或由于信息沟通不畅等原因而独自开展研究。等离子体基础问题的研究内容含在有明确应用目标的许多项目中，也有项目虽涉及等离子体制备工艺而忽视等离子体基础研究，但单独资助等离子体科学与技术研究项目不多。国防领域有重大需求背景的项目往往由科研院所或高校牵头实施。反之，低温等离子体科学与技术的发展，促进了应用中关键技术问题的解决，并推动和开辟了更多的应用领域。

10.3.2 学科现状与发展

国际上大规模集成电路、平板显示、医学、功能薄膜、环保、催化、薄膜太阳能电池等应用带来的低温等离子体研究一直在快速增长。我国低温等离子体研究尽管总体上与国际先进水平仍有不小差距，但也有了很大的发展，在国际上已有一定影响，也有一些有特色的研究成果。近几年在国际学术期刊上发表的文章总数一直排在第三位，主要集中在低气压双频射频电容等离子体、大气压介质阻挡放电、大气等离子体射流、直流电弧放电及大气射频等离子体放电制备粉末等方面，但高引用率的文章不多。近几年得益于国家对微电子芯片技术的重视和投入加大、设备生产厂商重视等离子体物理和机理研究，以及等离子体与基体材料的相互作用研究，一些具有我国自主知识产权的等离子体刻蚀、镀膜及清洗设备已在微电子工业生产线上应用；以等离子体物理、化学气相沉积、离子渗及微弧氧化等为代表的技术已在提高关键零部件和刀模具的装饰性、耐磨耐腐蚀及抗氧化等方面获得了广泛的工业应用；通过等离子体源离子注入与离子镀膜技术的结合，以及深入开展的等离子体与基体材料相互作用研究，已成功在人工关节、支架表面制备了生物相容性好的功能薄膜，并已进入临床使用；发展了多种高效大气等离子体放电技术，以及与催化技术结合，使大气等离子体在处理废气方面呈现了极强的经济性和技术优越性，获得了越来越多的实际应用；大气等离子体射流技术的发展及完善，以及等离子体与生物体作用机制研究的深入，特别是医学界的重视，呈现了新交叉应用领域——等离子体医学，其中，在医疗器械消毒灭菌、口腔医学及美容等方面已有不少应用实践，显示了极好的发展前景；通过对等离子体直流电弧与煤粉相互作用和燃烧特性的研究，自主研发生产了经济性好和环保的燃煤大型锅炉等离子体燃煤点火器，并在我国的火电厂得到了大规模推广应用，而且走向了国际市场，其机理研究及技术处于国际领先水平；通过多年对离子和霍尔电推进器物理、技术与工程研究，特别是地面模拟实验，基本解决了寿命及可靠性问题，已有多款不同型号电功率在几千瓦的电推进器搭载实践号卫星上天开展实验，为实际应用奠定了坚实基础；建立了具有国际先进水平的 70 MW 大功率电弧等离子体风洞实验平台，开展了大量的航天材料烧蚀实验，为我国航天发展做出了贡献。

我国进行低温等离子体物理和应用相关研究的高校或科研院所非常多，可以说有物理或材料专业的院校几乎都有人员从事以低温等离子体为手段的应用研究，特别是在制备功能薄膜材料领域。但多数研究人员是以该学科的应用为目的，真正研究低温等离子体物理及技术的不多。全国以低温等离子体研究为主的研究机构为数不多，它们在镀膜或刻蚀用低气压等离子体、环保和材料制备用大气压介质阻挡放电及医学用大气射流等离子体等领域建立了一些研究开发平台，但系统性不强、设备简单，尤其是诊断手段不全，大多以静电探针和发射光谱测量为主，而且研究力量薄弱。在国防应用需求的推动下，建立了空天等离子体环境模拟、等离子体高温焚烧放射性废物实验台架、材料烧蚀及电推进等等离子体实验平台，配备了较为齐全的等离子体诊断及数值模拟手段。但至今还没有建立以低温等离子体物理及技术相关研究为主的国家级实验室和工程技术中心。

多年来政府部门对低温等离子体技术研究的资助不多（应用研究的资助较多，但大多不涉及等离子体本身的物理、化学及机理研究，低温等离子体物理的基础研究资助主要为国家自然基金），也很难获得工业界的资助（而在美、日等一些发达国家，低温等离子体研究的经费很大比例来源于工业界）。由于资助困难和强度不大，导致低温等离子体研究分散、重复性多，跟踪与模仿国外研究的多，具有自主创新学术思想的相对较少。除了研究院所和高校外，我国生产和研制低温等离子体相关设备厂家达几百家，总体规模较大，但单个规模都不大，各厂家几乎没有人员和能力进行低温等离子体研究而仅仅跟踪与模仿国外的设备，大部分设备都是低端重复，技术水平不高，导致很多高端设备依然需要进口。另外，我国利用低温等离子体技术进行产品生产及加工的厂家很多，但由于忽略了等离子体物理机制和技术的研究，以及等离子体对工艺过程的影响，虽拥有国外同类设备，一些工艺要求苛刻的产品仍不能生产（如大尺寸金刚石窗口材料）。在一些关系国计民生和国家安全的重要领域，如集成电路芯片等离子体刻蚀及薄膜沉积、等离子体显示等相关方面研究力量更加薄弱，并主要集中在生产和应用厂家，距国际水平有相当大的差距，如国外大规模集成电路制造能力的特征线宽已达 12 nm，国内为 32 nm，与世界前沿水平仍有 2～3 代的差距，国外商用激光光刻机如图 10.4 所示；新兴的等离子体医学虽然有许多大学和研究院所开展研究，但与医学界合作交叉不够，国内低温等离子体技术应用于临床不多；研究内容及成果与生产应用实际脱节，数据共享性差，进一步阻碍了低温等离子体与工业界的融合。

低温等离子体技术与应用的核心是等离子体源，然而由于等离子体源结构

图 10.4　ASML KrF 激光光刻机 PAS5000

及特性、器壁材料、气压、气体种类和放电方式等不同，或者气液共存，以及放电有外加磁场和空间尺度差别很大等，而且产生的等离子体内部存在复杂的非线性现象及边界和处理对象对等离子体的影响，使得等离子体参数和特性千差万别，给等离子体参数的诊断和模拟带来非常大的困难，等离子体产生的机理不易理解；另外，等离子体中还有大量的活性粒子、离子、电子及具有各种谱线的强光，使得等离子体与处理对象的相互作用存在非常复杂的物理化学过程，而且处理对象可能是有机材料或生物材料、表面为微纳结构等，并且相互作用过程非常短暂，参与作用的粒子种类非常多，缺乏原子分子碰撞截面数据，有效的诊断手段不多，目前大多为理论定性分析。上述问题的存在，使得等离子体有效控制非常困难，大多数应用仅仅通过等离子体放电参数的控制，使等离子体处理效果重复性和一致性差，影响了应用的工业推广价值。

10.3.3　未来发展展望

低温等离子体技术作为一种重要的手段已渗透到多个应用领域，发挥着不可替代作用，并已创造巨大的社会和经济效益。其也与其他技术结合，逐步形成新的交叉学科和应用。但也不可否认对低温等离子体物理和规律的认识远不能满足该技术的应用要求，制约了该技术的应用推广和在新领域的应用。为此，要加强等离子体与材料相互作用、等离子体诊断与模拟、等离子体物理化学过程和非线性现象等研究，进一步开展等离子体源物理与技术研究。在低气压非平衡等离子体方面开展等离子体和活性粒子的产生、输运、诊断、模拟、控制及与材料相互作用等研究，重点研发应用于不同目的的等离子体源；在大气非平衡等离子体方面发展高效及低能耗的等离子体产生方法，开展等离子体特性，以及电子及活性粒子与处理对象相互作用的研究，形成高可靠和经济性好的等离子体源，降低生产过程的不稳定性；在热等离子体方面，开展长寿命、高可靠、高效的大功率等离子体炬研制和等离子体中活性粒子及其作用的研究，并开展3D打印用层流等离子体源的研究。

为了更好地服务于我国国民经济发展和国防建设需要，促进本学科进步与发展，发展思路是：依据国家中长期科学和技术发展规划纲要、“十三五”科技创新规划和国家七大新兴产业发展战略，以及在国防重大应用需求驱动下，跟踪国际发展趋势，结合我国已有的技术基础，以解决实际应用中涉及等离子体技术的基础物理化学问题研究为导向，并注意学科交叉融合；应用与基础研究相结合，提高解决问题的实效性；坚持有所为有所不为的原则，有限目标，重点突破；鼓励创新与合作，促进成果转化，强化人才培养。

发展目标是：加强等离子体基础和技术研究，以指导工程化，争取在微电子、新型显示、精密加工等应用领域实现等离子体相关设备国产化，赶上世界先进水平；积极加强与节能环保、新材料及医学的学科交叉和合作，推动低温等离子体技术在上述领域的大规模使用；针对国防需求，重点开展微波武器、电推进及飞行器再入大气黑障中等离子体基础研究，争取获得突破；鼓励开展各种新型等离子体发生器探索及基础研究，努力实现成果转化；鼓励企业与高校研究院所加强合作，提高我国等离子体相关的装备技术与工艺水平；进一步加强国际合作与交流，提升我国低温等离子体的研究能力和水平，加强高校研究院所的学科建设，培养交叉型复合人才。

未来重要研究方向为：

（1）等离子体与材料相互作用研究

等离子体和材料相互作用与等离子体物理化学、材料结构、表面形貌、表面物理、原子物理、分子物理、生物学等学科都存在密切的关系。等离子体一方面对材料产生物理、化学及生物等作用；另一方面离开材料表面的原子、分子、离子及电子等会对等离子体特性产生重要影响，等离子体与材料既耦合又相互影响。另外，材料种类和形貌千差万别，空间尺度从纳米到米级，所以一直是低温等离子体研究的难点之一。针对有机材料、气液共存或不同微纳结构材料表面，开展边界层附近鞘层物理化学特性的研究，研究面向材料表面的粒子输运和能量输运现象，以及鞘层对材料表面加工处理应用及中心等离子体特性的影响；开展等离子体与生物材料的相互作用研究，研究等离子体中电子、离子、活性粒子等对有害物质的消毒灭菌机理和生物效应；热等离子体重点研究等离子体与重粒子的传热过程，建立近电极或器壁区和中心电弧区耦合模型，尤其是电极的烧蚀行为，研究表面腐蚀行为对边界层物理特性和电弧区的影响，探讨不同气体组分或电离状态的等离子体与不同物理性质的固相表面的相互作用规律和传热传质机理。

（2）先进低温等离子体诊断技术

开展低温等离子体的产生过程及包含活性粒子物理特性变化具有高时空分辨的在线实验研究，重点利用电磁波和等离子体相互作用，包括波的反射、散射及吸收等相互作用，发展介入式或非介入式微波诊断技术；探索大气压等离子体的诊断（波诊断）新方法；开展小间隙、多频放电等离子体诊断（探针）方法；以原子分子光谱学原理和实验技术为基础，建立原子分子碰撞、激发截面数据库，发展光学诊断等离子体和相伴的活性粒子理论模型，建立高时空分辨的等离子体和活性粒子参数光谱诊断技术。特别是目前国内的等离子体发射光谱的使用比较普及，大多是定性的研究，可以加大这方面的理论和模型研究，发展定量的具有时空分辨的等离子体发射光谱诊断新原理和技术，发展等离子体与材料相互作用的原位诊断方法。

（3）低温等离子体数值模拟

结合诊断数据和分子原子碰撞电离、激发数据库，利用磁流体和动力学理论，建立等离子体反应腔室中多物理场耦合理论模型，开发出具有自主知识产权的、能够跨尺度模拟的基于流体力学模型/蒙特卡洛方法的二维或三维混合模拟平台，或二维 PIC/蒙特卡洛模拟平台，从深层次上研究等离子体腔室中电源功率的沉积、电子加热、等离子体输运、表面反应等微观物理机制，为等离子体源的设计优化提供指导；开展介质阻挡放电的非线性现象理论研究、射流等离子体和活性粒子产生机理与传输的模拟及等离子体炬内部行为的理论研究。

（4）低温等离子体源物理与技术研究

包括：①低气压等离子体源物理和技术基础研究。开展低气压、高密度、大面积均匀等离子体的产生机理及物理参数的控制研究，尤其是重点研究 CCP 等离子体源射频天线结构、射频电源的驱动频率、功率、放电气压、送气、边界（包括器壁与工件支架材料）等外部条件对等离子体状态参数的调制行为及对等离子体和活性粒子均匀性的影响，等离子体中离子和活性粒子与基片材料的相互作用研究；发展应用于离子束的干净高密度 ICP 和 ECR 等离子体源，开展等离子体产生机理，外部条件、激励源与天线等对等离子体密度及均匀性影响研究，注重边界鞘层对等离子体与材料相互作用影响的研究，为下一代微电子器件、大面积新型光电薄膜制备、精密加工和现代光谱分析仪器的发展打下基础。

②大气压等离子体源物理和技术基础研究，以及在材料表面改性、新材料制备、医学等方面应用的共性问题研究。开展运用不同激励方式来激发多位型、不同尺度的等离子体及其机理研究如脉冲直流、射频和微波激发、表面放电、液态放电、介质阻挡放电及射流型高密度等离子体产生和微放电集成产生大面积等离子体的方法研究，开展等离子体产生机理与输运、电子与活性粒子对处理对象作用等研究，并重点解决放电高效性、稳定性、均匀性及放电区域尺度扩大等问题，充分考虑一次投入和运行成本。开展大功率热等离子体源物理研究，为高效率、高稳定性、长寿命、大功率等热离子体的产生提供技术基础；开展大功率直流热等离子体产生、阳极寿命、物理参数尤其是弧斑及弧的控制研究；开展能产生干净等离子体的射频热等离子体产生和控制机制研究，尤其是等离子体对活性粒子产生、种类及分布等影响的研究，开展等离子体化学过程及作用的研究，以及其效率、可靠性、稳定性及寿命的控制研究。

（5）等离子体新材料的制备技术基础研究

开展超薄介质的等离子体辅助原子层沉积技术的机理与工艺研究，发展聚合物膜、化合物半导体材料和纳米结构新光电材料的等离子体沉积工艺和技术。利用等离子体特有的技术优势开展纳米新材料合成方面的基础研究，发展应用于纳米技术的等离子体调控新机理和新方法。

（6）交叉科学研究

开展等离子体与物理化学及化工的交叉研究，为等离子体技术在能源和环境领域的应用提供科学基础；开展等离子体与材料科学及凝聚态的交叉研究，为纳米制造、新材料合成、材料表面工程、材料处理与改性等提供新的技术手段；开展等离子体与生物学的交叉研究，为等离子体技术在医学、生物学、农业等领域的应用提供科学基础；开展等离子体和空间科学的交叉研究，为微波武器、深空探测、飞行器安全提供科学依据。

附　录

附录1　矢量与张量运算公式

设 $\boldsymbol{A}$，$\boldsymbol{B}$，$\boldsymbol{C}$ 为矢量，ϕ，ψ 为标量，$\boldsymbol{T}$ 为二阶张量，$\boldsymbol{I}$ 为单位张量，∇为微分算符，在直角坐标系中，定义：

$$\nabla = \boldsymbol{i}\frac{\partial}{\partial x} + \boldsymbol{j}\frac{\partial}{\partial y} + \boldsymbol{k}\frac{\partial}{\partial z}$$

$$\boldsymbol{I} = \boldsymbol{e}_1\boldsymbol{e}_1 + \boldsymbol{e}_2\boldsymbol{e}_2 + \boldsymbol{e}_3\boldsymbol{e}_3$$

$$\boldsymbol{T} = \boldsymbol{AB} = \sum_{i,j} T_{ij}\boldsymbol{e}_i\boldsymbol{e}_j = \sum_{i,j} A_i B_j \boldsymbol{e}_i\boldsymbol{e}_j$$

常用的矢量公式如下：

$$\boldsymbol{A}\cdot(\boldsymbol{B}\times\boldsymbol{C}) = \boldsymbol{B}\cdot(\boldsymbol{C}\times\boldsymbol{A}) = \boldsymbol{C}\cdot(\boldsymbol{A}\times\boldsymbol{B})$$

$$\boldsymbol{A}\times(\boldsymbol{B}\times\boldsymbol{C}) = \boldsymbol{B}(\boldsymbol{A}\cdot\boldsymbol{C}) - \boldsymbol{C}(\boldsymbol{A}\cdot\boldsymbol{B})$$

$$\nabla(\phi\psi) = \psi\nabla\phi + \phi\nabla\psi$$

$$\nabla\cdot(\phi\boldsymbol{A}) = \boldsymbol{A}\cdot\nabla\phi + \phi\nabla\cdot\boldsymbol{A}$$

$$\nabla\times(\phi\boldsymbol{A}) = \nabla\phi\times\boldsymbol{A} + \phi\nabla\times\boldsymbol{A}$$

$$\nabla(\boldsymbol{A}\cdot\boldsymbol{B}) = (\boldsymbol{A}\cdot\nabla)\boldsymbol{B} + (\boldsymbol{B}\cdot\nabla)\boldsymbol{A} + \boldsymbol{A}\times(\nabla\times\boldsymbol{B}) + \boldsymbol{B}\times(\nabla\times\boldsymbol{A})$$

$$\nabla\cdot(\boldsymbol{A}\times\boldsymbol{B}) = \boldsymbol{B}\cdot\nabla\times\boldsymbol{A} - \boldsymbol{A}\cdot\nabla\times\boldsymbol{B}$$

$$\nabla\times(\boldsymbol{A}\times\boldsymbol{B}) = \boldsymbol{A}\nabla\cdot\boldsymbol{B} - \boldsymbol{B}\nabla\cdot\boldsymbol{A} + (\boldsymbol{B}\cdot\nabla)\boldsymbol{A} - (\boldsymbol{A}\cdot\nabla)\boldsymbol{B}$$

$$\nabla\times(\nabla\times\boldsymbol{A}) = \nabla(\nabla\cdot\boldsymbol{A}) - \nabla^2\cdot\boldsymbol{A}$$

$$\nabla\times\nabla\phi = 0$$

$$\nabla\cdot(\nabla\times\boldsymbol{A})=0$$

$$\nabla^2\phi=\nabla\cdot\nabla\phi$$

$$\nabla^2\boldsymbol{A}=\nabla(\nabla\cdot\boldsymbol{A})-\nabla\times(\nabla\times\boldsymbol{A})$$

常用张量公式如下：

$$(\nabla\cdot\boldsymbol{T})_i=\sum_j\frac{\partial T_{ij}}{\partial x_i}$$

$$(\boldsymbol{AB})\cdot\boldsymbol{C}=\boldsymbol{A}(\boldsymbol{B}\cdot\boldsymbol{C})$$

$$\boldsymbol{C}\cdot(\boldsymbol{AB})=(\boldsymbol{C}\cdot\boldsymbol{A})\boldsymbol{B}$$

$$\boldsymbol{AB}:\boldsymbol{CD}=(\boldsymbol{B}:\boldsymbol{C})(\boldsymbol{A}:\boldsymbol{D})$$

$$\boldsymbol{A}\cdot\boldsymbol{I}=\boldsymbol{I}\cdot\boldsymbol{A}=\boldsymbol{A}$$

$$\nabla\cdot\boldsymbol{I}=\boldsymbol{I}\cdot\nabla=\nabla$$

$$\nabla\cdot(\boldsymbol{AB})=(\nabla\cdot\boldsymbol{A})\boldsymbol{B}+(\boldsymbol{A}\cdot\nabla)\boldsymbol{B}$$

$$\nabla\times(\boldsymbol{AB})=(\nabla\times\boldsymbol{A})\boldsymbol{B}-(\boldsymbol{A}\times\nabla)\boldsymbol{B}$$

$$\nabla\cdot(\phi\boldsymbol{T})=(\nabla\phi)\cdot\boldsymbol{T}+\phi(\nabla\cdot\boldsymbol{T})$$

$$\nabla\times(\phi\boldsymbol{T})=(\nabla\phi)\times\boldsymbol{T}+\phi(\nabla\times\boldsymbol{T})$$

$$\nabla(\phi\boldsymbol{A})=(\nabla\phi)\boldsymbol{A}-\phi\nabla\boldsymbol{A}$$

柱坐标系（r，φ，z）中的矢量算符：

梯度 $\nabla\phi=\frac{\partial\phi}{\partial r}\boldsymbol{e}_r+\frac{1}{r}\frac{\partial\phi}{\partial\varphi}\boldsymbol{e}_\varphi+\frac{\partial\phi}{\partial z}\boldsymbol{e}_z$

散度 $\nabla\cdot\boldsymbol{A}=\frac{1}{r}\frac{\partial}{\partial r}(rA_r)+\frac{1}{r}\frac{\partial A_\varphi}{\partial\varphi}+\frac{\partial A_z}{\partial z}$

旋度 $\nabla\times\boldsymbol{A}=\left(\frac{1}{r}\frac{\partial A_z}{\partial\varphi}-\frac{\partial A_\varphi}{\partial z}\right)\boldsymbol{e}_r+\left(\frac{\partial A_r}{\partial z}-\frac{\partial A_z}{\partial r}\right)\boldsymbol{e}_\varphi+\left(\frac{1}{r}\frac{\partial(rA_\varphi)}{\partial r}-\frac{1}{r}\frac{\partial A_r}{\partial\varphi}\right)\boldsymbol{e}_z$

拉普拉斯算符 $\nabla^2=\frac{1}{r}\frac{\partial}{\partial r}\left(r\frac{\partial}{\partial r}\right)+\frac{1}{r^2}\frac{\partial^2}{\partial\varphi^2}+\frac{\partial^2}{\partial z^2}$

附录2 常用的物理常量

真空光速	$c=2.998\times10^8$ m/s
真空介电常数	$\varepsilon_0=\frac{1}{4\pi c^2}\times10^7=8.854\times10^{-12}$ F/m
真空磁导率	$\mu_0=4\pi\times10^{-7}=1.257\times10^{-6}$ H/m

续表

电子元电荷	$e=1.602\times10^{-19}$ C
普朗克常量	$h=6.626\times10^{-34}$ J·s
玻尔兹曼常量	$k=1.381\times10^{-23}$ J/K
电子静止质量	$m_e=9.109\times10^{-31}$ kg
质子静止质量	$m_p=1.673\times10^{-27}$ kg
波尔半径	$a_0=4\pi\varepsilon_0^2/(m_e e^2)=5.292\times10^{-11}$ m
经典电子半径	$r_e=e^2/(4\pi\varepsilon_0 m_e c^2)=2.818\times10^{-13}$ m
电子伏	1 eV $=1.602\times10^{-19}$ J
电子伏/玻尔兹曼常量	1 eV/$k\approx1.160\times10^4$ K
原子质量单位	1 u $=1.660\times10^{-27}$ kg

附录3　麦克斯韦方程组

方程	有理化 MKS 制	高斯制
法拉第定律	$\nabla\times\boldsymbol{E}=-\frac{\partial\boldsymbol{B}}{\partial t}$	$\nabla\times\boldsymbol{E}=-\frac{1}{c}\frac{\partial\boldsymbol{B}}{\partial t}$
安培定律	$\nabla\times\boldsymbol{H}=\frac{\partial\boldsymbol{D}}{\partial t}+\boldsymbol{j}$	$\nabla\times\boldsymbol{H}=\frac{1}{c}\frac{\partial\boldsymbol{D}}{\partial t}+\frac{4\pi}{c}\boldsymbol{j}$
泊松方程	$\nabla\cdot\boldsymbol{D}=\rho$	$\nabla\cdot\boldsymbol{D}=4\pi\rho$
无源磁场	$\nabla\cdot\boldsymbol{B}=0$	$\nabla\cdot\boldsymbol{B}=0$
洛伦兹力	$\boldsymbol{F}=q(\boldsymbol{E}+\boldsymbol{v}\times\boldsymbol{B})$	$\boldsymbol{F}=q\left(\boldsymbol{E}+\frac{1}{c}\boldsymbol{v}\times\boldsymbol{B}\right)$
电位移矢量	$\boldsymbol{D}=\varepsilon_0\boldsymbol{E}+\boldsymbol{P}$	$\boldsymbol{D}=\boldsymbol{E}+4\pi\boldsymbol{P}$
磁场强度	$\boldsymbol{H}=\frac{1}{\mu_0}\boldsymbol{B}-\boldsymbol{M}$	$\boldsymbol{H}=\boldsymbol{B}-4\pi\boldsymbol{M}$
介质中的基本关系	$\boldsymbol{D}=\varepsilon\boldsymbol{E},\boldsymbol{B}=\mu\boldsymbol{H}$	$\boldsymbol{D}=\varepsilon\boldsymbol{E},\boldsymbol{B}=\mu\boldsymbol{H}$

在等离子体中，对于介电常数，国际单位制下满足 $\varepsilon \approx \varepsilon_0 = 8.854 \times 10^{-12}$ F/m，高斯单位制下满足 $\varepsilon \approx 1$；对于磁导率，国际单位制下满足 $\mu \approx \mu_0 = 4\pi \times 10^{-7}$ H/m，高斯单位制下满足 $\mu \approx 1$。

|附录4　等离子体基本参量|

等离子体物理中的温度（如 T_e，T_i，T）为动力学温度，单位为电子伏（eV）。定义 $T = kT_k$，k 为玻尔兹曼常量；T_k 为热力学温度，单位为开尔文（K）。等离子体物理中，离子质量以质子质量为单位，用 $A = m_i/m_p$ 表示。

1. 频率

电子回旋频率：

$$\omega_{ce} = eB/m_e[\mathrm{SI}] = eB/m_e c[\mathrm{GS}] = 1.759 \times 10^{11} B(T)\ \mathrm{rad/s}$$
$$= 1.759 \times 10^{7} B(G)\ \mathrm{rad/s}$$

离子回旋频率：

$$\omega_{ci} = \frac{ZeB}{m_i}[\mathrm{SI}] = \frac{ZeB}{m_i c}[\mathrm{GS}] = 9.577 \times 10^{7} ZA^{-1} B(T)\ \mathrm{rad/s}$$
$$= 9.577 \times 10^{3} ZA^{-1} B(G)\ \mathrm{rad/s}$$

电子等离子体频率：

$$\omega_{pe} = \sqrt{\frac{n_e e^2}{m_e \varepsilon_0}}[\mathrm{SI}] = \sqrt{\frac{4\pi n_e e^2}{m_e}}[\mathrm{GS}]$$
$$= 5.641 \times 10\ \sqrt{n_e(\mathrm{m}^{-3})}\ \mathrm{rad/s}$$
$$= 5.641 \times 10^{4}\ \sqrt{n_e(\mathrm{cm}^{-3})}\ \mathrm{rad/s}$$

离子等离子体频率：

$$\omega_{pe} = \sqrt{\frac{n_i Z^2 e^2}{m_i \varepsilon_0}}[\mathrm{SI}] = \sqrt{\frac{4\pi n_i Z^2 e^2}{m_i}}[\mathrm{GS}]$$
$$= 1.316 ZA^{-1}\ \sqrt{n_i(\mathrm{m}^{-3})}\ \mathrm{rad/s}$$
$$= 1.316 \times 10^{3} ZA^{-1}\ \sqrt{n_i(\mathrm{cm}^{-3})}\ \mathrm{rad/s}$$

2. 速度

最可几速度：

$$v_e = \sqrt{2T_e/m_e} = 5.931 \times 10^5 \sqrt{T_e} \text{ m/s}$$

$$v_i = \sqrt{2T_i/m_i} = 1.384 \times 10^4 \sqrt{T_i/A} \text{ m/s}$$

平均热速度：

$$\overline{v_e} = \sqrt{8T_e/(\pi m_e)} = 6.693 \times 10^5 \sqrt{T_e} \text{ m/s}$$

$$\overline{v_i} = \sqrt{8T_i/(\pi m_i)} = 1.562 \times 10^4 \sqrt{T_i/A} \text{ m/s}$$

均方根速度：

$$\sqrt{\overline{v_e^2}} = \sqrt{3T_e/m_e} = 7.254 \times 10^5 \sqrt{T_e} \text{ m/s}$$

$$\sqrt{\overline{v_i^2}} = \sqrt{3T_i/m_i} = 1.695 \times 10^4 \sqrt{T_i/A} \text{ m/s}$$

特征热速度：

$$v_{te} = \sqrt{T_e/m_e} = 4.194 \times 10^5 \sqrt{T_e} \text{ m/s}$$

$$v_{ti} = \sqrt{T_i/m_i} = 9.786 \times 10^3 \sqrt{T_i/A} \text{ m/s}$$

离子声速度：

$$v_s = \sqrt{\frac{\gamma T_e}{m_i}},\ \gamma = \frac{c_p}{c_V}\ (\text{当 } T_e \gg T_i \text{ 时})$$

$$v_s = 9.787 \times 10^3 \sqrt{\gamma T_e/A} \text{ m/s}$$

阿尔文速度：

$$\begin{aligned} v_A &= B/\sqrt{\mu_0 m_i n_i}[\text{SI}] = B/\sqrt{4\pi m_i n_i}[\text{GS}] \\ &= 2.181 \times 10^{16} \sqrt{1/[(An_i)(\text{m}^{-3})]}B(T)\text{ m/s} \\ &= 2.181 \times 10^{11} \sqrt{1/[(An_i)(\text{cm}^{-3})]}B(G)\text{ cm/s} \end{aligned}$$

3. 长度

德拜长度：

$$\begin{aligned} \lambda_{De} &= \sqrt{\varepsilon_0 T_e/(n_e e^2)}[\text{SI}] = \sqrt{T_e/(4\pi n_e e^2)}[\text{GS}] \\ &= 7.434 \times 10^3 \sqrt{T_e/n_i(\text{m}^{-3})}\text{ m} \\ &= 7.434 \times 10^2 \sqrt{T_e/n_i(\text{cm}^{-3})}\text{ cm} \end{aligned}$$

电子回旋半径：

$$\begin{aligned} r_{ce} &= v_{te}/\omega_{ce} \\ &= 2.384 \times 10^{-6} \sqrt{T_e}/B(T)\text{ m} \\ &= 2.384 \sqrt{T_e}/B(G)\text{ cm} \end{aligned}$$

离子回旋半径：

$$r_{ci} = v_{ti}/\omega_{ci} = 1.022 \times 10^{-4}\sqrt{AT_i}/[ZB(T)]\,\mathrm{m}$$
$$= 1.022 \times 10^{2}\sqrt{AT_e}/[ZB(G)]\,\mathrm{cm}$$

电子德布罗意波长：

$$\lambda_e = \hbar/\sqrt{m_e T_e} = 2.76 \times 10^{-10}\sqrt{T_e}m$$

4. 量纲为 1 的参量

质子质量与电子质量的比及其平方根：

$$m_p/m_e = 1\ 836.6$$
$$\sqrt{m_p/m_e} = 42.9$$

德拜球内粒子数：

$$N_D = 4\pi n\lambda_D^3/3 = 1.721 \times 10^{12} T_e^{3/2}/\sqrt{n_e(\mathrm{m}^{-3})}$$
$$= 1.721 \times 10^{9} T_e^{3/2}/\sqrt{n_e(\mathrm{cm}^{-3})}$$

等离子体参量：

$$\Lambda = \lambda_D/b_0 = 4\pi n\lambda_D^3 = 3N_D$$
$$= 5.162 \times 10^{12} T_e^{3/2}/\sqrt{n_e(\mathrm{m}^{-3})}$$
$$= 5.162 \times 10^{9} T_e^{3/2}/\sqrt{n_e(\mathrm{cm}^{-3})}$$

式中，$b_0 = e^2/(4\pi\varepsilon_0 T_e[\mathrm{SI}]) = e^2/(T_e[\mathrm{GS}])$，表征偏转 90°的电子－电子碰撞瞄准距离，或动能为 T 的电子平均最近距离。

主要参考文献

[1] 郑春开．等离子体物理［M］．北京：北京大学出版社，2009.
[2] 马腾才，胡希伟，陈银华．等离子体物理原理［M］．合肥：中国科学技术大学出版社，2012.
[3] 陈耀．等离子体物理学基础［M］．北京：科学出版社，2019.
[4] Chen F F. 等离子体物理学导论［M］．林光海，译．北京：人民教育出版社，2016.
[5] 王晓钢．等离子体物理基础［M］．北京：北京大学出版社，2014.
[6] 郑坚．等离子体物理理论讲义［M］．合肥：中国科学技术大学，2009.
[7] 王淦昌，袁之熵．惯性约束核聚变［M］．北京：原子能出版社，2005.
[8] 石秉仁．磁约束聚变原理与实践［M］．北京：原子能出版社，1999.
[9] 等离子体物理学科发展战略研究课题组．核聚变与低温等离子体：面向21世纪的挑战和对策［M］．北京：科学出版社，2004.
[10] 核物理与等离子体物理发展战略研究编写组．核物理与等离子体物理：学科前沿及发展战略（下册：等离子体物理卷）［M］．北京：科学出版社，2017.
[11] Michel Rieutord. Fluid Dynamics：An Introduction［M］. Berlin：Springer，2015.
[12] 朗道，栗弗席兹．理论物理学第六卷－流体动力学［M］．五版．李植，译．北京：高等教育出版社，2013.
[13] Jackson J D. Clasical Electrodynamics［M］．第三版影印版．北京：高等教育出版社，2004.
[14] 朗道，栗弗席兹．理论物理学第八卷——连续介质电动力学［M］．四版．刘寄星，周奇，译．北京：高等教育出版社，2013.
[15] Shafranov V D，Rozhansky V，Bakunin O G. Reviews of Plasma Physics［M］. Berlin：Springer，2010.
[16] Boyd T J M，Sanderson J J. The Physics of Plasma［M］. Cambridge：Cambridge Univerisity Press，2003.

[17] Nishikawa, Wakatani. Plasma Physics [M]. Berlin: Springer, 1999.
[18] William L Kruer. The Physics of Laser Plasma Interactions [M]. Redwood City, California: Addison – Wesley Publishing, 1988.
[19] Chen F F. Introduction of Plasma Physics and Controlled Fussion. 2nd: Plasma Physics [M]. New York: Plenum Press, 1984.
[20] Paul G. Short Pulse Laser Interactions with Matter [M]. London: Imperial College Press, 2005.

索　引

0～9（数字）

A～Z、θ、z

A～B

C

D

E～F

K

L

M ~ N

O ~ P

Q ~ R

S

T ~ W

X ~ Y

Z